高校转型发展系列教材

VB.NET
程序设计实训教程

刘天惠 冯云 主编

刘伟杰 孙申申 李华 衣春林 副主编

清华大学出版社
北京

内 容 简 介

本书以 Visual Basic 2013 为蓝本，由浅入深地介绍了 VB.NET 开发环境和各种控件的使用方法，通过实际应用阐述了 VB.NET 的编程方法，其主要内容包括 VB.NET 的基本控件、常用控件、高级控件，VB 语言的基础知识、数组、过程、文件、菜单、图形、数据库及其应用。

本书注重理论与实践相结合，对各部分内容均通过详细、通俗易懂的实例，使读者加深对这些知识的理解。每章均附有实训练习及上机实验，详细介绍相关知识和上机操作过程，使读者能够快速掌握，学以致用。

本书适合广大高校计算机科学与技术及其他相关专业的本科生和有一定 VB 语言基础的程序开发人员使用，也可作为广大爱好计算机编程和.NET 框架应用人员的参考用书。

图书在版编目(CIP)数据

VB.NET 程序设计实训教程 / 刘天惠，冯云 主编. 一北京：清华大学出版社，2016（2020. 9重印）
(高校转型发展系列教材)
ISBN 978-7-302-44709-2

Ⅰ. ①V… Ⅱ. ①刘… ②冯… Ⅲ. ①BASIC 语言一程序设计一高等学校一教材 Ⅳ. ①TP312

中国版本图书馆 CIP 数据核字(2016)第 185673 号

责任编辑：李　磊
封面设计：常雪影
装帧设计：孔祥峰
责任校对：曹　阳
责任印制：沈　露

出版发行：清华大学出版社
网　　址：http://www.tup.com.cn，http://www.wqbook.com
地　　址：北京清华大学学研大厦 A 座　　**邮　　编**：100084
社 总 机：010-62770175　　**邮　　购**：010-62786544
投稿与读者服务：010-62776969, c-service@tup.tsinghua.edu.cn
质 量 反 馈：010-62772015, zhiliang@tup.tsinghua.edu.cn
课 件 下 载：http://www.tup.com.cn，010-62781730
印 装 者：三河市宏图印务有限公司
经　　销：全国新华书店
开　　本：185mm×260mm　　**印　　张**：18.75　　**字　　数**：456 千字
版　　次：2016 年 9 月第 1 版　　**印　　次**：2020 年 9 月第 5 次印刷
定　　价：59.00 元

产品编号：070176-03

高校转型发展系列教材

编 委 会

前　言

Visual Studio.NET 是微软公司推出的新一代可视化开发工具，而 Visual Basic.NET 是其中一个重要的分支。Visual Basic 有着广泛的市场基础和应用前景。Visual Basic 语言内容比较基础，又具有面向对象的特点。VB.NET 较 VB 增加了面向对象的特性，应用于.NET 平台，是广大 VB 语言开发人员进一步提升自己的编程能力、学习应用.NET 框架的理想选择。同时对于一些计算机编程的初学者，该编程语言也是不错的选择：其入门的门槛不高；采用可视化编程，降低了代码编写难度；同时代码的编写有规律可循，可触类旁通，因此在同类计算机课程中，该语言所起的承上启下的作用是其他语言所无法替代的。目前这方面编程语言的书籍还是有一定的市场需求的。

本书以 Visual Basic 2013 为蓝本，由浅入深地介绍了 VB.NET 开发环境和各种控件的使用方法，通过实际应用阐述了 VB.NET 的编程方法。书中主要内容包括 VB.NET 的基本控件、常用控件、高级控件，VB 语言的基础知识、数组、过程、文件、菜单、图形、数据库及应用。

本书注重理论与实践相结合，对各部分内容均通过详细、通俗易懂的实例，使读者加深对内容的理解。教材在内容取舍、篇幅控制和难点安排上均适合教学，同时注重软件开发能力的培养。

在编写本书时，编者以基础性、实用性为出发点，介绍了 Visual Basic.NET 程序设计的主要方面，通过详细、易懂的实例来介绍各部分内容，使读者加深对开发工具的理解。通过对本书的学习，读者可以掌握一种基于 Windows 操作系统的应用程序的开发方法，并为今后进一步学习和使用其他面向对象的程序设计语言开发 Windows 应用程序打下基础。

本书由工作在一线教学岗位的高校教师以及来自 IT 企业具有实际工程经验的软件开发人员共同编写完成。多数作者具有多年的高校计算机教学经验，了解学生在学习编程过程中易出现的问题，教材中特意突出了重点和难点。本书主编曾经在软件公司兼职多年，参与过多个软件项目的设计及开发工作，具有丰富的教学经验和软件开发经验。

作为一本介绍 VB.NET 的基础教材，本书层次清晰，难度深度适中。对于教材各部分的内容组织及章节顺序编排，作者在多年讲授本课程的基础上，参考了其他类似教材，并进行了适当的取舍，增加了实训练习部分，使得教材的最终内容实用性强、针对性强。另外，各章均附有上机实验和习题内容，有利于读者学练结合，快速掌握，提高实践操作能力。

本书适合广大高校计算机科学与技术及其他相关专业的本科生和有一定 VB 语言基础的程序开发人员使用，也可作为广大爱好计算机编程和.NET 框架应用人员的参考用书。

本书第 1、11、12 章由冯云编写，第 2、3、4 章由刘天惠编写，第 5、7 章由孙申申编写，第 6、8 章由刘伟杰编写，第 9、10 章由李华编写。中软国际教育集团的衣春林老师参与编写了各章的实训练习部分，并对本书的上机实验部分提供了许多基础素材。

由于作者水平所限，本书难免存在疏漏和不足之处，敬请广大读者批评指正。

本书提供的立体化教学资源请到 http://www.tupwk.com.cn 下载。

编　者

目　　录

第 1 章

VB.NET概述

本章将介绍 VB.NET 语言的相关概念，包括 VB.NET 的发展历程，VB.NET 的特点，VB.NET 集成开发环境的搭建，使读者对 Visual Studio 2015 和 SQL Server 2005 的安装有宏观的认识和了解；最后通过一个简单的例题使读者对 VB.NET 语法和应用程序的创建有一个感性的认识。

1.1 VB.NET 语言简介

VB.NET是计算机中实现网络功能的一种编程语言，是应用于微软平台技术.NET Framework的一种语言，是新一代的Visual Basic。VB.NET沿袭了VB的大部分语法及特征，但并不能简单地认为其仅仅是在Visual Basic 6.0 上再添加一些新特性而已，微软重新设计了产品，以便使开发者能够更加容易地开发分布式应用，例如基于Web的程序以及多层系统。VB是基于事件和对象的，而VB.NET则使用完全的面向对象(Object Oriented)思想。在Visual Basic .NET中，还删除了某些传统的关键字，提高了类型安全性，并公开了高级开发人员所需的低级别构造。

VB.NET是Microsoft Visual Studio.NET家族中的一个重要成员，现在完全集成在Microsoft Visual Studio集成开发环境中，这使得它不仅可以使用不同的语言开发组件，而且通过交叉语言继承，可以从一种语言编写的类中派生另一种语言编写的类。

1.1.1 VB.NET 的发展历程

Visual Basic .NET 是 Visual Basic 的全新版本。新版本比以前的版本更易于编写分布式应用程序，它是基于微软.NET Framework 的面向对象的程序设计语言。它主要经历了以下发展阶段。

1. Visual Basic .NET 的诞生

2002年2月，微软将.NET Framework与 Visual Basic 结合而成为 Visual Basic .NET，重新打造 VB，使用了新的核心和特性，此后Visual Basic包含在Visual Studio套装中。该版

本又被称为VB 7.0，是随VC#.NET和ASP.NET一起，在2002年发布的最初始的VB.NET版本。

2. Visual Basic .NET 2003 发布

2003 年 4 月，Visual Basic .NET 2003 和.NET Framework 1.1 发布。该版本又被称为 VB 7.1。新功能包括对.NET Compact Framework 的支持和更好的 VB 升迁向导，并改进了运行状况、IDE 稳定性(尤其是后台编译器)以及运行时(Run Time)稳定性。

3. Visual Basic 2005 推出

2005 年 11 月 7 日在 Visual Studio 2005 内推出 Visual Basic 2005。该版本又被称为 VB 8.0，是 VB.NET 的重大转变，微软决意在其软件名称中去掉“.NET”部分，但这个版本的 Visual Studio 仍然是面向.NET 框架的(版本 2.0)。其提供 My 伪命名空间、泛型、操作符重载等新语言特性。

4. Visual Basic 2008 发布

Visual Basic 2008 即 VB 9.0，于 2008 年发布。经过几年的发展，它已成为一种专业化的开发语言和环境。用户可用 Visual Basic 快速创建 Windows 程序，还可以编写企业水平的客户/服务器程序及强大的数据库应用程序。同年，微软宣布结束对于 VB 6.0 的延长支持。

5. Visual Basic 2010 发布

2010 年 4 月 12 日，微软发布了 Visual Studio 2010 以及.NET Framework 4.0，其中包含 Visual Basic 版本 10.0(有时称为 VB 2010 或 VB 10)。Visual Studio 2010 集成开发环境的界面被重新设计和组织，变得更加简单明了。

6. Visual Basic 2012 发布

2012 年 9 月 12 日，微软在西雅图发布 Visual Studio 2012，其中包含 Visual Basic 2012(11.0)，其提供支持更简易的异步编程。

7. Visual Basic 2013 发布

2013 年 11 月 13 日，微软发布 Visual Studio 2013，其中包含 Visual Basic 2013。它提供支持更简易的异步编程(Asynchronous Programming)、Iterator、扩充 Global 关键词等新语言特性。

8. Visual Basic 2015 发布

2014 年 11 月 13 日，微软宣布了 Visual Studio 2015 开放下载，其中包含 Visual Basic 2015。作为在纽约举办的 Connect 大会主题演讲的一部分，上述平台可帮助开发人员打造跨平台的应用程序，从 Windows 到 Linux，甚至到 iOS 和 Android。

1.1.2 VB.NET 的特点

VB.NET是Visual Studio.NET开发环境中功能最强的编程工具之一。它为开发基于.NET Framework的应用程序提供了快速、高效的方法。它具有以下特点。

1. 较 VB 语言新增的特点

1) VB.NET 是面向对象的程序设计语言

Visual Basic 6.0 是基于对象(Object Based)而不是面向对象(Object Oriented)的语言，而 VB.NET 是完全面向对象的语言，VB.NET 利用.NET 框架提供的功能，引入了更严格的面向对象特性，如封装、继承、可重载性、多态性等，从而真正实现了面向对象的编程，是一门真正的面向对象的程序设计语言。

2) 具有强大的数据库开发功能

ADO.NET 是.NET Framework 提供的数据库访问服务类库。它提供了对关系数据、XML 和应用程序数据的访问，也是 VB. NET 采用的数据访问技术。在 ADO. NET 中，用 Dataset(数据集)对象代替了 ADO 的 Recordset(记录集)对象，从而大大提高了数据处理的灵活性。另外，ADO.NET 还可以对各种不同的类型数据库都进行统一的方式管理和访问，这些数据库包括 Access、SQL Sever、Oracle 等。

3) 具有增强的网络应用程序开发功能

微软将.NET 框架主要定位在开发企业规模的 Web 应用程序及高性能的桌面应用程序上。基于.NET 框架的 Visual Basic .NET 语言在网络应用程序开发方面有了显著的改进。其可以通过 Web Service，实现平台的功能调用和使用 XML 来进行数据交换；还可以利用 VB.NET Web Forms 使用户无须使用 ASP 或者 CGI 就能有效地建立全交互的互联网网站。

2. 沿袭 VB 语言的优点

1) VB.NET 是可视化设计工具

VB.NET 把程序和数据封装起来视为一个对象，每个对象都是可视的，“所见即所得”。在程序设计时，只要根据界面设计要求将对象“画”到窗体上，并设置其属性以改变其外观，非常方便快捷。

2) VB.NET 事件驱动编程机制

事件驱动是利用用户的动作或行为控制程序运行的流向，它是增强程序图形界面交互性的主要方法。用户的每一个动作或操作行为都可产生一个事件，每个事件都可驱动一段程序的运行。在 VB.NET 中事件的实现机制与 VB 6.0 基本相同，并且有了优化，通过 Handles 关键字，使事件实现的机制更灵活，Handles 可以使多个事件到同一个事件处理程序。

3) VB.NET 支持结构化程序设计

VB.NET 提供了完全支持传统的结构化程序设计的控制结构，利用顺序、选择、循环三种结构和模块设计，使得程序结构清晰、简单易学。

3. VB.NET 程序的兼容性

Visual Basic .NET 对 Visual Basic 6.0 的程序并不向下兼容，Visual Basic 6.0 的应用程序在 Visual Basic .NET 环境下不能直接执行，需使用 Visual Basic .NET 中提供的升级向导，将 Visual Basic 6.0 的应用程序更改为 Visual Basic .NET 的应用程序，并还要进行一定工作

量的人为改动后，才能在 Visual Basic .NET 环境下运行。

但.NET 开发的应用程序基本是向下兼容的，当使用低版本的.NET 项目时，系统可通过向导自动把它转化成高版本的项目。

1.2 VB.NET 的集成开发环境

1.2.1 Visual Studio 2013 的安装

1. 系统配置

- 操作系统：建议使用 Windows 7 以上操作系统。
- CPU：2013 年主流 CPU 配置及以上。
- 内存：2GB 及以上。
- 磁盘空间：完全安装要求 9GB 的可用硬盘空间。

2. Visual Studio 2013 的安装步骤

Visual Studio 2013 具体的安装步骤如下。

(1) 双击安装盘根目录下的 vs_ultimate.exe，打开如图 1-1 所示的界面。选择安装路径时，注意所属路径的预留空间要充足，否则安装会失败。一般安装在 C 盘默认路径下。勾选“我同意许可条款和隐私策略”复选框，单击“下一步”按钮。

(2) 如图1-2所示，选择需要安装的功能，可以根据自己的需要勾选，也可以默认全选。当把鼠标放在文字上，会弹出各个功能的详细描述。单击“安装”按钮，进入安装界面。

图 1-1　选择安装路径和允许协议界面

图 1-2　选择安装功能界面

(3) 在接下来的时间里，Visual Studio 2013 会依次安装各种功能组件，如图 1-3 所示。安装成功时，显示如图 1-4 所示的界面。单击“启动”按钮进行开发环境配置。

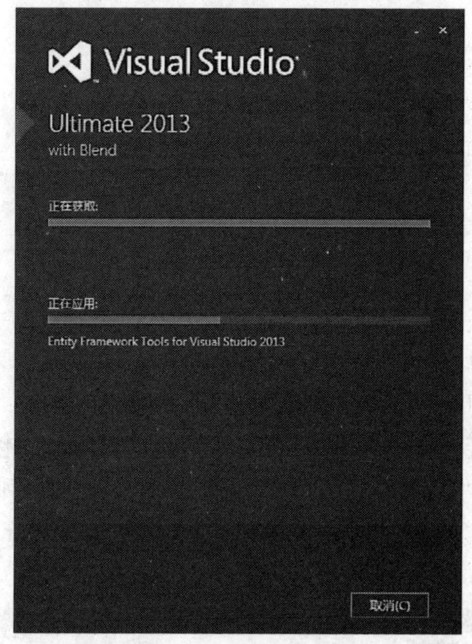

图 1-3　安装组件界面

图 1-4　安装成功界面

(4) 初次使用 Visual Studio 2013，会出现微软账户登录界面，如图 1-5 所示。这时单击“登录”按钮可以使用微软的账户登录，也可以选择“以后再说”，进入开发环境配置界面。

(5) 在开发环境配置界面，“开发设置”选择 Visual Basic，颜色主题可以任选一种，如图 1-6 所示。选择不同颜色主题对程序设计的执行结果没有影响，只是在设计过程中所见到的开发环境界面颜色有所不同，颜色主题在以后的使用过程中也可通过“工具”|“选项”更改。最后单击“启动 Visual Studio”按钮，可以进入 Visual Studio 2013 集成开发环境。

图 1-5　微软账户登录界面

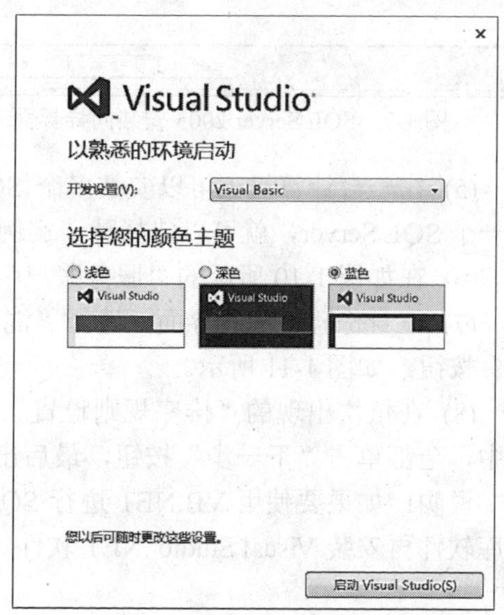

图 1-6　开发环境配置界面

1.2.2 SQL Server 2005 的安装

1. 安装环境

- CPU：目前主流 CPU 均满足要求。
- 内存：最少 512MB，建议 1GB 及以上。
- 磁盘空间：完全安装要求 800MB 左右的可用硬盘空间。

2. SQL Server 2005 的安装步骤

SQL Server 2005 具体的安装步骤如下。

(1) 打开如图 1-7 所示的安装向导界面，单击“下一步”按钮。

(2) 安装系统会对目前操作系统进行检查，单击“下一步”按钮。

(3) 在“注册信息”对话框中输入姓名、公司和产品密钥，单击“下一步”按钮。

(4) 在“要安装的组件”对话框中单击“高级”按钮，出现如图1-8所示的界面，此处选择三个选项就足够了，分别是“数据库服务”、“客户端组件”和“文档、示例和示例数据库”，都选择“整个功能将安装到本地硬盘上”。单击“下一步”按钮进入 SQL Server 实例命名界面，如图1-9所示。

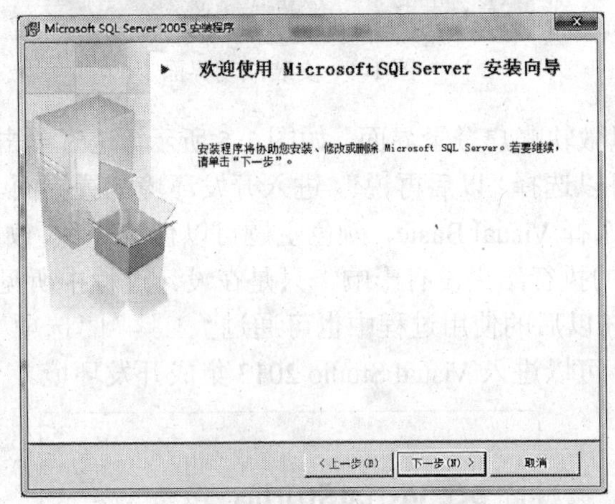

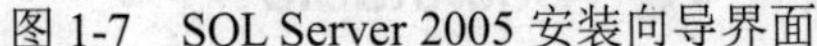
图 1-7 SQL Server 2005 安装向导界面

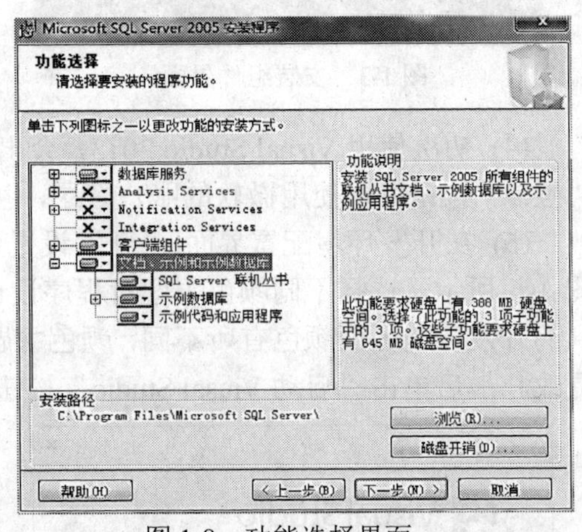

图 1-8 功能选择界面

(5) 在一台计算机上可以安装多个 SQL Server，每次安装对应一个实例名。如果只安装一个 SQL Server，就可以选择默认实例。单击“下一步”按钮。

(6) 在如图 1-10 所示的“服务账户”界面中选择“本地系统”，单击“下一步”按钮。

(7) 在身份验证模式界面，选择“混合模式”，输入密码，例如“sa123”，单击“下一步”按钮，如图 1-11 所示。

(8) 在依次出现的“排序规则设置”、“错误和使用情况报告设置”和“安装进度”界面中，全部单击“下一步”按钮，最后出现如图 1-12 所示的安装完成界面。

说明：如果要使用 VB.NET 进行 SQL Server 数据库开发，建议先安装 SQL Server 数据库软件再安装 Visual Studio .NET 软件。

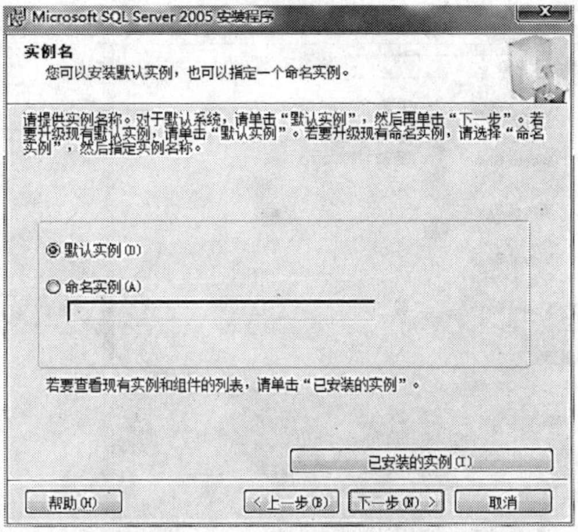

图 1-9　实例名界面

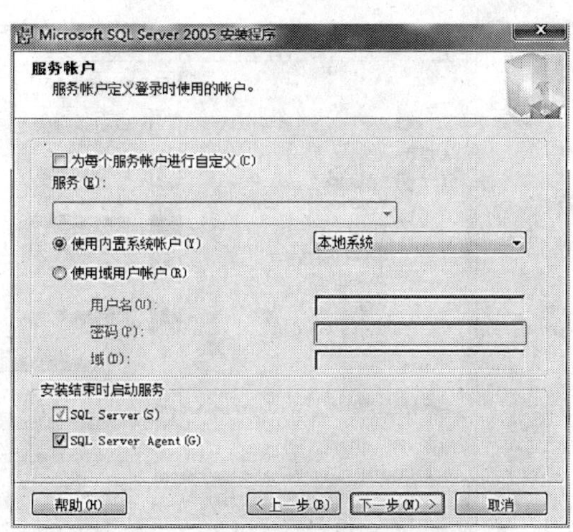

图 1-10　服务账户界面

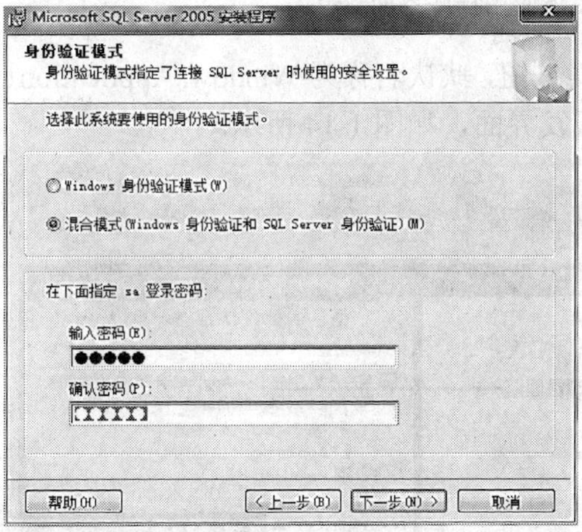

图 1-11　身份验证模式界面

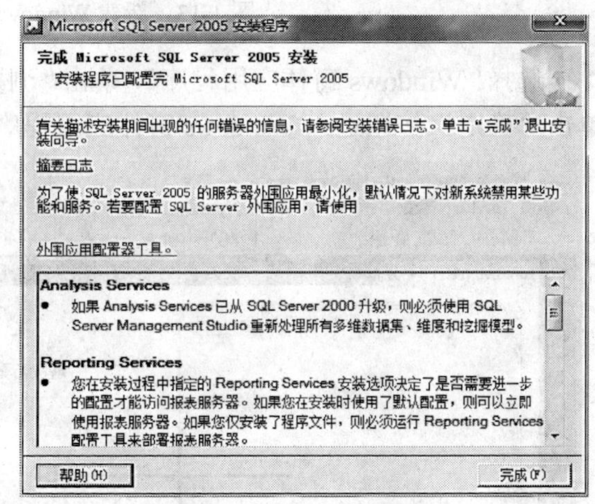

图 1-12　安装完成界面

这是因为，如果先安装 Visual Studio 2013 软件再安装 SQL Server 数据库，Visual Studio 系列软件自带的 SQL Server Express 极有可能与要安装的 SQL Server 完整版相冲突；同时由于 Express 版本是缩减版，在功能实现上有一些限制，所以为了后期开发需要，建议安装 SQL Server 完整版。

1.2.3　VB.NET 的集成开发环境介绍

Visual Studio .NET 系列产品共用一个集成开发环境，此环境由菜单栏、标准工具栏以及各种面板和窗体等若干元素组成。可以通过选择“开始”|“程序”|“Visual Studio 2013”命令或者双击快捷方式进入集成开发环境。

对于不同类型的项目和文件，集成开发环境的布局是不同的。下面以 Windows 窗体应用程序为例讲解 VB.NET 集成开发环境。在开发环境初始界面单击“新建项目”，出现如图 1-13 所示的界面。

图 1-13 新建 Windows 窗体应用程序界面

选择“Windows 窗体应用程序”，单击“浏览”按钮，默认名称为 WindowsApplication1，单击“确定”按钮进入 Windows 窗体应用程序开发界面，如图 1-14 所示。

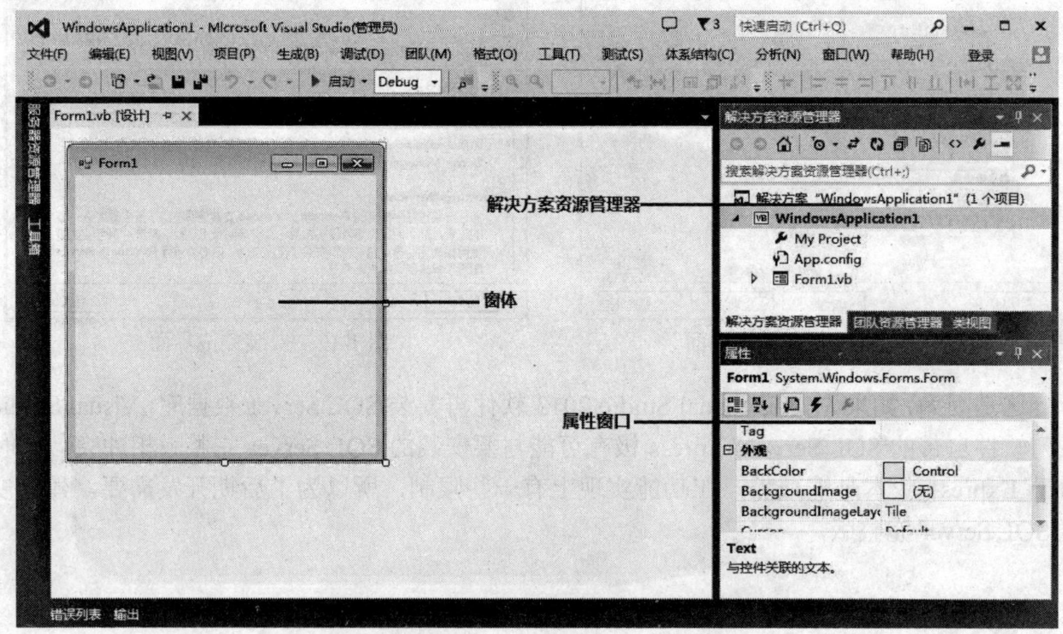

图 1-14 Windows 窗体应用程序开发环境

1. 主窗口

主窗口位于集成环境的顶部，该窗口由标题栏、菜单栏和工具栏组成。

1) 标题栏

标题栏是屏幕顶部的水平条，它显示的是应用程序的名称。新建VB. NET项目后，标题栏中显示的信息为“WindowsApplicationl-Microsoft Visual Studio”，WindowsApplicationl为当前项目名。

2) 菜单栏

在标题栏的下面是集成环境的主菜单。菜单栏中的菜单命令提供了开发、调试和保存应用程序所需要的工具。VB.NET 共有 14 个菜单项。每个菜单项含有若干个菜单命令，分别执行不同的操作。

3) 工具栏

在 VB.NET 中用户可根据需要定义自己的工具栏。一般情况下，集成环境中只显示标准工具栏，其他工具栏可以通过“视图”|“工具栏”命令添加或删除。

2. 窗体设计器窗口

窗体设计器窗口简称窗体(Form)，如图 1-14 所示。在创建应用程序时，用户在窗体上建立 VB.NET 应用程序；程序运行时，用户可以通过与该窗体上的控件交互来得到运行结果。

一个应用程序至少有一个窗体，如果需要多个窗体，可以通过选择“项目”|“添加 Windows 窗体”命令来添加新窗体。

3. 解决方案资源管理器窗口

首先需理解解决方案与项目的关系。项目可以视为编译后的一个可执行单元，可以是应用程序、动态链接库等；而企业级的解决方案往往需要多个可执行程序的合作。

为了便于管理，在 Visual Studio .NET 集成环境中引入了解决方案资源管理器，如图 1-14 所示。如果集成环境中没有出现该窗口，可通过选择“视图”|“解决方案资源管理器”命令来显示该窗口。

4. 属性窗口

在 VB.NET 中，窗体和窗体中的控件被称为对象。每个对象都可以用一组属性来刻画其特征，而属性窗口就是用来设置窗体和控件属性的，如图 1-14 所示。

5. 类视图窗口

类视图窗口如图 1-15 所示，如果集成环境中没有出现该窗口，可通过选择“视图”|“类视图”命令来显示该窗口。

类视图窗口中以树形结构显示了当前项目中的所有类及类的相关特征。

6. 工具箱窗口

工具箱主要用于应用程序的界面设计。工具箱窗口由基本控件图标组成，在 VB.NET 中，工具箱窗口的组件按类放在不同的选项卡中。程序员可以从工具箱中选择所需控件，放置在窗体上，再按照设计要求对其属性进行修改。

如果集成环境中没有出现该窗口，选择“视图”|“工具箱”命令可以打开工具箱窗口，如图 1-16 所示。

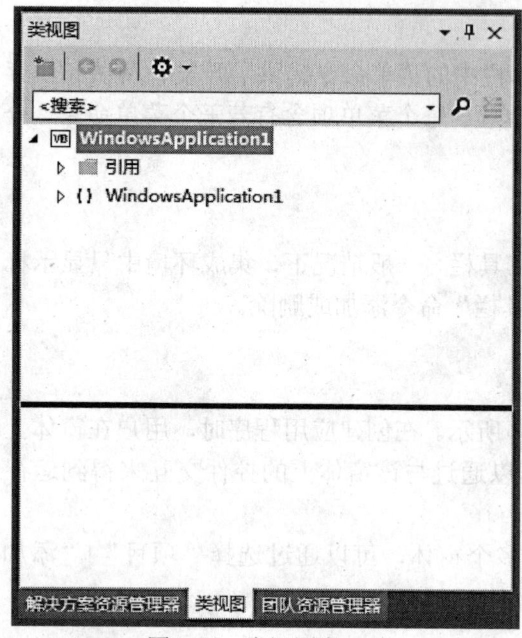

图 1-15　类视图窗口

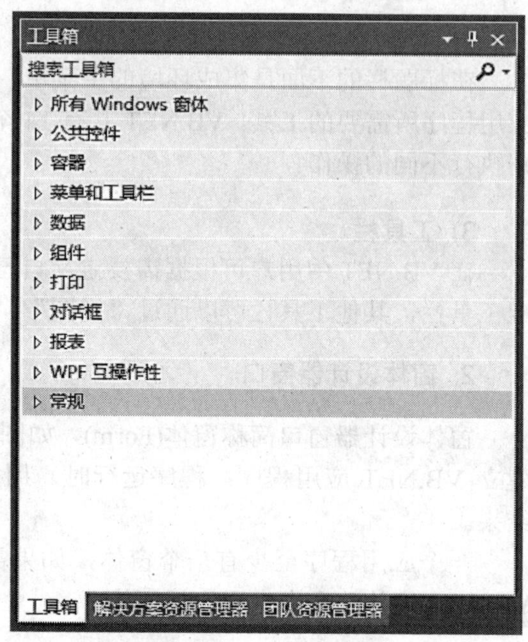

图 1-16　工具箱窗口

7. VB.NET 集成开发环境说明

除“窗体设计器”外的各个窗口(或者称面板)都有“停靠”、“浮动”、“自动隐藏”和“隐藏”4种状态。将光标移到“停靠”的窗口标题栏上，按住鼠标左键向下拖动，即可将工具栏变为浮动的，或者在窗口标题栏上右击，在快捷菜单中选择所需操作即可。

选择“窗口”|“重置窗口布局”命令，可以将集成环境中的窗口布局恢复到软件安装成功的初始状态。

通过单击工具栏右侧“标准工具栏”选项中的“添加或移除按钮”命令，可以在工具栏中添加经常使用的按钮，以方便编程。

1.3　创建简单的 VB.NET 程序

1.3.1　VB.NET 中的语句

编写程序代码要遵循一定的规则。在代码窗口输入语句的过程中，VB.NET 将自动对输入的内容进行语法检测，如果发现语法错误，代码下方将有蓝色波浪线标示。VB.NET 还会对语句进行简单的格式化处理，例如对不同类型的标识符使用不同颜色表示，对程序语句按照在类中的层次依次递进。

在 VB.NET 中输入程序时，通常一行只写一条语句，语句结尾没有“;”。特殊情况如下。

1) 使用复合语句行

把几条语句放在一行中，语句之间用冒号“:”隔开。

例如：

```
Label1.Text="练习":Button1.Text="确定":Button2.Text="取消"
```

2) 语句的续行

当一条语句很长时，在代码编辑窗口阅读程序时将不便查看，使用滚动条又比较麻烦，这时就可以使用续行功能，用续行符“ _”可将一个较长的语句分为多个程序行，但在逻辑意义上仍然表示一条语句。

例如：

```
StrSQL = "insert into stu_infor(学号,姓名,性别,系别)values (" & TextBox1.Text & " ,'" & TextBox2.Text & "',
'" & TextBox3.Text & "','" & TextBox4.Text & "')"
```

说明：在使用续行符时，在其前面至少加一个空格，并且续行符只能出现在行尾。

1.3.2　第一个 VB.NET Windows 应用程序

下面以一个简单的 Windows 应用程序为例，介绍在 VB.NET 集成开发环境中开发 Windows 应用程序的方法。

【例 1-1】编写一个 VB.NET Windows 应用程序，窗体标题为“牛刀小试”，窗体中包含一个标签，标签中显示“Hello World!”。程序运行过程中单击标签，在标签中显示“这是我的第一个 VB.NET 程序!”。

1. 设计步骤

(1) 界面设计。单击工具箱窗口“公共控件”中的 Label(标签)图标，将光标移到窗体上适当的位置，按住鼠标左键向右下方拖动，窗体上将出现 Label1 标签。在“属性”窗口中将 Label1 的 Text 属性设置为“Hello World!”；将窗体 Form1 的 Text 属性设置为“牛刀小试”，如图 1-17 和图 1-18 所示。

图 1-17　设置 Label1 的 Text 属性

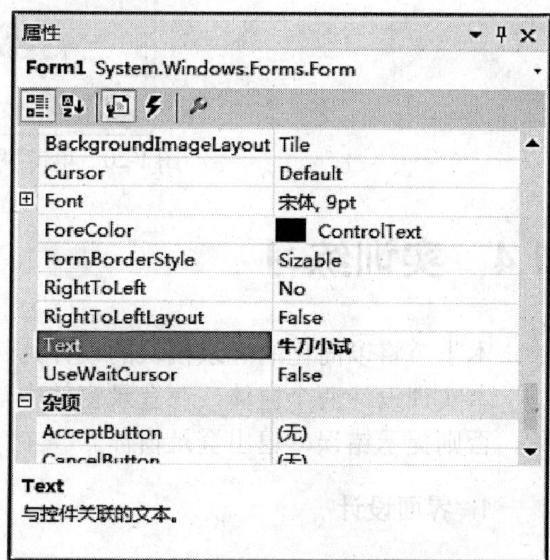

图 1-18　设置 Form1 的 Text 属性

(2) 书写事件过程代码。双击 Label1 标签，进入代码窗口，可见在代码窗口已经建立了程序框架，只需在标签单击事件(Label1_Click)过程中添加一条语句：Label1.Text = "这是我的第一个 VB.NET 程序！"，即可完成程序功能。

完整的程序如下。

```
Public Class Form1
    Private Sub Label1_Click(sender As Object, e As EventArgs) Handles Label1.Click
        Label1.Text = "这是我的第一个 VB.NET 程序！"
    End Sub
End Class
```

(3) 保存项目。通过选择“文件”|“全部保存”命令，或者单击 Visual Studio 2013 工具栏中的“全部保存”按钮，保存全部修改。

2. 调试运行程序

(1) 单击工具栏上绿色三角标识的“启动调试”按钮，或者按快捷键 F5。运行结果如图 1-19 所示，窗口标题栏上显示“牛刀小试”，标签上显示“Hello World！”。

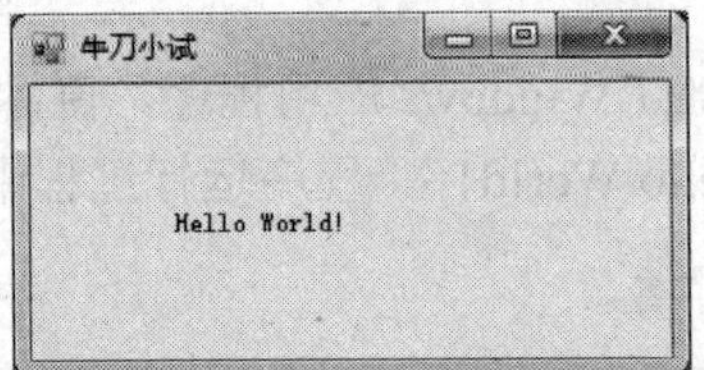

图 1-19　初始运行程序结果图

(2) 单击标签，运行结果如图 1-20 所示，标签上的文字变为“这是我的第一个 VB.NET 程序！”

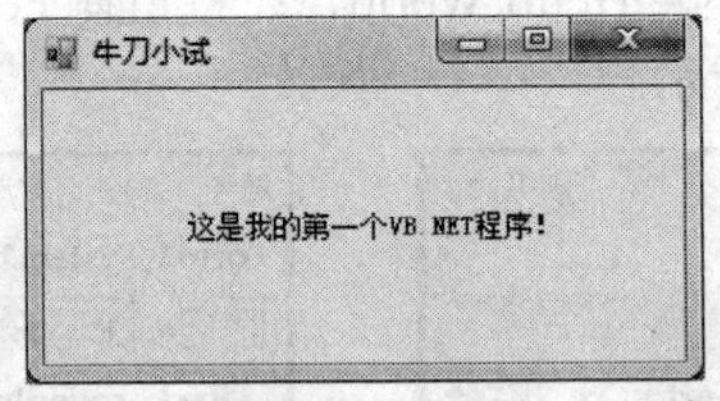

图 1-20　单击事件发生后的运行结果

1.4　实训练习

本小节将以简化的登录模块的设计为例讲解 VB.NET 的实际应用。

本实训设计两个窗体，在登录窗体中输入正确的密码，提示密码正确，并登录到主窗体，否则提示错误，退出登录窗体。

1. 界面设计

设计用户登录窗体和主窗体两个窗体。窗体设计效果如下。

用户登录窗体(Form1.vb)有两个标签控件、两个文本框控件和一个按钮，如图 1-21 所示。

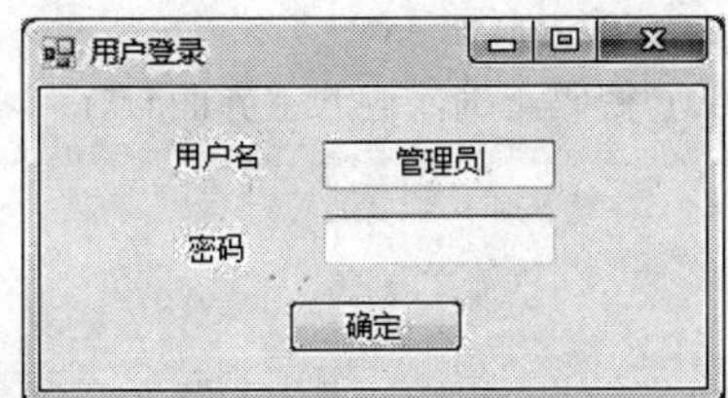

图 1-21　登录窗体界面设计图

主窗体(Main.vb)有一个标签控件，如图 1-22 所示。

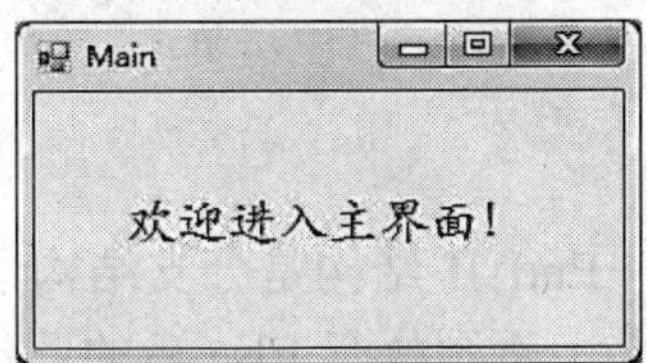

图 1-22　主窗体界面设计图

说明：一个项目中默认有一个窗体文件 Form1.vb，可通过“项目”菜单添加新的“Windows 窗体”。本实例在新建的窗体名称处输入“Main.vb”。

设置窗体和控件的属性值，见表 1-1 和表 1-2。

表 1-1　用户登录窗体(Form1)和控件属性值

控　件	属　性	值	说　明
Form1	Text	用户登录	窗体标题栏文本
Label1	Text	密码	显示标签文本
Label2	Text	用户名	显示标签文本
TextBox1	Text	管理员	输出文本框文本
TextBox2	Text	空	接收输入文本框文本
Button1	Text	确定	命令按钮上的文本

表 1-2　主窗体(Main)和控件属性值

控　件	属　性	值	说　明
Form1	Text	Main	窗体标题栏文本
Label1	Text	欢迎进入主界面！	显示标签文本

2. 书写事件过程代码

双击 Button1 按钮，进入代码窗口，在按钮的单击事件(Button1_Click)过程中添加语句，完成程序功能。

完整的程序如下。

```
Public Class Form1
```

```
        Private Sub Button1_Click(sender As Object, e As EventArgs) Handles Button1.Click
            If (TextBox2.Text = "20160226") Then
                MessageBox.Show("密码正确，进入主界面！")
                Main.Show()
                Finalize()
            Else
                MessageBox.Show("密码不正确，退出！")
                Close()
            End If
        End Sub
    End Class
```

说明：

(1) 程序中 If…Then…Else…End If 结构是分支结构语句，表示如果 If 后的表达式为“真”值，就执行 Then 后的语句，否则执行 Else 后的语句。

(2) Main.Show()语句功能：显示Main.vb文件中设计的窗体界面。

(3) Finalize()语句功能：释放当前使用的用户登录窗体的资源。

(4) Close()语句功能：关闭窗体。

(5) MessageBox.Show("…")语句功能：弹出信息提示对话框，括号内的字符串为对话框中的提示信息。

3. 调试运行程序

单击工具栏上的“启动调试”按钮，或者按快捷键 F5，将显示如图 1-21 所示的用户登录界面。在空白的文本框中输入正确密码“20160226”，单击“确定”按钮，如图 1-23 所示。弹出“密码正确”信息提示对话框，如图 1-24 所示。单击“确定”按钮，进入如图 1-22 所示的主界面窗体。

如果输入错误的密码，则弹出“密码不正确”信息提示对话框，如图 1-25 所示，单击“确定”按钮，退出窗体。

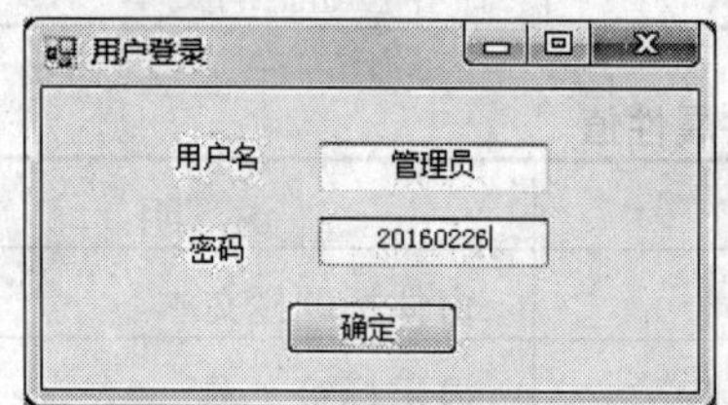

图 1-23　运行程序，在用户登录界面输入密码

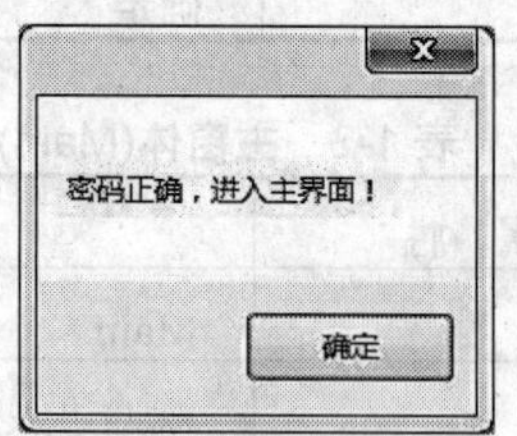

图 1-24　密码正确对话框

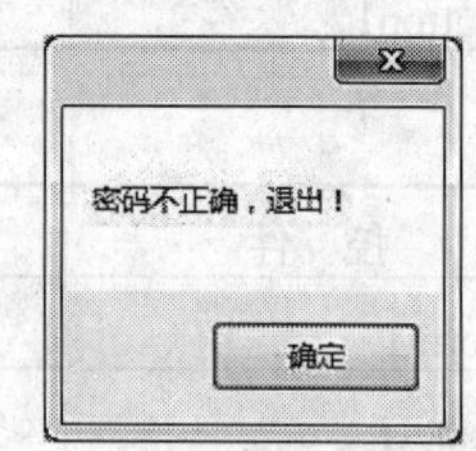

图 1-25　密码不正确对话框

1.5　上机实验

【实验 1】简单的程序设计。

1. 实验目的

(1) 掌握 Visual Studio 2013 的安装步骤。
(2) 掌握集成开发环境中各个组成部分的功能。
(3) 掌握使用集成开发环境开发 VB.NET Windows 窗体应用程序的步骤。
(4) 掌握使用工具箱中控件设计简单的窗体。

2. 实验内容

使用 Visual Studio 2013 集成开发环境创建一个 VB.NET Windows 应用程序，该程序由一个文本框和一个按钮组成，运行程序时文本框中显示“Welcome!”，单击按钮，文本框中的文本变为“Thank You!”。

3. 实验步骤

(1) 创建 Windows 窗体应用程序。
(2) 创建用户界面。窗体设计效果如图 1-26 所示。设置控件属性见表 1-3。

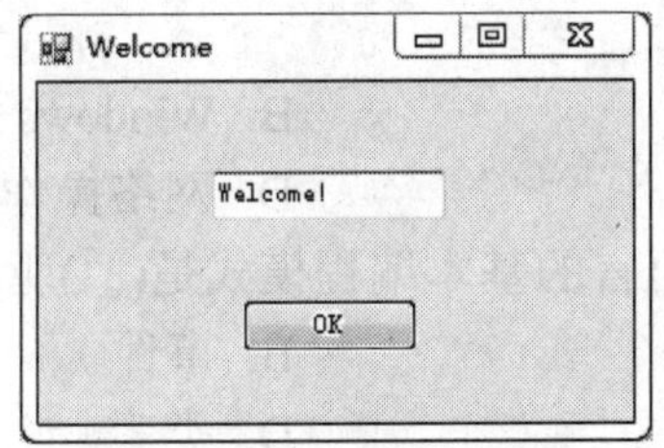

图 1-26　设计窗体界面

表 1-3　程序的窗体和控件属性值

控　件	属　性	值	说　明
Form1	Text	Welcome	窗体标题栏文本
TextBox1	Text	Welcome!	输出文本框文本
Button1	Text	OK	命令按钮上的文本

(3) 创建处理控件事件。双击窗体上的 OK 按钮，在 Form1.vb 中将创建 Click 事件的事件处理程序“Button1_Click”。同时自动打开代码窗口，插入点已位于该事件处理程序中。

在 Form1.vb 的 Button1_Click 事件处理程序中添加如下的事件处理代码。

```
Public Class Form1
    Private Sub Button1_Click(sender As Object, e As EventArgs) Handles Button1.Click
        TextBox1.Text = "Thank You!"
    End Sub
End Class
```

(4) 保存 Windows 窗体应用程序。
(5) 运行并测试应用程序。

单击工具栏上的“启动调试”按钮，或者按快捷键 F5 运行并测试应用程序。初始界面如图 1-26 所示，单击 OK 按钮，出现如图 1-27 所示的界面。

图 1-27　单击 OK 按钮后的界面

习题

1. 选择题

(1) .NET 的目的就是将(　)作为新一代操作系统的基础，对互联网的设计思想进行扩展。

A. 互联网　　B. Windows
C. C#　　D. 网络操作系统

(2) 面向对象的程序设计语言的基本编程模式是(　)驱动。

A. 对象　　B. 事件
C. 方法　　D. 类

(3) 程序员可以从(　)中选择所需控件放置在窗体上，再按照设计要求对其属性进行修改。

A. 菜单栏　　B. 属性窗口
C. 工具栏　　D. 工具箱

(4) 在代码窗口中，代码下方有蓝色波浪线表示(　)。

A. 对代码设置了格式　　B. 语法错误
C. 语义错误　　D. 运行时错误

(5) 有程序代码：Text1.Text = "VB.NET 你好！"
则 Text1、Text 和" VB.NET 你好！"分别代表(　)。

A. 对象、值、属性　　B. 对象、方法、属性
C. 对象、属性、值　　D. 属性、对象、值

(6) 当运行程序时，系统自动执行启动窗体的(　)事件过程。

A. Load　　B. Click
C. UnLoad　　D. Got

2. 填空题

(1) 在 VB.NET 中，用__________可将一个较长的语句分为多个程序行。

(2) VB.NET 利用__________提供的功能，引入了更严格的__________特性，如封

装、继承、可重载性、多态性等。

(3) ____________是.NET Framework 提供的数据库访问服务类库。

(4) 项目可以视为编译后的一个可执行单元，可以是应用程序、动态链接库等，而企业级的解决方案往往需要多个可执行程序的合作，为便于管理，在 Visual Studio .NET 集成环境中引入了____________。

(5) 要想 Label 控件显示给定的文字“Welcome!”，应在设计状态下设置它的____________属性值。

3. 简答题

简述 VB.NET 与 VB 的不同。

第 2 章

基本控件

VB 提供了面向对象的程序设计的强大功能，用 VB 进行应用程序设计，实际上是与一组标准对象进行交互的过程。因此，准确地掌握对象的有关概念，是进行 VB 程序设计的重要环节。

窗体是 VB 编程中最常用的对象，它是所有控件的容器。控件是窗体上使用的可视化组件，它们封装了用户界面功能，并且可用于 Windows 应用程序。VB.NET 提供了许多现成的标准控件，本章中将介绍窗体对象及编程中最基本的控件——按钮、文本框、标签。

2.1 VB.NET 编程基本概念

2.1.1 面向对象程序设计基本概念

在传统的面向过程的应用程序中，应用程序自身控制了执行哪一部分代码和按何种顺序执行，即从第一行代码开始执行程序，并按应用程序中预定的路径执行，用户无法改变程序的执行流程。

在事件驱动的应用程序中，代码不是按照预定的路径执行的，而是在响应不同的事件时执行不同的代码段。事件可以由用户操作触发，也可以由来自操作系统或其他应用程序的消息触发。这些事件的顺序决定了代码的执行顺序，因此应用程序每次执行时所经过的代码的路径都是不确定的，其执行流程是由用户来确定的。

显然，使用面向对象、采用事件驱动方式的编程机制，程序员不需要考虑按精确顺序执行的每个步骤，而只需编写响应用户动作的程序即可，工作量相对使用面向过程的程序设计方法编写程序要少。

在现实生活中，一个实体就是一个对象，如一个学生、一把椅子、一台电脑等都是对象。在面向对象的程序设计中，对象是系统中的基本运行实体，是代码和数据的集合。在 VB 中，对象分为两类：一类由系统设计，可以直接使用或对其进行操作，如窗体、按钮、菜单、文本框等；另一类由用户定义。

对象是具有特殊的属性和方法的实体。建立对象后，针对对象的操作可以通过与该对象有关的属性、事件和方法来描述。

2.1.2 属性、事件与方法

1. 属性

属性是一个对象的特征，不同的对象有不同的属性。在 VB 中可用对象的属性来设置对象的外观、位置、数据等。一般来讲，对象的属性有几十个，罗列在属性窗口中，而用户每次要针对其进行设置的属性往往只占其中的一小部分。

对象属性的设置方法有以下几种。

(1) 在设计阶段，利用属性窗口对选定的对象进行属性设置，其中包括三种设置方式。

① 直接输入属性值：选中欲修改的属性，把光标定位在其右半区的属性值处，直接输入属性值。如图 2-1 所示，将按钮的 Text 属性设置为“确定”。

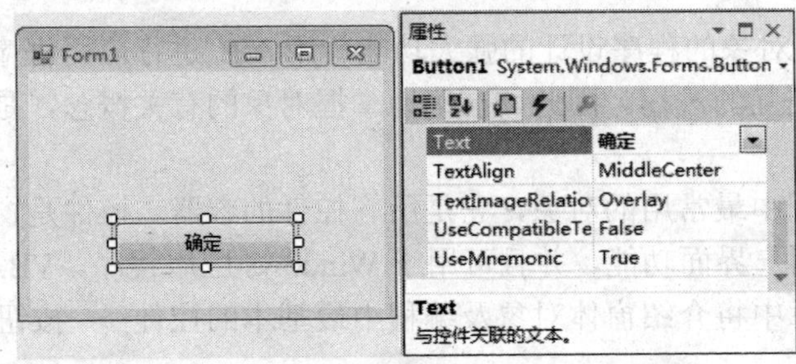

图 2-1 直接输入属性值

② 通过下拉列表进行选择：某些属性的取值比较有限，在下拉列表中已经列出了所有值，因此只需打开下拉列表，然后在多个选项中选择一个，该属性的值就会出现在右边的属性值处。如图 2-2 所示，将按钮的 Enabled 属性设置为 True。

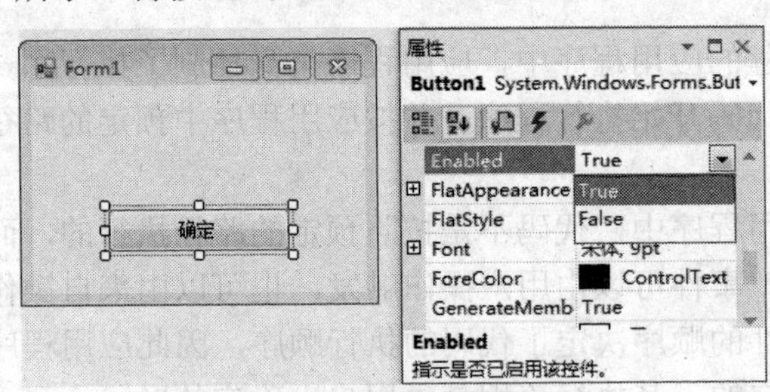

图 2-2 下拉列表选择属性值

③ 使用对话框设置属性值：某些属性包括多方面的内容，当选中该属性时，属性区域的右边会出现一个小按钮，上面有“…”符号，单击该按钮后，会打开一个对话框，程序员可以在此对话框中对该属性的不同方面进行选择设置，如图 2-3 所示。

(2) 在程序代码中，用赋值语句设置属性，使程序在运行时实现对对象属性的设置。

格式：<对象名>.<属性名> = <属性值>

例如：

```
Button1.Text = "输入"
```

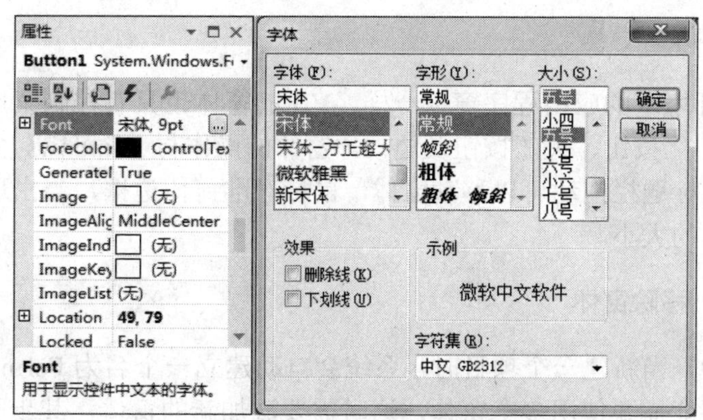

图 2-3　在对话框中设置属性值

2. 事件

所谓事件就是发生在对象上的事情。在 VB 中，系统为每个对象预先定义好了一系列的事件，如单击事件、双击事件、改变事件等。

事件是固定的，用户不能自行创建新的事件。当事件由用户触发或系统触发时，对象就对该事件做出响应，响应某个事件后所执行的程序代码就是事件过程。一个对象可以响应一个或多个事件，所以可以使用一个或多个事件过程对用户或系统的事件做出响应。

3. 方法

所谓对象的"方法"，是在面向对象程序设计中供用户直接调用的一些特殊过程和函数。

调用方法的一般形式如下。

```
对象名.方法名
```

例如，若使用 Show 方法显示窗体 Form2，则可以写为如下形式。

```
Form2.Show()
```

4. 控件

在 VB.NET 中，控件是由系统预先定义好的、在程序中可以直接使用的一类对象。每个控件都有各自的属性、事件和方法，可在设计时或在代码中修改和使用。

2.2　窗体、按钮、标签及文本框

2.2.1　窗体(Form)

窗体也即平时所说的窗口，它是 VB 中最常见的对象，也是程序设计的基础。窗体是一个对象容器，VB 中各个控件对象必须建立在窗体上，一个窗体对应一个窗体模块。当用户新建一个 VB.NET 项目时，VB.NET 将创建一个默认名为 Form1 的窗体。

1. 窗体的结构

和 Windows 环境下的应用程序窗口一样，VB 的窗体也具有控制菜单、标题栏、最大化/还原按钮、最小化按钮、关闭按钮及边框。窗体的操作与 Windows 窗口的操作一样，通过鼠标左键按住标题栏拖动可以移动窗体，鼠标对准窗体边框，当出现双向箭头时拖动鼠标可以改变窗体的大小。

2. 添加窗体、移除窗体

在 VB.NET 中，当新建一个项目时，系统会自动建立一个名为 Form1 的窗体。但在实际应用系统中，可能需要使用多个窗体，这时需要添加新的窗体，其步骤如下。

(1) 选择“项目”|“添加 Windows 窗体”命令，系统将显示如图 2-4 所示的对话框。

图 2-4　“添加新项”对话框

(2) 在对话框底部的“名称”文本框中，输入新窗体的名字。

(3) 单击“添加”按钮，一个新窗体将添加到当前的项目中。

3. 窗体的常见属性

窗体的属性决定了窗体的外观和操作，对于窗体的大部分属性来说，既可以通过属性窗口来设置，也可以通过程序代码来设置，少量属性只能在属性窗口中设置，或只能通过程序代码来设置。常用的窗体属性如下。

- Name 属性：窗体的名称，用于在程序中唯一地标识窗体。在程序中每添加一个新窗体时，系统都会自动给其一个默认的名称 Form1、Form2、Form3……
- Text 属性：窗体的标题，即显示在标题栏内控制图标右面的标题，用来向用户说明窗体的作用。系统默认的 Text 属性与 Name 属性相同。

注意对象的 Name 属性和 Text 属性的区别。Name 是对象的名字，是计算机用来区分各个对象的；Text 是显示在对象上的内容，是向用户说明各个对象的作用的。

- Size 属性：用来修改窗体的大小。
  - Width：表示窗体的宽度。
  - Height：表示窗体的高度。
- BackColor 属性：设置窗体的背景颜色。设置该属性时，可以通过打开的调色板选取适当的颜色。
- Enabled 属性：Enabled 属性用来设置对象是否可以被用户激活，即对象是否接受并响应用户事件。若该属性设置为 False，则对象一般呈暗淡显示，说明用户不可使用该对象。这个属性通常用来在程序运行时控制对象是否达到可以使用的条件。
- Visible 属性：设置对象在程序运行时是否可见。若该属性为 True，则对象显示在屏幕上；若该属性为 False，则对象被隐藏起来，不在屏幕上显示。
- ControlBox 属性：设置窗体是否具有关闭功能。若该属性为 True，则窗体上存在关闭按钮，可以被用户关闭，并且单击控制图标也可以打开控制菜单；若该属性为 False，则窗体中不存在关闭按钮和控制菜单。
- Font 属性：设置窗体中输出的字符的特征，包括字体、字形、大小等。
- WindowState 属性：设置窗体运行时的初始状态。
  - 0：正常状态，运行后窗体的大小以设计阶段为准。
  - 1：最小化状态，运行后窗体缩小为一个图标显示在任务栏中。
  - 2：最大化状态，运行后窗体充满整个屏幕。
- StartUpPosition 属性：控制窗体首次显示时的位置。
- BackGroundImage 属性：指定一个图形文件，将该文件所对应的图像设置为窗体的背景，并可以用 BackGroundImageLayout 属性设置背景图像的显示方式，如平铺、居中或伸缩等。

4. 窗体的事件

与窗体有关的事件较多，以下是几个常用的事件。

- Click(单击)事件：单击事件几乎是每个对象都具有的事件，当用户在一个对象上按下并释放鼠标左键时发生。对窗体而言，当在窗口内没有其他控件的任何位置单击时，都会触发窗体的 Click 事件。
- DoubleClick(双击)事件：对象的双击事件也是大多数对象都具有的一个事件。当用户在一个对象上双击时发生 DoubleClick 事件。
- 键盘事件：KeyDown 在按下某键时触发，KeyUp 在放开某键时触发，KeyPress 在按某些特殊的键(字母、数字、符号键)时触发。
- Activate 事件：窗体的激活事件。在窗口由非活动窗口变为活动窗口时的瞬间发生，窗口一旦成为活动窗口，该事件就会消失。
- Deactivate 事件：与 Activate 事件相反，在窗口由活动窗口变为非活动窗口的瞬间发生。
- Load 事件：窗体的加载事件，当窗体被调入内存并显示在屏幕上时发生。每执行一个应用程序，在屏幕上都会至少打开一个窗口，所以该事件是执行应用程序时发生时间较早的一个事件。在这个事件中通常加入一些在程序执行之前，对程序中用到的对象或变量等进行初始化的语句。

- MouseDown 事件：当用户在对象上按下鼠标按钮时发生。在这个事件中，可以通过判断用户按下的是左键还是右键而做出不同的事件处理。
- Resize 事件：当窗体第一次显示或用户改变窗体的大小时会触发这个事件。
- Disposed 事件：当窗体被关闭而从屏幕上消失时发生。

5. 窗体的显示与隐藏

(1) Show 方法：将窗体显示出来。

格式：<窗体名>.Show()或<窗体名>.ShowDialog ()

其中参数“模式”有两种取值：0(默认值)和 1。

用 ShowDialog 方法显示的窗体在该窗口显示后，用户必须对其做出响应，否则不能进行其他任何窗口的操作。这种窗口经常用在一些对话框上。

(2) Hide 方法：用于隐藏显示在屏幕上的窗体。隐藏窗体时，用户将无法访问该窗体上的控件。

格式：<窗体名>.Hide()

【例2-1】单击窗体时，将窗体的背景颜色变为红色；双击窗体时，将窗体的背景颜色变为蓝色。

分别编写窗体的单击事件及双击事件过程代码如下。

```
Private Sub form1_Click(sender As Object, e As EventArgs) Handles Me.Click
    Me.BackColor = Color.Red
End Sub
Private Sub form1_DoubleClick(sender As Object, e As EventArgs) Handles Me.DoubleClick
    Me.BackColor = Color.Blue
End Sub
```

2.2.2 按钮(Button)

按钮是应用程序中最为常用的控件之一，其主要功能是用来接受用户的操作信息，激发相应的事件过程，是用户与程序交互的最简便的方法。

1. 按钮的常用属性

- Text属性：设置显示在按钮上的标题，也就是按钮上出现的文本。可以通过TextAlign设置文本的对齐方式。

还可以给按钮定义一个快捷键。在设置按钮的 Text 属性时，在某字母的前面加上“&”符号，该字母就会带有一个下划线。运行时，同时按下 Alt 键和带下划线的字母，其效果与单击按钮相同。

- FlatStyle 属性：设置按钮的外观样式。

- Image 属性：指定一个图形文件，在按钮上显示该文件所对应的图像，并可以通过 ImageAlign 属性设置图像的对齐方式。
- BackGroundImage 属性：指定一个图形文件，将按钮的背景设置为该文件所对应的图像，并可以用 BackGroundImageLayout 属性设置背景图像的显示方式，如平铺、居中或拉伸等。
- Locked 属性：该属性决定了是否改变按钮的大小及位置。当设置为 True 时表示按钮的大小及位置均不能改动。
- Location 属性：该属性决定了按钮左上角与窗体左端及窗体顶端的距离。
- Size 属性：该属性决定了按钮的宽度和高度。

2. 按钮的常见事件

当单击按钮时，通常可以启动一段程序，执行某项功能，所以按钮最常用的事件是 Click 事件。

除此以外，按钮还可以接受很多事件，如：鼠标按下(MouseDown)事件、鼠标抬起(MouseUp)事件、键盘按下(KeyDown)或松开(KeyUp)事件等。

3. 按钮的常用方法

按钮的常用方法是 Focus 方法，使用该方法可以将焦点定位在指定的按钮上。

【例 2-2】创建窗体并在窗体上添加三个按钮。当单击 Button1 时，将窗体的背景图像设置为 F 盘的 a1.jpg 文件，显示大小不变。当单击 Button2 时，将窗体的背景图像的显示方式设置为拉伸。当单击 Button3 时，取消窗体上的背景图片。

分别编写三个按钮的单击事件过程代码如下。

```
Private Sub Button1_Click(sender As Object, e As EventArgs) Handles Button1.Click
    Me.BackgroundImage = System.Drawing.Image.FromFile("f:\a1.jpg")
    Me.BackgroundImageLayout = ImageLayout.None
End Sub
Private Sub Button2_Click(sender As Object, e As EventArgs) Handles Button2.Click
    Me.BackgroundImageLayout = ImageLayout.Stretch
End Sub
Private Sub Button3_Click(sender As Object, e As EventArgs) Handles Button3.Click
    Me.BackgroundImage = Nothing
End Sub
```

2.2.3 文本框(TextBox)

文本框控件也是应用程序中最为常用的控件之一，其主要功能是用来在程序运行时接收用户输入的信息。

1. 文本框的常用属性

- Text 属性：在文本框中显示的正文内容存放在 Text 属性中。文本内容既可以在设计状态时通过属性窗口设置，也可以在运行状态通过程序代码设置或用户通过键盘输入。
- MultiLine 属性：用来设置文本框是否能接收多行文字，属性值为布尔型。
  - False(默认值)：表示文本框只能接收单行文字。
  - True：表示如果输入较长的字符串，则进行自动换行。
- MaxLength 属性：设置文本框中最多可容纳多少个字符。
- ScrollBars 属性：用来设置文本框中是否出现水平或垂直滚动条。当 MultiLine 为 True 时，该属性才有效。
  - None：无滚动条。
  - Horizontal：仅有水平滚动条。
  - Vertical：仅有垂直滚动条。
  - Both：具有水平和垂直滚动条。
- TextAlign 属性：用来设置输入文字的对齐方式。
  - Left(默认值)：左对齐。
  - Right：右对齐。
  - Center：居中对齐。
- PasswordChar 属性：设置 PasswordChar 属性是为了掩盖文本框中输入的字符。例如在输入密码时，用“*”作为显示符号以掩饰实际输入的文字内容。
- ReadOnly 属性：设置文本框控件是否可以输入字符。默认为 False，表示用户可以向其中输入内容。当设置为 True 时，表示禁止用户输入，此时 TextBox 控件只能显示已有的文本内容或通过编程来设置其内容。
- SelectionStart 属性：用来确定在文本框中选择文本的起始位置。第一个字符的位置为 0。若没有选择文本，则用于返回或设置文本的插入点位置。如果 SelectionStart 的值大于或等于文本的长度，则 SelectionStart 取当前文本的长度。
- SelectionLength 属性：用来设置或返回文本框中选定的文本字符串长度(字符个数)。
- SelectedText 属性：用来设置或返回当前选定文本中的文本字符串。如果运行时赋值，则替代当前选中的文本。如果没有选中文本，则在当前插入点插入文本。

2. 文本框控件的常用事件

- KeyPress 事件：此事件在用户按下和松开一个 ANSI 键时发生。该事件识别从键盘上输入的字符，每当用户从键盘上敲入一个字符，就触发 KeyPress 事件。
- Change 事件：当用户向文本框中输入新信息，或当程序把 Text 属性设置为新值从而改变文本框 Text 属性时，将触发 Change 事件。程序运行后，在文本框中每键入一个字符，就会触发一次 Change 事件。
- SetFocus 方法：该方法用来把光标移到指定的文本框中。当在窗体上建立了多个文本框后，可以用该方法把光标置于所需要的文本框内。

- GotFocus 事件：当光标移到文本框内时，取得焦点，触发 GotFocus 事件。可能引发该事件的情况有：按 Tab 键跳到该文本框；用鼠标单击该文本框；在代码中用 SetFocus 方法激活了该文本框。
- LostFocus 事件：当光标离开文本框时，触发 LostFocus 事件，它与 GotFocus 事件对应。可能引发该事件的情况有：按 Tab 键跳出该文本框；用鼠标单击其他控件；在代码中用 SetFocus 方法激活了其他控件。

【例 2-3】在窗体上添加三个文本框 TextBox1、TextBox2 和 TextBox3，以及一个按钮 Button1。在前两个文本框中输入任意数字，单击按钮后，在第三个文本框中给出前两个数字之和。在第一个文本框中输入数据并按回车键后，光标自动转到第二个文本框。将第三个文本框设置为不可输入数据。

分别编写如下的事件过程代码，运行结果如图 2-5 所示。

```
Private Sub Button1_Click(sender As Object, e As EventArgs) Handles Button1.Click
    TextBox3.Text = Val(TextBox1.Text) + Val(TextBox2.Text)
End Sub
Private Sub TextBox1_KeyPress(sender As Object, e As KeyPressEventArgs) Handles
TextBox1.KeyPress
    If Asc(e.KeyChar) = 13 Then
        TextBox2.Focus()
    End If
End Sub
Private Sub form2_Activated(sender As Object, e As EventArgs) Handles Me.Activated
    TextBox1.Focus()
End Sub
Private Sub form2_Load(sender As Object, e As EventArgs) Handles MyBase.Load
    TextBox3.ReadOnly = True
End Sub
```

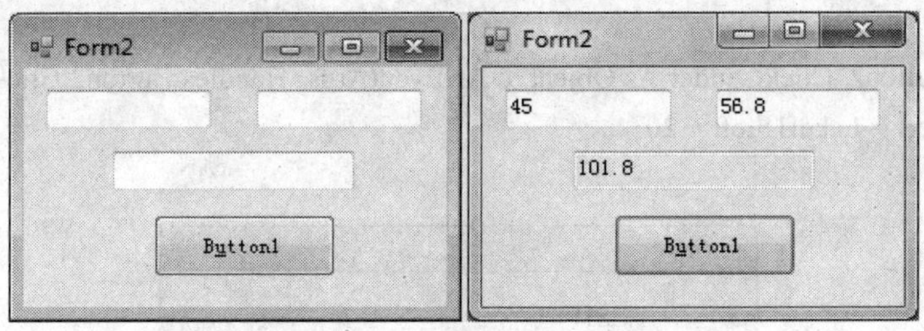

图 2-5　文本框举例

2.2.4　标签(Label)

标签控件用来显示文本，但用户不能向这个控件中输入数据，一般来说标签起到一个提示的作用。

1. 标签控件的常用属性

- Text 属性：用来改变 Label 控件中显示的文本。默认情况下，当文本超过控件宽度时，文本会自动换行，而当文本超过控件高度时，超出部分将被裁剪掉。
- AutoSize 属性：用来确定标签宽度是否会随标题内容的多少自动变化。如果值为 True，则随 Text 内容的多少自动调整标签的宽度；如果值为 False，则标签的宽度不自动改变，但内容过多时将自动调整高度，也可以通过设置属性来改变其高度和宽度。
- BorderStyle 属性：用来设置标签的边框模式。
  - None(默认值)：表示无边框。
  - FixedSingle：表示边框为单直线型。
  - Fixed3D：表边框为凹陷型。

2. 标签控件的常用事件

当用户单击或双击标签时，标签可响应单击(Click)和双击(DblClick)事件。当标签的内容被修改时，产生 Change 事件。但一般情况下不对标签进行编程。

【例 2-4】在窗体上添加一个标签以及两个按钮 Button1 和 Button2。当单击 Button1 时，标签内容左移；当单击 Button2 时，标签内容右移。

分别编写如下的事件过程代码。运行结果如图 2-6 所示。

```
Private Sub form2_Load(sender As Object, e As EventArgs) Handles MyBase.Load
    Label1.Text = "早上好！"
    Label1.BorderStyle = BorderStyle.Fixed3D
    Label1.AutoSize = True
End Sub
Private Sub Button1_Click(sender As Object, e As EventArgs) Handles Button1.Click
    Label1.Left = Label1.Left - 20
End Sub
Private Sub Button2_Click(sender As Object, e As EventArgs) Handles Button2.Click
    Label1.Left = Label1.Left + 20
End Sub
```

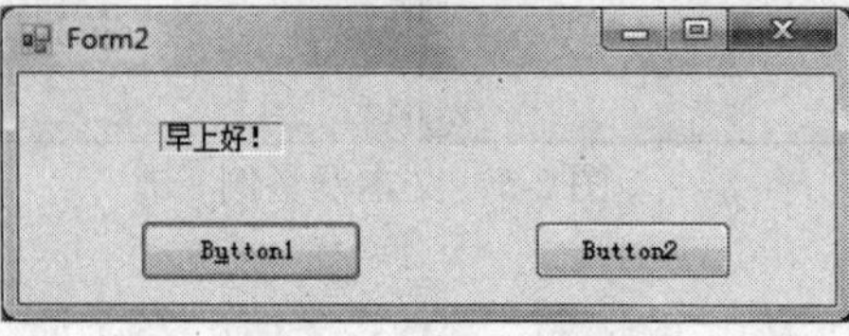

图 2-6　标签举例

2.3 实训练习

【例 2-5】在窗体上添加两个文本框 TextBox1 和 TextBox2，三个标签以及一个命令按钮 Button1。在第一个文本框中输入用户名，第二个文本框中输入密码。当用户名为 ADMIN 并且密码为 HELLO 时，在标签中显示“您是合法用户”，否则显示“用户名或密码错误”。

编写如下的代码，运行效果如图 2-7 所示。

```
Private Sub form1_Load(sender As Object, e As EventArgs) Handles MyBase.Load
        Label1.Text = "用户名"
        Label2.Text = "密码"
        Button1.Text = "确定"
        TextBox2.PasswordChar = "*"
End Sub
Private Sub Button1_Click(sender As Object, e As EventArgs) Handles Button1.Click
   If LCase(TextBox1.Text) = "admin" And LCase(TextBox2.Text) = "hello" Then
      Label3.Text = "您是合法用户"
   Else
      Label3.Text = "用户名或密码错误"
   End If
End Sub
```

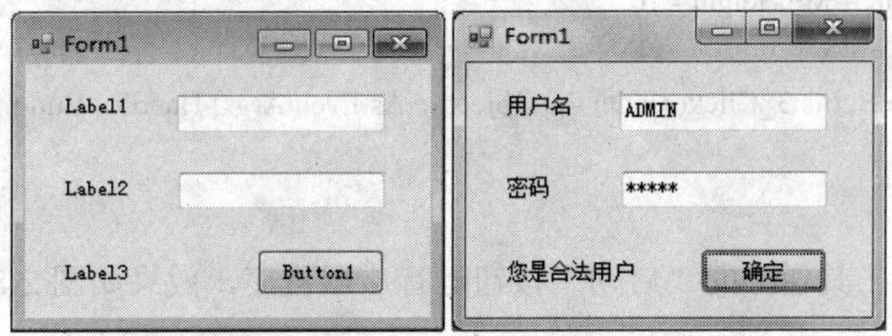

图 2-7 基本控件举例

2.4 上机实验

【实验 2-1】基本控件程序设计。

1. 实验目的

通过简单程序设计理解对象、属性和事件的概念。

2. 实验内容

编制一个控制窗体“变大”和“变小”的简单程序。

3. 实验步骤

(1) 打开 VS2013，在“文件”菜单中选择“新建项目”命令，并选择其中的“Windows 窗体应用程序”命令。

(2) 在窗体 Form1 上添加三个命令按钮 Button1、Button2 和 Button3，并分别设置三个命令按钮的 Text 属性为“窗体变大”、“窗体变小”和“结束”。

(3) 输入如下程序。

```
Private Sub Form1_Load(sender As Object, e As EventArgs) Handles MyBase.Load
        Me.Height = 180
        Me.Width = 170
        Me.Top = 200
        Me.Left = 200
        Button1.Text = "窗体变大"
        Button2.Text = "窗体变小"
        Button3.Text = "结束"
    End Sub
    Private Sub Button1_Click(sender As Object, e As EventArgs) Handles Button1.Click
        Me.Width = Me.Width + 10
        Me.Height = Me.Height + 10
    End Sub
    Private Sub Button2_Click(sender As Object, e As EventArgs) Handles Button2.Click
        Me.Width = Me.Width - 10
        Me.Height = Me.Height - 10
    End Sub
    Private Sub Button3_Click(sender As Object, e As EventArgs) Handles Button3.Click
        End
End Sub
```

(4) 单击标准工具栏上的“启动”按钮运行应用程序，效果如图 2-8 所示。

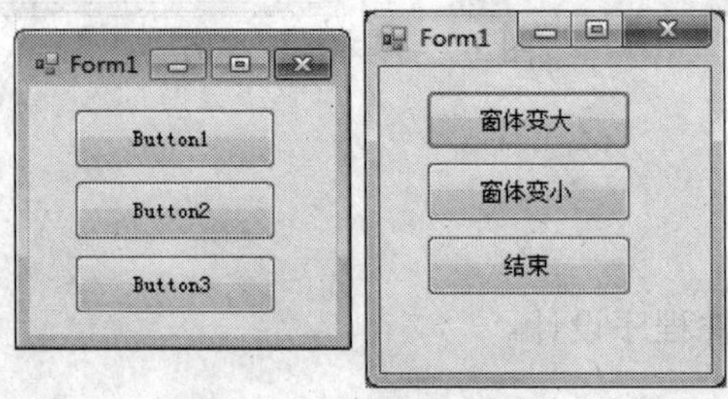

图 2-8　改变窗体大小

程序进入运行状态后，当单击“窗体变大”按钮时，窗体变大；单击“窗体变小”按钮时，窗体变小；单击“退出”按钮时，则程序结束运行。

【实验 2-2】控件的基本属性练习。

1. 实验目的

通过简单程序设计理解对象的基本属性设置方法。

2. 实验内容

编制一个简单程序，熟悉控件的常用属性。

3. 实验步骤

(1) 新建窗体 Form1，在窗体上添加一个文本框及若干按钮(具体控件类型及个数请参考图 2-9 自行设计)。

(2) 通过为每个按钮的单击事件编程，熟悉控件常用属性及设置方法。

(3) 下面给出部分程序，请用户完善其他事件过程。

```
Private Sub Form1_Load(sender As Object, e As EventArgs) Handles MyBase.Load
  TextBox1.Text = "文本框基本属性练习"
End Sub
Private Sub Button1_Click(sender As Object, e As EventArgs) Handles Button1.Click
  TextBox1.ForeColor = Color.Red        '前景色设置为红色
End Sub
Private Sub Button15_Click(sender As Object, e As EventArgs) Handles Button15.Click
  TextBox1.Left = TextBox1.Left – 10   '文本框左移
End Sub
Private Sub Button18_Click(sender As Object, e As EventArgs) Handles Button18.Click
  TextBox1.Visible = True          '文本框可见
End Sub
Private Sub Button17_Click(sender As Object, e As EventArgs) Handles Button17.Click
  TextBox1.Visible = False         '文本框不可见
End Sub
Private Sub Button16_Click(sender As Object, e As EventArgs) Handles Button16.Click
  TextBox1.Enabled = True          '文本框可用
End Sub
Private Sub Button11_Click(sender As Object, e As EventArgs) Handles Button11.Click
  TextBox1.Enabled = False         '文本框不可用
End Sub
Private Sub Button8_Click(sender As Object, e As EventArgs) Handles Button8.Click
  TextBox1.BackColor = Color.FromArgb(0, 0, 255)    '设置背景色
End Sub
Private Sub Button13_Click(sender As Object, e As EventArgs) Handles Button13.Click
  TextBox1.Top = TextBox1.Top – 10      '文本框上移
End Sub
```

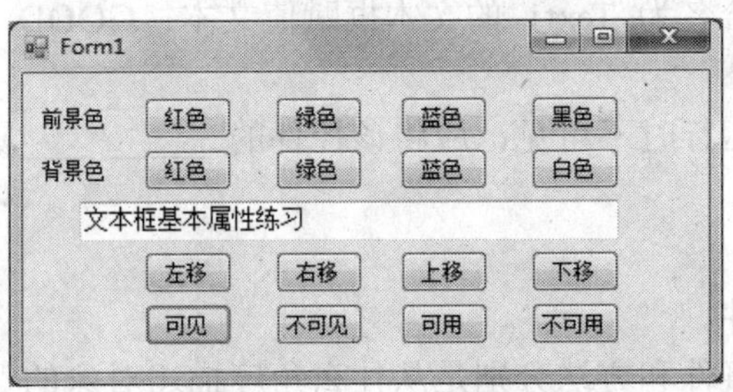

图 2-9　控件基本属性练习

习题

1. 选择题

(1) 文本框中显示的文字内容由其( )属性来确定。

A. Text　　B. Location　　C. Name　　D. Font

(2) 在窗体的标题栏中所显示的内容由窗体的( )属性决定。

A. AutoSize　　B. Name　　C. Text　　D. BackColor

(3) 窗体的控制菜单是否显示由窗体的( )属性决定。

A. MinButton　　B. ControlBox　　C. BorderStyle　　D. WindowState

(4) 若要设置命令按钮的背景图形，可通过( )属性来设置。

A. Image　　B. BackGroundImage　　C. BackStyle　　D. ImageAlign

(5) 若要使命令按钮在程序运行时不可见，可通过设置( )属性来实现。

A. Enabled　　B. Visible　　C. AutoSize　　D. Locked

(6) 以下叙述中正确的是( )。

A. 窗体的 Name 属性指定窗体的名称，用来标识一个窗体

B. 窗体的 Name 属性的值是显示在窗体标题栏中的文本

C. 可以在运行期间改变对象的 Name 属性的值

D. 对象的 Name 属性值可以为空

(7) 以下叙述中错误的是( )。

A. 事件过程是响应特定事件的一段程序

B. 不同的对象可以具有相同名称的方法

C. 对象的方法是执行指定操作的过程

D. 对象事件的名称可以由编程者指定

2. 填空题

(1) 当程序运行时，要求窗体中的文本框呈现空白，则在设计时，应当在此文本框的窗口中，将此文本框的__________属性设置成空白。

(2) 若要求在文本框中输入任何字符时文本框均显示*号，则应用在此文本框的属性窗口中设置__________属性值为__________。

(3) 要想在代码中给名为 Text1 的文本框赋值文本：GOOD LUCK，应当编写的语句是__________。

(4) 为使一个控件运行时不可见，应将该控件的__________属性设置为__________。

3. 简答题

(1) 简述什么是事件。

(2) 对象的属性、事件和方法分别是从什么角度描述对象的？

(3) 比较窗体对象的 Text 属性和 Name 属性，二者有什么区别？

4. 编程题

在窗体上添加两个文本框和一个按钮，在第一个文本框中输入任意信息，单击“复制”按钮后，在另一个文本框中显示与第一个文件框相同的信息。界面设计如图 2-10 所示。

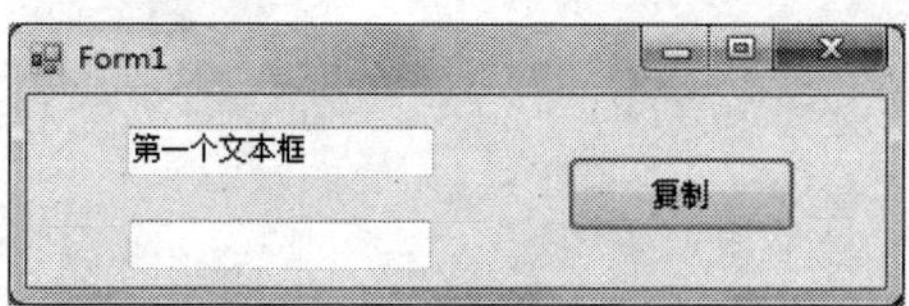

图 2-10　复制文本框内容

第 3 章

基本知识

本章将介绍 VB.NET 编程的基本语法知识，包括数据类型、运算符与表达式、常用内部函数、程序的三种控制结构等，使读者能够掌握 VB.NET 语言编程的基本语言及语法知识。

3.1 数据类型

3.1.1 常量与变量

1. 常量

常量就是在程序执行的过程中保持不变的数据。在 VB 中，常量有两种：普通常量和符号常量。

1) 普通常量

- 数值常量：即数学中的常数。例如：3.14159、56、8.432E-15 等。
- 字符串常量：用双引号括起来的字符序列。例如："I am a student"、"1+2=?"等。
- 逻辑常量：只有两个值 True 和 False。
- 日期常量：用于表示某一具体的日期和时间。可以有多种表示形式，但必须把日期和时间用符号#括起来。例如：#3 jan, 98#、#08/12/2005#、#2005-08-12#等。

2) 符号常量

符号常量指用一个符号来表示一个固定不变的量，其格式定义如下。

```
Const 符号常量名 [As 数据类型] = 表达式
```

例如：

```
Const PI = 3.1415926
```

2. 变量

在程序运行过程中其值可以改变的量称为变量。使用变量前，应首先定义所用到的变量(包括变量名和变量类型)，使系统分配相应的内存空间，并确定该内存空间可存储的数据类型。所有变量都具有名称和类型。

1) 用类型说明语句定义变量

变量声明的格式如下。

```
Public | Dim | Static | <变量名> [As <数据类型符>][,<变量名> [As< 数据类型符>]…]
```

其中，<变量名>应遵循下面几个变量命名规则。

(1) 变量名要以字母或汉字开头，不能以数字或下划线开头。

(2) 变量名一般由字母、数字、汉字和下划线组成，不得含有+、−、*、/、$、&、%、!、#、？、小数点或逗号等字符。

(3) 变量名的长度不得超过 255 个字符，且变量名不得与 VB 中的关键字重名。

(4) Dim 语句定义的变量，其作用范围由 Dim 语句所在的位置决定。Dim 语句出现在窗体代码的声明部分时，窗体以及窗体中各控件的事件过程都可以使用这些变量，这种变量称为窗体级变量。在过程内部用 Dim 语句声明的变量，只在该过程内有效，这种变量称为局部变量。

例如：

```
Dim a As Integer
Dim b As Long
```

上面两个语句可以写为：

```
Dim a As Integer, b As Long
```

若把 a、b、c 都定义成双精度型，必须写成如下形式。

```
Dim a As Double, b As Double, c As Double
```

如果写成：

```
Dim a, b, c As Double
```

则系统将 a 和 b 定义成可变类型，c 定义成双精度类型。

2) 变量的隐性声明

VB.NET 允许对变量进行隐性声明，即不对变量进行声明而直接引用，只要在模块的声明中加入语句“Option Explicit Off”。但是，此时容易因为写错变量名而引起麻烦。

为了避免因为写错变量名而引起麻烦，可以在模块的声明中加入语句“Option Explicit On”(默认)，强制编译器发现所有未声明的变量。

3.1.2 数值型数据类型

数值型数据可分为两大类：整型和实型。

1. 整型

整型表示的就是整数，根据所表示的数的范围不同，又可以分为三种类型：字节型、整型和长整型。

1) 整型(Integer，类型符%)

在计算机内一般用两个字节来表示整数，取值范围是-32768~+32767。

例如：105，-35，456% 都是整型，而 50000% 则会发生溢出错误。

2) 长整型(Long，类型符&)

在计算机内一般用 4 个字节来表示整数，取值范围是-2147483648~+2147483647。

例如：123450，98765&都是长整型数。

3) 字节型(Byte)

在计算机内用 1 个字节表示无符号整数，取值范围是 0~255。

2. 实型

实型表示的就是实数，根据所表示的数的范围和精度的不同，又可以分为单精度、双精度和货币型三种类型。这里介绍前两种类型。

(1) 单精度浮点数(Single，类型符!)：在计算机中一般用 4 个字节来表示单精度浮点数，其取值范围是负数时为-3.40E+38~-1.40E-45，正数时为 1.40E-45~3.40E+38。

例如：3.1415!，2.123456 都是单精度浮点数。

(2) 双精度浮点数(Double，类型符#)：在计算机中一般用 8 个字节来表示双精度浮点数，其取值范围是负数时为-1.80E+308~-4.94E-324，正数时为 4.94E-324~1.80E+308。

3.1.3 字符型数据类型

字符型数据(String，类型符$)是用双引号括起来的一串字符。

例如：Dim StuName As String

3.1.4 日期及逻辑型数据类型

1. 逻辑型

逻辑型数据(Boolean)只有两个值：True(真)和 False(假)，可以把逻辑型数据转换成数值型数据，此时，True 转为-1，False 转为 0。也可以把数值型数据转换为逻辑型数据，此时，非 0 的数据转换为 True，0 转换为 False。

2. 日期型

在计算机中一般用 8 个字节的浮点数来表示一个日期型数据。日期的取值范围从公元 100 年 1 月 1 日到 9999 年 12 月 31 日，时间的取值范围从 00:00:00 到 23:59:59，可以用#括起来放置日期和时间。

例如：#08/06/2015 10:25:00 pm#

3.2 运算符

VB提供的运算符，可分为算术运算符、字符串运算符、关系运算符、逻辑运算符，分别构成算术表达式、字符串表达式、关系表达式、逻辑表达式。

3.2.1 算术运算符

算术运算符可进行简单的算术运算，运算对象是数值型数据。VB 提供了 8 种算术运算符，见表 3-1。

表 3-1 算术运算符

运算符	含 义	优先级	算术表达式例子	结 果
^	乘方	1	5^2	25
-	负号	2	-8	-8
*	乘	3	5*5	25
/	除	3	5/3	1.66666666666667
\	整除	4	5\3	1
Mod	取模	5	5 Mod 3	2
+	加	6	3+5	8
-	减	6	3-5	-2

表 3-1 中列出了 VB 中的 8 种算术运算符。注意在表达式中乘号“*”不能省略，且注意它的写法。而整除运算符“\”就是对两数进行除法运算后取商的整数部分，并不是四舍五入取整。

3.2.2 字符串运算符

字符串运算符包含“+”和“&”两个运算符，它们的作用是将两个操作数连接起来，成为一个字符串。“+”运算符是直接将两个字符串从左至右原样连接，生成一个新的字符串。参与运算的两个数据必须是字符型数据。

例如："abcd"+"efg"的结果是“abcdefg”，而"abcd"+123 是错误的。

“&”是将参与运算的两个数据强制性地按字符串类型连接在一起，生成一个新的字符串。参与运算的两个数据可以是字符型、数值型和可变型数据。

例如："abcd"+"123"的结果是“abcd123”，而"abcd" & 123 的结果也是“abcd123”。在使用“&”时，应在变量和“&”之间加一个空格。

3.2.3 关系运算符

关系运算符(又称比较运算符)是对两个数进行比较，运算对象是数值型数据和字符型数据。关系运算的结果是逻辑型的值。当关系成立时，结果为True；当关系不成立时，结果为False。VB提供的关系运算符见表3-2。

表3-2 VB中的关系运算符

关系运算符	含 义	关系表达式	结 果
=	等于	3=4	False
>	大于	3>4	False
>=	大于等于	3>=4	False
<	小于	3<4	True
<=	小于等于	3<=4	True
<>或><	不等于	3<>4	True

(1) 如果两个操作数为数值型，将按其大小比较。

(2) 如果两个操作数为字符型，则按字符的ASCII码值从左到右逐一比较，直到出现不同的字符为止。

(3) 关系运算符的优先级相同。

3.2.4 逻辑运算符

逻辑运算符是对操作数进行逻辑运算，运算的结果为逻辑型数据。当逻辑关系成立时，运算结果为True；当逻辑关系不成立时，运算结果为False。VB提供的逻辑运算符见表3-3。

表3-3 VB中的逻辑运算符

逻辑运算符	含 义	关系表达式	结 果
And	逻辑与(当且仅当参与运算的两个数都为True时，运算结果为True)	4>3 And 5<6 4>3 And 6<5	True False
Or	逻辑或(当且仅当参与运算的两个数都为False时，运算结果为False)	4>3 Or 6<5 4<3 Or 6<5	True False
Not	逻辑非(当参与运算的数为False时，运算结果为True；当参与运算的数为True时，运算结果为False)	3>4 Not 3>4	False True
Xor	异或(当且仅当参与运算的两个数的逻辑值相异时，运算结果为True)	4>3 Xor 6>5 4>3 Xor 5>6	False True

3.3 VB 中的常用内部函数

VB提供了大量的内部函数，并把这些内部函数都写成语言库中的一个个子程序，供用户随时调用，同时也允许用户自定义函数过程。

函数通常有一个返回值。根据返回值的类型，可以将 VB.NET 的内部函数分为数学函数、字符处理函数、日期与时间函数、转换函数等。这些函数都有一个或多个参数，对这些参数进行特定的运算，返回一个结果值，叫函数值。函数调用的一般格式如下。

```
<函数名> ([<参数表>])
```

其中“参数表”可以有一个参数或用逗号隔开的多个参数。

3.3.1 数学函数

数学函数包含在 Math 类中，用于各种算数运算。在程序中要使用某个数学函数时，需在其函数名前面加上“Math.”，或者在模块的声明部分使用如下语句。

```
Imports System.Math
```

1) 取整函数 Ceiling(x)

用来求不小于 x 的最大整数。

例如：Ceiling(5.5)的结果是 6，而 Ceiling (−2.8)的结果是−2。

2) 四舍五入取整函数 Round(x)

用来对 x 进行四舍五入取整。

例如：Round (5.6)的结果是 6，而 Round (5.4)的结果是 5。

3) 平方根函数 Sqr(x)

用来求 x 的算术平方根。x 为数值型参数，且 x>=0。返回的函数值为一个非负数值。

例如：Sqr(16)的结果为 4，而 Sqr(−16)将提示错误信息。

4) 绝对值函数 Abs(x)

用来求 x 的绝对值。x 为数值型参数，返回的函数值为一个非负数值。

例如：Abs(−5)与 Abs(5)的结果都是 5。

5) 符号函数 Sign(x)

求 x 的符号值。当 x<0 时，返回的函数值为−1；当 x=0 时，返回的函数值为 0；当 x>0 时，返回的函数值为 1。

例如：Sign(5)结果为 1；Sign(−5)结果为−1；而 Sign(0)结果为 0。

6) 指数函数 Exp(x)

用来求 e 的 x 次方的值，x 为数值型参数。

例如：Exp(1)结果为 2.71828182845905。

7) 以 e 为底的对数函数 Log(x)

x 为数值型参数，且 x>0。

例如：Log(2.718281) 结果近似于 1。

8) 三角函数 Sin(x)、Cos(x)、Tan(x)、Atn(x)

分别用来计算 x 的正弦值、余弦值、正切值和反正切值。

注意，对于前三项来讲，x 代表一个弧度，而最后一项的返回值也是弧度。

例如：Sin(450)应写成 Sin(450* 3.14 / 180)。

9) 求最大值函数 Max(x,y)

求 x 和 y 中的较大值。

10) 求最小值函数 Min(x,y)

求 x 和 y 中的较小值。

3.3.2 字符型函数

VB.NET 中提供了大量的字符型函数，具有强大的字符串处理能力。

1) 大写字母转换为小写字母函数 LCase (c)

该函数将字符串 c 中的大写字母转换为小写字母，其他字符不变。函数返回值为一个新的字符串。

例如：LCase("ABcdeF") 的结果为"abcdef"。

2) 小写字母转换为大写字母函数 UCase(c)

将字符串 c 中的小写字母转换为大写字母，其他字符不变。

例如：UCase("AbcdeF")的结果为"ABCDEF"。

3) 求字符串长度函数 Len(c)

用来求字符串 c 的长度，即 c 中所包含的字符的个数，函数返回值为整数。

例如：Len("ABCDE")的结果为 5。

4) 取左子串函数 Left(c,n)

返回字符串 c 左边的 n 个字符。其中 c 为字符串类型的参数，n 为数值型参数，函数返回字符串 c 左边的 n 个连续的字符，作为一新的字符串。

例如：Left("ABCDEFG",3)的结果为"ABC"。

5) 取右子串函数 Right(c,n)

返回字符串 c 右边的 n 个字符。其中 c 为字符串类型的参数，n 为数值型参数，函数返回字符串 c 右边的 n 个连续的字符，作为一新的字符串。

例如：Right("ABCDEFG",3)的结果为"EFG"。

6) 取子字符串函数 Mid(c,n1,n2)

自字符串 c 的第 n1 个字符开始向右取 n2 个连续的字符。其中 c 为字符串类型的参数，n1、n2 为数值型参数，函数返回值为一个新的字符串。当省略 n2 时，则得到的是从 n1 开始的往后所有字符。

例如：Mid("ABCDEFG", 3, 4)的结果为"CDEF"。

7) 删除空白字符函数 LTrim(c)、RTrim(c)、TRim(c)

去掉字符串 c 左边、右边、左右边的空格。其中 c 为字符串类型的参数，函数返回值为一个新的字符串。函数 LTrim(c)去掉字符串 c 左边的空格；函数 RTrim(c)去掉字符串 c 右边的空格；函数 TRim(c)去掉字符串 c 左右两边的空格。注意夹在字符串中间的空格不能被去掉。

例如：LTrim("␣␣ABCDEF␣␣")的结果为"ABCDEF␣␣"；(“␣”代表空格)
RTrim("␣␣ABCDEF␣␣")的结果为"␣␣ABCDEF"；
Trim("␣␣ABCDEF␣␣")的结果为"ABCDEF"。

8) 搜索子字符串函数 InStr([n1,]c1,c2[,n2])

找出一个字符串在另一个字符串中最先出现的位置。其中 c1、c2 为字符串类型的参数，n1 和 n2 均为可选参数，为数值型参数。n1 表示开始搜索的位置(默认值为 1)，n2 表示比较方式，若 n2 默认为 0，表示区分大小写；若 n2 为 1，则不分大小写。函数返回值为一个整数。在字符串 c1 中从第 n1 个字符开始查找字符串 c2(默认是从头开始查找)。若找到了，则返回位置值；若找不到，则返回 0。

例如：InStr (3, "AB12a34A56", "A")的结果为 8，InStr (3, "AB12a34A56", "A", 1)的结果为 5，而 Print InStr ("AB12a34A56", "A")的结果为 1。

9) 生成空格函数 Space (n)

产生由 n 个空格组成的字符串。n 为数值型参数，函数返回值是一个全部由空格组成的字符串。

例如，Space(3) 的结果是"␣␣␣"。

3.3.3 日期与时间函数

1) 返回系统当前日期及时间函数 Now()

该函数是无参函数，返回系统的当前日期和时间。

Today()函数返回系统的当前日期。

TimeOfDay()函数返回系统的当前时间。

2) 返回年月日函数 DatePart ()

例如：DatePart("yyyy", Today)返回当前日期的年份。

DatePart("m", Today)返回当前日期的月份。

DatePart("d", Today)返回当前日期的具体哪日。

3) 返回星期几的函数 WeekDay(d)

返回日期型参数 d 的星期号。其中星期日为 1，星期一、星期二……星期六依次为 2、3……7。

4) 返回小时、分钟、秒的函数 Hour(t)、Minute(t)、Second(t)

这三个函数分别返回时间型参数 t 的小时数、分钟数及秒数。

【例 3-1】日期与时间函数举例。

在窗体上添加一个命令按钮 Button1 及 4 个标签控件，为命令按钮的单击事件编写如下事件过程。程序的运行结果如图 3-1 所示。

```
Private Sub Button1_Click(sender As Object, e As EventArgs) Handles Button1.Click
        Dim x As Date, a As Integer, b As Integer
        Dim yy1 As Integer, mm1 As Integer, dd1, hh1, mm2, ss1
        x = #4/1/2016#
        a = DateDiff("d", Today(), x)
        b = Weekday(x)
        yy1 = DatePart("yyyy", Today)
        mm1 = DatePart("m", Today)
        dd1 = DatePart("d", Today)
        hh1 = Hour(Now())
        mm2 = Minute(Now())
        ss1 = Second(Now())
        Label1.Text = "现在距离 2016 年愚人节还有： " & a & "天"
        Label2.Text = "2016 年愚人节是星期" & b - 1
        Label3.Text = "今天的日期是： " & yy1 & "年" & mm1 & "月" & dd1 & "日"
        Label4.Text = "现在的时间是： " & hh1 & "时" & mm2 & "分" & ss1 & "秒"
  End Sub
```

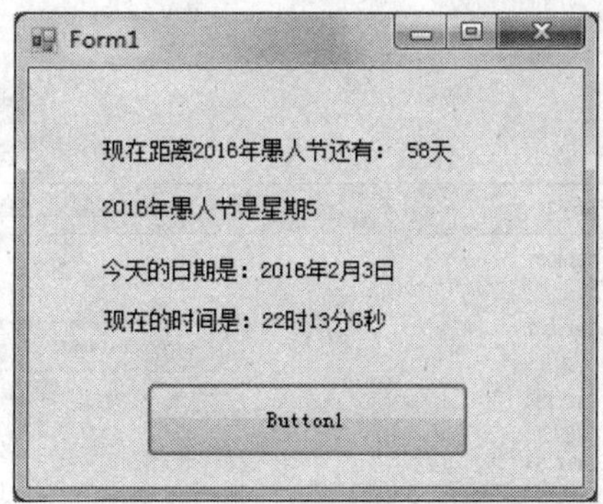

图 3-1　日期与时间函数

3.3.4　转换函数

常用的类型转换函数见表 3-4。

表 3-4　类型转换函数

函数名	含　义	函数举例
CBool	将参数转换成逻辑型	CBool(-8)的结果为 True，而 CBool(0)的结果为 False
CChar	将参数转换成字符型	CChar("adf")结果为"a"
CDate	将有效的日期字符串转换成日期	CDate("5/7/2016")结果为日期
CInt	将数字型数据的小数部分四舍五入取整	CInt(56.68)结果为 57
CDbl	将数字型数据转换成双精度型	CDbl(4)转换为双精度型数据 4
CSng	将数字型数据转换成单精度型	CDbl(4)转换为单精度型数据 4
CStr	将参数转换成字符串	CStr(123)转换为"123"

3.3.5　随机函数

随机函数 Rnd(n)随机产生一个在区间(0,1)内的浮点数。其中 n 为数值类型的参数，函数返回值为数值型数据。要先使用语句 Randomize( )初始化随机数发生器，当 n>0 时，每次产生的随机数都不同；当 n=0 时，每次产生的随机数都与上次的相同；当 n<0 时，每次产生的随机数都相同。下面举例说明该函数的使用。

【例 3-2】在窗体上添加一个命令按钮 Button1 和 4 个标签控件，为 Button1 的单击事件编写如下事件过程。程序的运行结果如图 3-2 所示。

```
Private Sub Button1_Click(sender As Object, e As EventArgs) Handles Button1.Click
    Randomize()
    Label1.Text = Rnd(3)
    Label2.Text = Rnd(0)
    Label3.Text = Rnd(3)
    Label4.Text = Rnd(0)
End Sub
```

图 3-2　随机函数

下面是几个产生随机整数的技巧。

- CInt(Rnd*n)：产生 0，1，…，n−1 中的一个随机整数。
- CInt(Rnd*n)+1：产生 1，…，n 中的一个随机整数。
- CInt(Rnd*(n−m+1))+m：产生一个在区间[m,n]内的随机整数。

【例 3-3】小学生加法运算题。

在窗体上添加三个文本框和两个命令按钮，当单击 Button1(Text 属性为“出题”)时，分别在 TextBox1 和 TextBox2 中生成一个介于 10 和 20 之间的随机整数。当单击 Button2(Text 属性为“求和”)时，在 TextBox3 中显示两个整数之和。

为 Button1 和 Button2 分别编写如下的事件过程，程序的运行结果如图 3-3 所示。

```
Private Sub Button1_Click(sender As Object, e As EventArgs) Handles Button1.Click
    Randomize()              '出题
    TextBox1.Text = 10 + Int(Rnd(3) * 11)
    TextBox2.Text = 10 + Int(Rnd(3) * 11)
End Sub
Private Sub Button2_Click(sender As Object, e As EventArgs) Handles Button2.Click
    TextBox3.Text = Val(TextBox1.Text) + Val(TextBox2.Text)     '求和
End Sub
```

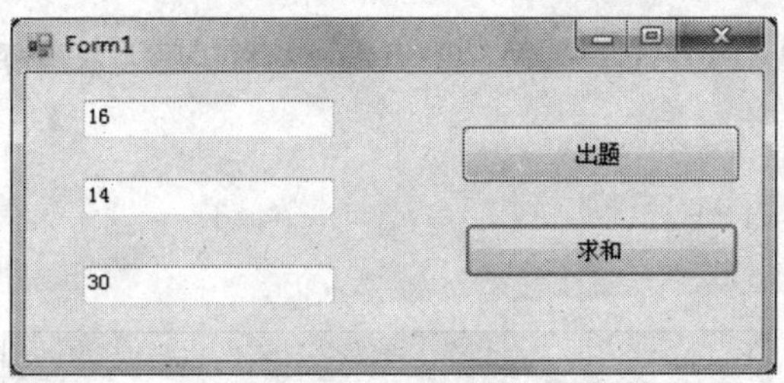

图 3-3　加法运算

3.4　VB 中的三种程序结构

VB 应用程序的执行是由事件驱动的，当用户触发某一事件时，执行相应的事件过程，这些事件过程之间并没有特定的执行次序。但在每一个事件过程内部，是有一定的执行控制流程的，这就是通常所说的三种基本结构：顺序结构、分支结构和循环结构。

3.4.1　顺序结构

顺序结构是最简单的一种结构，该结构按语句排列的先后顺序执行。下面主要介绍 VB 中与顺序结构有关的语句和方法。

1. 赋值语句

赋值语句能为变量提供数据。另外，若要在程序代码中设置对象的属性，也要使用赋值语句。

赋值语句有如下两种格式。

格式一：<变量名> = <表达式>

格式二：[<对象名>.]<属性名> = <表达式>

赋值语句的功能是把赋值号(=)右边<表达式>的值赋给赋值号左边的变量或对象的属

性。赋值语句兼有计算和赋值的双重功能，它首先计算赋值号右边<表达式>的值，然后把结果赋给左边的变量或对象的属性。

在格式二中，若对象名省略，则默认对象为当前窗体。

例如：

```
a=10                    '把 10 赋给 a
b=a*5                   '计算 a*5 的值，得 50，把 50 赋给 b
ch$= "Hello"            '把“Hello”赋给 ch$
Button1.Text="确定"     '把“确定”赋给 Button1 的 Text 属性
```

使用赋值语句给对象的属性赋值时，必须十分清楚该属性值的类型，将类型相容的数据赋给它，否则将会产生错误。

【例 3-4】给出矩形的长和宽，单击命令按钮时在文本框中显示矩形的面积。

编写命令按钮的单击事件过程如下，运行结果如图 3-4 所示。

```
Private Sub Button1_Click(sender As Object, e As EventArgs) Handles Button1.Click
    a = 15
    b = 25
    TextBox1.Text = a * b
End Sub
```

图 3-4 计算矩形面积

2. 使用输入框(InputBox 函数)输入数据

赋值语句有时具有一定的局限性。从上面例子看出，若需要计算不同长度和宽度的矩形面积，每次都需要修改源代码才可以。VB 另外提供了一种输入数据的方法——InputBox 函数，可以在程序运行时为变量赋值。

格式：InputBox(<提示信息>[,<对话框标题>][,<默认值>][,<X 坐标>][,<Y 坐标>])

该函数的功能是产生一个对话框，作为输入数据的界面，等待用户输入并返回所输入的内容。

(1) <提示信息>：一个字符串表达式，在对话框内显示提示信息，提示用户输入数据的格式、作用等。如果要显示多行信息，可以在各行之间用回车符 Chr(13)、换行符 Chr(10)或回车换行符的组合 Chr(13) & Chr(10)来分隔。

(2) <对话框标题>：字符串表达式，显示在标题栏中作为对话框的标题。默认为当前工程的名称。

(3) <默认值>：字符串表达式，显示在对话框的文本框中，在没有其他输入时作为默认输入值使用。默认为空。

(4) <X坐标>：数值表达式，指定对话框左边与屏幕左边的水平距离。如果省略，对话框在水平方向居中。

(5) <Y坐标>：数值表达式，指定对话框上边与屏幕上边的垂直距离。如果省略，对话框在屏幕垂直方向距下边 1/3 的位置显示。

InputBox 函数的返回值默认为字符串类型，如果要把返回值进行其他类型处理，要么事先声明返回值的类型，要么对返回的字符串进行类型转换。

每执行一次 InputBox 函数，用户只能输入一个数据。

【例 3-5】用 InputBox 给出矩形的长和宽，单击命令按钮时在文本框中显示矩形的面积。

编写命令按钮的单击事件过程如下。

```
Private Sub Button1_Click(sender As Object, e As EventArgs) Handles Button1.Click
    Dim a As Integer, b As Integer
    a = InputBox("请输入长度", "计算面积", 10)
    b = InputBox("请输入宽度", "计算面积", 20)
    TextBox1.Text = a * b
End Sub
```

运行后单击命令按钮会出现两次 InputBox 对话框，如图 3-5 中的左图所示，分别输入 10 和 20，执行结果如图 3-5 中的右图所示。

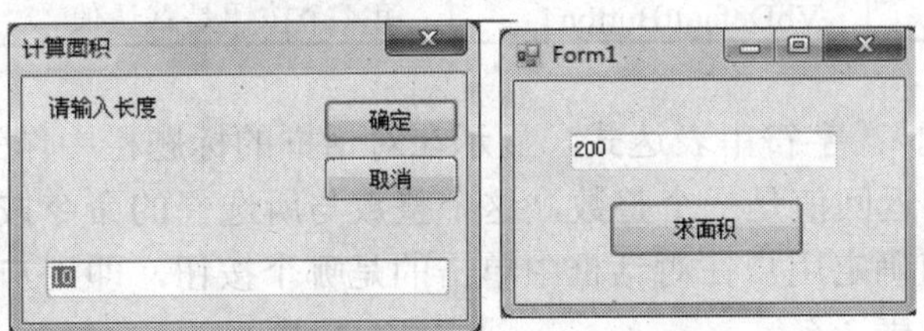

图 3-5　InputBox 对话框举例

3. 用消息框(MsgBox)输出数据

VB 中提供了一个函数 MsgBox，专门用来产生消息框，它可以向用户传送信息，并可以通过用户在对话框上的选择识别用户所做的响应，作为程序继续执行的依据。使用 MsgBox 函数，可以快速得到各类对话框。

1) MsgBox 函数

MsgBox 函数产生一个对话框，在对话框中显示消息，等待用户单击按钮，并返回一个整数确定用户单击了哪个按钮。

格式：MsgBox (<提示信息>[, <按钮类型>] [, <对话框标题>])

(1) <提示信息>：字符串表达式，该字符串的内容将在对话框上显示，作为系统提示信息。当字符串在一行内显示不下时，将自动换行，也可以用“Chr$(13)+Chr$(10)”强制换行。

(2) <按钮类型>：数值型数据，可选项。用来指定对话框中出现的按钮和图标的种类及数量。“按钮数值”是三个数值之和，这三个数值分别代表按钮的数目和类型、使用的图标样式以及默认按钮的位置，见表 3-5。不同的组合会得到不同的结果。

表 3-5 按钮类型的设置值及含义

分 类	按钮值	系统符号常量	含 义
按钮类型	0	VbOKOnly	只显示“确定”按钮
	1	VbOKCancel	显示“确定”和“取消”按钮
	2	VbAbortRetryIgnore	显示“终止”、“重试”和“忽略”按钮
	3	VbYesNoCancel	显示“是”、“否”和“取消”按钮
	4	VbYesNo	显示“是”和“否”按钮
	5	VbRetryCancel	显示“重试”和“取消”按钮
图标类型	16	VbCritical	显示 Critical Message 图标 x
	32	VbQuestion	显示 Warning Query 图标？
	48	VbExclamation	显示 Warning Message 图标！
	64	VbInformation	显示 Information Message 图标 i
默认按钮	0	VbDefaultButton1	第 1 个按钮是默认值
	256	VbDefaultButton2	第 2 个按钮是默认值
	512	VbDefaultButton3	第 3 个按钮是默认值
	768	VbDefaultButton4	第 4 个按钮是默认值

(3) <对话框标题>：字符串表达式，显示在对话框的标题栏中作为标题。

MsgBox 函数的返回值是一个整数，这个整数与所选择的命令按钮有关，可以通过返回的这个整数的数值确定用户在对话框中单击的是哪个按钮，即用户在对话框中做出了什么响应。其返回值见表 3-6。

表 3-6 MsgBox 函数的返回值

系统符号常量	返回值	按下的按钮
VbOK	1	确定
VbCancel	2	取消
VbAbort	3	终止
VbRetry	4	重试
VbIgnore	5	忽略
VbYes	6	是
VbNo	7	否

例如：下面的语句使用 MsgBox 函数弹出的消息框显示“确定”、“重试”和“忽略”按钮，设第二个按钮是默认按钮。运行结果如图 3-6 中的左图所示。

```
a = MsgBox("提示信息", 2 + 256, "标题内容")
```

下面的语句使用 MsgBox 函数弹出的消息框显示警告图标。运行结果如图 3-6 中的右图所示。

```
a = MsgBox("提示信息", 48, "标题内容")
```

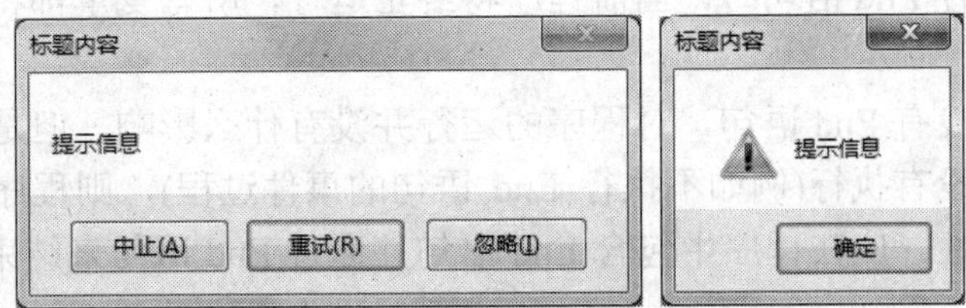

图 3-6　MsgBox 函数示例

2) MsgBox 语句

MsgBox 函数也可以写成语句形式。

格式：MsgBox <提示信息>[, <按钮类型>] [, <对话框标题>]

其中各参数的含义及作用与 MsgBox 函数相同。

MsgBox 语句和 MsgBox 函数实现的功能相同，只是没有返回值，因而通常用于较简单的信息输出。

例如：

```
MsgBox "添加成功", vbInformation, "数据维护"
```

该语句弹出的消息框显示如图 3-7 所示。

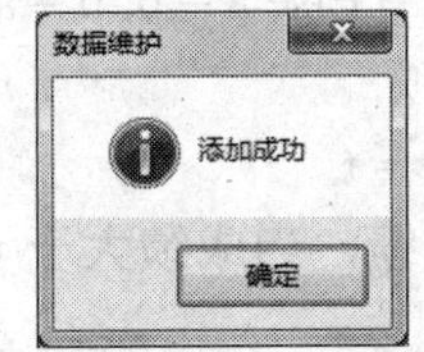

图 3-7　MsgBox 语句示例

4. 注释、暂停与程序结束语句

1) 注释语句

为了提高程序的可读性，可以在程序的适当位置加上必要的注释，对语句的功能加以解释。

格式：' <注释内容>　或　Rem <注释内容>

(1) Rem 与<注释内容>之间至少空一个空格。

(2) 在其他语句后使用 Rem 关键字，必须使用冒号:与前面的语句隔开。注释符(单引号)可以直接写在其他语句后面。

2) 暂停语句

暂停语句用来暂停程序的执行。

格式：STOP

STOP 语句是用来暂停程序的执行，相当于在程序代码中设置断点。

3) 结束语句

结束语句用来结束程序的执行。

格式：End

当在程序中执行 End 语句时，当前程序将终止运行，所有变量都将重置，并关闭所有的数据文件。

一个程序中有没有 End 语句，对程序的运行并没有什么影响。但是如果没有结束语句或虽有结束语句但没有执行(例如不执行 End 语句的事件过程)，则程序不能正常结束，为了保证程序的完整性，应在程序中包含 End 语句并通过 End 语句来结束程序。

3.4.2 分支结构

分支结构(也称选择结构)是一种常用的基本结构，其特点是根据所给定的选择条件为真或假，来决定从不同操作中选择一种来执行。

1. 行 If 语句

格式：If <条件表达式> Then <语句组 1> [Else <语句组 2>]

当条件成立(为 True)时，执行语句组 1；条件不成立(为 False)时，执行语句组 2。

(1) <条件表达式>为必选项，它可以是关系表达式、布尔表达式、数值表达式或字符表达式，但总的说来它是一个有逻辑值的表达式，其返回结果必须是 True 或 False。

(2) <语句组 1>、<语句组 2>可以有多条语句，各语句之间用冒号隔开。

例如：If x > 0 Then a = b: b = a + b Else a = b: b = a − b

(3) Else 及其后面的部分是可选项。

例如：If x > 0 Then t = x: x = y: y = t

【例 3-6】输入一个百分制的成绩，当成绩大于 60 分时显示“及格”，否则显示“不及格”。

编写事件过程如下。

```
Private Sub Button1_Click(sender As Object, e As EventArgs) Handles Button1.Click
    Dim a As Integer
        a = InputBox("请输入成绩")
        If a >= 60 Then TextBox1.Text = "及格" Else TextBox1.Text = "不及格"
End Sub
```

注意：

单行结构条件语句应作为一条语句书写。如果语句太长需要换行，必须在折行处使用续行符号，即空格加下划线。

2. 块 If 语句(If…Then 语句)

格式：

```
If <条件表达式> Then
[<语句组 1>]
```

```
[Else
[<语句组 2>]]
End If
```

它的执行过程与行 If 语句类似，即：如果条件成立，则执行 Then 后面的语句组 1；如果条件不成立，则执行 Else 后面的语句组 2。无论在执行 Then 还是 Else 后面的语句块后，都会从 End If 之后的语句继续执行。

使用该语句时，应该注意以下问题。

(1) 整个块结构必须以 If 开始，以 End If 结束。

(2) 块 If 语句中，Then 后面的语句不能与其写在同一行上，否则必须加上分隔符。

(3) 块结构中的<语句组 2>是可以省略的。省略后即简化为以下形式。

```
If <条件> Then
<语句组>
End If
```

这种形式的 If 语句主要用来判断一些操作是否执行。当条件成立时，根据<语句组>完成一定的操作；当条件不成立时不做任何处理，直接执行下条语句。

【例 3-7】火车站行李费的收费标准是 40kg 以内(含 40kg)0.50 元/kg，超过部分为 0.80 元/kg。编写程序，根据输入的任意质量，计算应付的行李费。

根据题意计算公式如下。

```
Pay=Weight×0.50                    Weight≤40
(Weight−40)×0.80+40×0.50           Weight＞40
```

编写的窗体单击事件过程代码如下，运行结果如图 3-8 所示。

```
Private Sub Form1_Click(sender As Object, e As EventArgs) Handles Me.Click
    Dim weight As Single, pay As Single
    weight = InputBox("请输入行李重量", "输入框")
    If weight > 40 Then
        pay = (weight − 40) * 0.8 + 40 * 0.5
    Else
        pay = weight * 0.5
    End If
    TextBox1.Text = "行李重量=" & weight
    TextBox2.Text = "所付费用=" & pay
End Sub
```

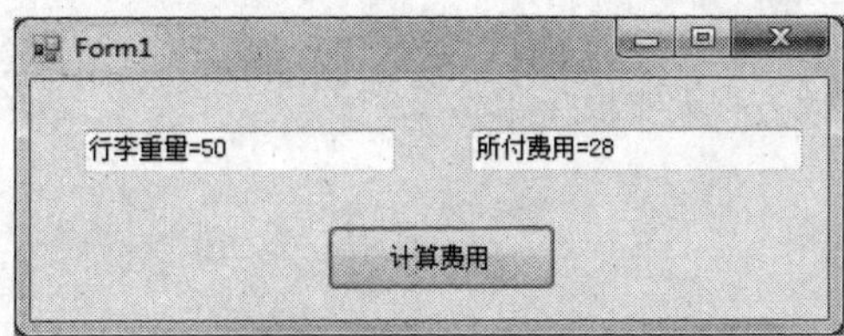

图 3-8 条件语句示例

3. 块 If 语句的嵌套

在实际应用中，经常会遇到“多分支”选择的程序，即从多种情况中选择执行其中一种情况，这时就要使用块 If 语句的嵌套。

块 If 语句可以嵌套，即在上述结构中的<语句组 1>和<语句组 2>部分仍然可以包含另外一个块 If 语句。如果不论条件成不成立需继续判断其他条件，则可以在<语句组>的位置上再使用另外一个块 If 语句。

使用嵌套语句时应注意以下问题。

(1) 如果存在嵌套，语句中的每一个 Else 必须和一个 If 相对应，以避免产生混乱。在书写时，可以将同一层的 If 子句和 Else 子句左对齐，内层的各语句块相对于外层向右缩进若干空格，以使程序结构更加清晰，便于阅读和查错。

(2) 每一个块结构都必须以 If 开始，以 End If 结束。

(3) 内层嵌套的块结构中除了满足该层规定的条件外，首先还必须满足外层结构中相应位置的条件。

(4) VB 中对块嵌套的层数没有限制，在嵌套的块结构中仍然可以继续嵌套其他的块结构，但嵌套时外层的块结构必须完全“包住”内层的块结构，不能相互交叉。

(5) 利用块 If 语句的嵌套可以解决“多分支”选择的问题。

【例 3-8】输入系数 a、b 和 c，求二次方程 $ax^2+bx+c = 0$ 的实根。

编写命令按钮的单击事件过程代码如下。

```
Private Sub Button1_Click(sender As Object, e As EventArgs) Handles Button1.Click
    Dim a As Integer, b As Integer, c As Integer
    Dim d As Single, x1 As Single, x2 As Single, x As Single
    a = InputBox("请输入系数 a:")
    b = InputBox("请输入系数 b:")
    c = InputBox("请输入系数 c:")
    d = b * b - 4 * a * c
    If d > 0 Then
        x1 = (-b + Math.Sqrt(d)) / (2 * a)
        x2 = (-b - Math.Sqrt(d)) / (2 * a)
        Label1.Text = "x1=" & x1
        Label2.Text = "x2=" & x2
    Else
        If d = 0 Then
            x = -b / (2 * a)
            MsgBox("此方程有两个相等实根" & x)
        Else
            MsgBox("此方程无实根")
        End If
    End If
End Sub
```

运行后单击窗体，连续出现三个 InputBox 对话框，分别输入系数 1、5 和 6，执行结果如图 3-9 所示。

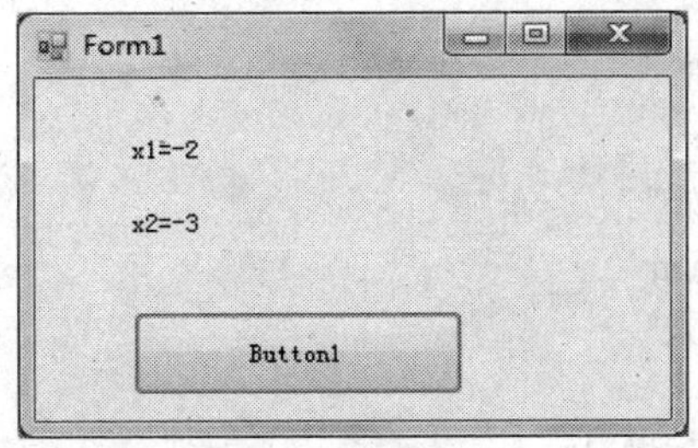

图 3-9 执行结果

4. ElseIf 子句

格式：

```
If  <条件表达式 1>  Then
语句组 1
ElseIf  <条件表达式 2>  Then
语句组 2
……
[Else
语句组 n+1]
End If
```

依次判断条件表达式的值，如某一条件成立，则执行其对应的语句组；如果所有条件均不成立，则执行 Else 后面的语句组。在相应语句组执行完后，会跳过 End If，执行其后面的语句。

(1) 关键字 ElseIf 中间没有空格，不能写成 Else If。

(2) 可以放置任意多个 ElseIf 子句。但不管有几个 ElseIf 子句，程序执行完一个语句组后，其余 ElseIf 子句不再执行。

(3) 当多个 ElseIf 子句中的条件都成立时，只执行第一个条件成立的子句中的语句组。因此，在使用 ElseIf 语句时，要特别注意各个判断条件的前后次序。

【例 3-9】向文本框中输入一个学生的成绩，根据其所在分数段给出该生的成绩等级。分数段划分规则是：90<score≤100 为“优秀”，80<score≤90 为“良好”，70<score≤80 为“中等”，60≤score≤70 为“及格”，score<60 为“不及格”，score>100 为“输入错误”。成绩等级在标签中显示。

编写的窗体单击事件过程代码如下。

```
Private Sub Form1_Click(sender As Object, e As EventArgs) Handles Me.Click
    Dim score As Single
    score = TextBox1.Text
    If score < 60 Then
        Label1.Text = "不及格"
```

```
        ElseIf score <= 70 Then
            Label1.Text = "及格"
        ElseIf score <= 80 Then
            Label1.Text = "中等"
        ElseIf score <= 90 Then
            Label1.Text = "良好"
        ElseIf score <= 100 Then
            Label1.Text = "优秀"
        Else
            Label1.Text = "输入错误"
        End If
    End Sub
```

运行后向文本框中输入成绩 86，单击窗体后显示“良好”二字。

5. Select Case 语句

当对一个表达式的不同取值情况进行不同处理时，用 ElseIf 语句程序结构显得较为杂乱，而用 Select Case 语句会使程序的结构更清晰。

格式：

```
Select Case <测试表达式>
[Case <表达式列表 1>
[<语句组 1>]]
[Case <表达式列表 3>
[<语句组 2>]]
……
[Case <表达式列表 n>
[<语句组 n>]]
[Case Else
[<语句组 n+1>]]
End Select
```

该语句根据“测试表达式”的值，选择第一个符合条件的语句组执行。先求“测试表达式”的值，然后顺序测试该值符合哪一个Case子句中的情况。如果找到了，则执行该Case子句下面的语句组，接着执行End Select下面的语句；如果没找到，则执行Case Else下面的语句组，之后执行End Select下面的语句。

(1) <测试表达式>可以是数值表达式或字符串表达式。

(2) <表达式列表>与<测试表达式>的类型必须相同。

(3) <表达式列表>形式有以下三种。

① 一个表达式或用逗号隔开的若干表达式。

例如：

```
Case 1, 3, 5            '表示条件在 1，3，5 范围内取值
```

② 表达式 1 To 表达式 2。

例如：

```
Case 60 To 80              '表示条件取值范围为60~80
```

③ Is 关系运算符表达式。

例如：

```
Case Is<5                  '表示条件在小于 5 范围内取值
```

【例 3-10】用 Select Case 语句完成例 3-9。

```
    Private Sub Form1_Click(sender As Object, e As EventArgs) Handles Me.Click
        Dim score As Single
        score = TextBox1.Text
        Select Case score
            Case Is < 60
                Label1.Text = "不及格"
            Case Is <= 70
                Label1.Text = "及格"
            Case Is <= 80
                Label1.Text = "中等"
            Case Is <= 90
                Label1.Text = "良好"
            Case Is <= 100
                Label1.Text = "优秀"
            Case Else
                Label1.Text = "输入错误"
        End Select
End Sub
```

3.4.3 循环结构

在程序中，凡是需要重复相同或相似操作的地方，都可以使用循环结构来实现。循环结构由循环体和循环控制部分组成。

循环体，即要重复执行的语句序列；循环控制部分，即用于规定循环的重复条件或重复次数，同时确定循环范围的语句。

要使计算机能够正常执行某循环，由循环控制部分所规定的循环次数必须是有限的。

VB.NET提供了三种不同风格的循环结构，分别是For-Next语句、While-Wend语句和Do-Loop语句。其中For-Next语句常用于已知循环次数的循环，而While-Wend语句和Do-Loop语句适合于循环次数未知，只知道循环结束条件的循环。

1. For 循环

For 循环按确定的次数执行循环体，该次数由循环变量的初值、终值和步长确定。

格式：

```
For <循环变量>=<初值> To <终值> [Step <步长>]
[<循环体>]
Next [<循环变量>]
```

对格式的说明如下。

(1) <循环变量>也称为循环控制变量，必须为数值型。

(2) <初值>和<终值>都是数值型，可以是数值表达式。若为实数，则自动取整。

(3) <步长>是循环变量的增量，是一个数值表达式。一般来说，其值可为正，也可为负。但步长不能是 0。如果步长为 1，Step 1 可略去不写。

(4) <循环体>是在 For 和 Next 之间的一条或多条语句，它们将执行指定的次数。<循环体>中可以包含 Exit For 语句，用于退出循环。

(5) Next 后面的<循环变量>与 For 语句中的<循环变量>必须相同。

For 循环的执行过程如下。

(1) 系统将初值赋给循环变量，并自动记下终值和步长。

(2) 判断循环变量是否超过终值。未超过终值，则执行一次循环体；否则，转到(5)。

(3) 执行 Next 语句，将循环变量加上一个步长。

(4) 转到(2)，继续执行。

(5) 结束循环，执行 Next 后面的语句。

【例 3-11】 求 n！(即 n!=1×2×3×…×n)

由阶乘的定义，可以得出 n！=1×2×…×(n−2)×(n−1)×n。

编写窗体单击事件过程代码如下。

```
Private Sub Form1_Click(sender As Object, e As EventArgs) Handles Me.Click
Dim I%, f&, n%
    n = InputBox("输入一个自然数：", "输入提示", "10")
    f = 1
    For I = 1 To n
        f = f * I
    Next I
    Label1.Text = n & "!=" & f
End Sub
```

运行后单击窗体出现 InputBox 对话框，输入一个整数并单击“确定”，然后窗体上将显示出结果。

2. While 循环

前面介绍的 For-Next 循环适合于解决循环次数事先能够确定的问题。对于只知道控制条件，但不能预先确定需要执行多少次循环体的情况，可以使用 While 循环。

格式：

```
While <条件表达式>
  [<循环体>]
Wend
```

当条件成立(为真)时，执行循环体；当条件不成立(为假)时，终止循环。

对格式的说明如下。

(1) <条件表达式>与前面介绍的If语句中的条件表达式类似。

(2) While循环结构的循环体中应含有对“条件”的修改操作，使<条件表达式>的结果发生变化，从而使循环体能正常结束。否则条件永远成立，循环体将被无限次地执行下去，不能结束，就形成了所谓的“死循环”。

(3) 若初始条件不成立，则循环体一次也不执行。

While循环的执行过程如下。

(1) 执行While语句，判断条件是否成立。

(2) 如果条件成立，就执行循环体；否则，转到(4)执行。

(3) 执行Wend语句，转到(1)执行。

(4) 执行Wend语句下面的语句。

【例3-12】 编写程序，找到一个正整数N，要求N!最接近1000但又不大于1000。

由于这类题目不能预知循环次数，所以使用While循环来实现程序功能，比较灵活。

在While循环的循环体中，使用累乘顺序求出自然数1的阶乘、2的阶乘、3的阶乘……直到某数的阶乘第一次大于1000时结束循环，那么此数的前一个数就是我们要找的正整数N。

编写窗体单击事件过程代码如下。

```
Private Sub Form1_Click(sender As Object, e As EventArgs) Handles Me.Click
    Dim n%, f%
    n = 0
    f = 1
    While f < 1000
        n = n + 1
        f = f * n
    End While
    n = n - 1                  '求此数的前一个数
    Label1.Text = " N =" & n          '显示要找的正整数N
End Sub
```

3. Do循环

与前面介绍的While循环相比，Do循环具有更强的灵活性，它可以根据需要决定是条件满足时执行循环体，还是一直执行循环体直到条件满足。Do循环有两种语句格式。

格式一：如下所示。

```
Do   {While | Until} <条件表达式>
[<循环体>]
```

```
Loop
```

(1) Do While-Loop 语句的功能是当条件成立时，执行循环体；条件不成立时，终止循环。

(2) Do Until-Loop 语句的功能是当条件不成立时，执行循环体，直到条件成立时，终止循环。

格式二：如下所示。

```
Do
[<循环体>]
Loop {While|Until} <条件表达式>
```

(1) Do-Loop While 语句的功能是先执行循环体，然后判断条件。当条件成立时，继续执行循环；当条件不成立时，终止循环。

(2) Do-Loop Until 语句的功能是先执行循环体，然后判断条件。当条件不成立时，继续执行循环，直到条件成立时，终止循环。

在格式一中，先判断条件，再决定是否执行循环体；而在格式二中，先执行循环体，再判断条件以决定是重复循环还是终止循环。所以，格式二中执行循环体的次数最少为 1 次，而格式一中执行循环体的次数最少为 0 次(即一次都不执行循环)。

循环体中可包含 Exit Do 语句，用来强行退出循环体。

【例 3-13】给出两个正整数 M 和 N，求它们的最大公约数和最小公倍数。

求最大公约数的算法如下。

(1) 以 M 作为被除数，N 作为除数，求余数 R。

(2) 如果 R 不为 0，则将除数 N 作为新的被除数 M，将余数 R 作为新的除数 N，再进行相除，得到新的余数 R。

(3) 如果 R 仍不为 0，则重复步骤(2)。如果 R 为 0，则这时的除数 N 就是最大公约数。

最小公倍数为这两个数的乘积除以它们的最大公约数。

编写窗体单击事件过程代码如下。

```
Private Sub Form1_Click(sender As Object, e As EventArgs) Handles Me.Click
  Dim A As Integer, B As Integer, N As Integer, M As Integer, R As Integer, T As Integer
  M = InputBox("请输入第一个正整数 M", "求 M、N 最大公约数和最小公倍数")
  N = InputBox("请输入第二个正整数 N", "求 M、N 最大公约数和最小公倍数")
  A = M : B = N
  If M < N Then          '使 M 中存放较大的数，N 中存放较小的数
     T = M
     M = N
     N = T
  End If
  R = M Mod N
  Do While R <> 0
     M = N
```

```
        N = R
        R = M Mod N
    Loop
    Label1.Text = "最大公约数为：" & N
    Label2.Text = "最小公倍数为：" & A * B / N
End Sub
```

运行后单击窗体出现两个 InputBox 对话框，分别输入 86 和 16，程序执行后显示最大公约数和最小公倍数分别是 2 和 688。

4. 循环的嵌套

在一个循环体内又出现另外的循环语句称为循环嵌套，也称为多重循环。在嵌套结构中，对嵌套的层数没有限制，有几层嵌套，就称为几重循环。

多重循环的执行过程是，外循环每执行一次，内循环都要从头到尾执行一遍。

例如：

```
For I = 1 To 5
    For J = 1 To 3
        Print I, J, I + J
    Next J
Next I
```

在以上的双重循环中，外循环变量 I 取 1 时，内循环就要执行 3 次(内循环变量 J 依次取 1、2、3)，接着，外循环变量 I 取值 2，内层循环同样要重新执行 3 次(J 再一次取 1、2、3)……这样下去，循环体一共执行了 5×3 次，即 15 次。

有关循环嵌套的几点说明如下。

(1) 嵌套时，内层循环必须完全包含在外层循环之内，不能相互交叉。

当多重循环的 Next 语句连续出现时，Next 语句可以合并为一条，在其后跟着各循环控制变量，循环变量名不能省略。内层循环变量写在前面，外层循环变量写在后面。例如：

```
For I1=……
    For   I2=……
        For   I3=……
        ……
Next I3, I2, I1
```

(2) 在循环的嵌套中，内层循环和外层循环必须使用不同的循环控制变量。

(3) 在多重循环的任何一层循环中都可以使用 Exit Do、Exit While 或 Exit For 退出循环，但要注意的是只能退出 Exit Do、Exit While 或 Exit For 语句所对应的最内层循环，而不是一次退出多层循环。

【例 3-14】编写程序，判断用户输入的数是否为素数。

素数是指除了 1 和该数本身，不能被任何其他正整数所整除的数。判断一个自然数 n(n >=3)是否为素数，只要依次用从 2 到 n/2 的正整数作除数去除 n，若 n 不能被其中任何一个数整除，则 n 为素数。

可以在 While 循环语句的循环体中编写语句，依次从 2 到 n/2 去试除 n，并判断 n 是否能被当前数整除。如果 n 被某数整除，表明 n 不是素数，退出循环；如果直到循环结束，还没有一个数能整除 n，则输出“n 为素数”。

可以在程序中设置标记变量 flag。flag 为 0 表示在程序执行过程中没有找到除了 1 和 n 本身以外能够整除 n 的数，即 n 为素数；若 flag 为 1，则说明找到了某个能整除 n 的正整数，即 n 不是素数。

编写窗体单击事件过程代码如下。

```
Private Sub Form1_Click(sender As Object, e As EventArgs) Handles Me.Click
    Dim n!, k%, flag%, i%
    n = InputBox("请输入一个大于 2 的整数")
    k = Int(Math.Sqrt(n))
    flag = 0
    i = 2
    While i <= k And flag = 0
        If n Mod i = 0 Then
            flag = 1
        Else
            i = i + 1
        End If
    End While
    If flag = 0 Then
        Label1.Text = n & "是素数"
    Else
        Label1.Text = n & "不是素数"
    End If
End Sub
```

运行后单击窗体出现一个 InputBox 对话框，输入数据 67，运行结果显示“67 是素数”。

3.5 实训练习

【例 3-15】给定一个两位数正整数，交换个位数和十位数的位置，把交换后的结果显示在窗体上。

编写窗体的单击事件过程代码如下。

```
Private Sub Form1_Click(sender As Object, e As EventArgs) Handles Me.Click
    Dim x As Integer, a As Integer, b As Integer, c As Integer
    x = InputBox("请输入一个两位数正整数", "交换个位数和十位数的位置的程序")
    a = Int(x / 10)                       '求十位数
    b = x Mod 10                          '求个位数
```

```
    c = b * 10 + a                                 '生成新的数
    Label1.Text = "处理后的数: " & c
End Sub
```

运行后单击窗体出现一个 InputBox 对话框，输入数据 42，结果为 24。

【例 3-16】用 InputBox 给出圆的半径，计算圆的周长和面积。

编写的窗体单击事件过程代码如下。

```
Private Sub Form1_Click(sender As Object, e As EventArgs) Handles Me.Click
    Dim r!, c!, s!
    r = InputBox("请输入半径", "输入框")
    s = 3.14159 * r ^ 2
    c = 2 * r * 3.14159
    Label1.Text = "圆的面积=" & s
    Label2.Text = "圆的周长=" & c
End Sub
```

【例 3-17】任意输入三个数，找出其中的最大值。

编写的窗体单击事件过程代码如下。

```
Private Sub Form1_Click(sender As Object, e As EventArgs) Handles Me.Click
    Dim a As Single, b As Single, c As Single, max As Single
    a = InputBox("请输入第一个数", "输入框")
    b = InputBox("请输入第二个数", "输入框")
    c = InputBox("请输入第三个数", "输入框")
    max = a
    If b > max Then max = b
    If c > max Then max = c
    Label1.Text = "三个数中最大的为：" & max
End Sub
```

3.6 上机实验

【实验 3-1】InputBox 函数的应用。

1. 实验目的

熟悉输入框的使用方法。

2. 实验内容

设计一个程序，输入一个华氏温度 F，程序可将其转换为摄氏温度 C。转换公式为 C=5/9(F−32)。

3. 实验步骤

(1) 添加窗体 Form1。
(2) 编写如下的窗体单击事件过程并运行。

```
Private Sub Form_Click()
    Dim F!, C!      '!代表单精度型数据，相当于 Dim F As Single, C As Single
    F = InputBox("请输入华氏温度 F ", "输入框")
    C = 5 / 9 * (F - 32)
    Label1.Text = "华氏温度 F =" & F
    Label2.Text = "摄氏温度 C =" & C
End Sub
```

(3) 运行后单击窗体出现 InputBox 对话框，输入 100 单击“确定”。运行效果如图 3-10 所示。

图 3-10　输入框的应用

【实验 3-2】使用选择结构。

1. 实验目的

熟悉条件语句的使用方法。

2. 实验内容

输入三个数，将它们从大到小排序。

3. 实验步骤

(1) 添加窗体 Form1，在窗体上添加一个标签控件。
(2) 编写如下的事件过程并运行。

```
Private Sub Form1_Click(sender As Object, e As EventArgs) Handles Me.Click
    Dim a As Single, b As Single, c As Single, t As Single
    a = Val(InputBox("请输入第一个数", "输入框"))
    b = Val(InputBox("请输入第二个数", "输入框"))
    c = Val(InputBox("请输入第三个数", "输入框"))
    If a < b Then
        t = a : a = b : b = t
```

```
        End If
        If a < c Then
            t = a : a = c : c = t
        End If
        If b < c Then
            t = b : b = c : c = t
        End If
        Label1.Text = "三个数从大到小排序为：" & a & "," & b & "," & c
    End Sub
```

(3) 运行后单击窗体，连续出现三个 InputBox 对话框，分别输入三个数据，并分析运行结果。

【实验 3-3】选择结构的嵌套。

1. 实验目的

熟悉嵌套的条件语句。

2. 实验内容

输入任一点的坐标(x,y)，判断该点位于哪个象限。在平面直角坐标系中，点所在的象限有以下 4 种情况。

(1) x>0，y>0，点位于第一象限。
(2) x>0，y<0，点位于第四象限。
(3) x<0，y>0，点位于第二象限。
(4) x<0，y<0，点位于第三象限。
如果 x=0 或 y=0，则该点在坐标轴上，给出提示“该点不位于任何象限”。

3. 实验步骤

(1) 添加窗体 Form1，并在窗体上添加两个文本框和三个标签。
(2) 编写如下的窗体单击事件过程并运行。

```
Private Sub Form1_Click(sender As Object, e As EventArgs) Handles Me.Click
    Dim x!, y!
    x = TextBox1.Text
    y = TextBox2.Text
    '判断坐标点是否位于坐标轴
    If x = 0 Or y = 0 Then
        Label3.Text = "该点不位于任何象限"
        Exit Sub
    End If
    '判断坐标点所在象限
    If x > 0 Then
        If y > 0 Then
```

```
                Label3.Text = "该点位于第一象限"
            Else
                Label3.Text = "该点位于第四象限"
            End If
        Else
            If y > 0 Then
                Label3.Text = "该点位于第二象限"
            Else
                Label3.Text = "该点位于第三象限"
            End If
        End If
    End Sub
```

(3) 运行后在两个文本框中分别输入 x 坐标和 y 坐标，并单击窗体。执行结果如图 3-11 所示。

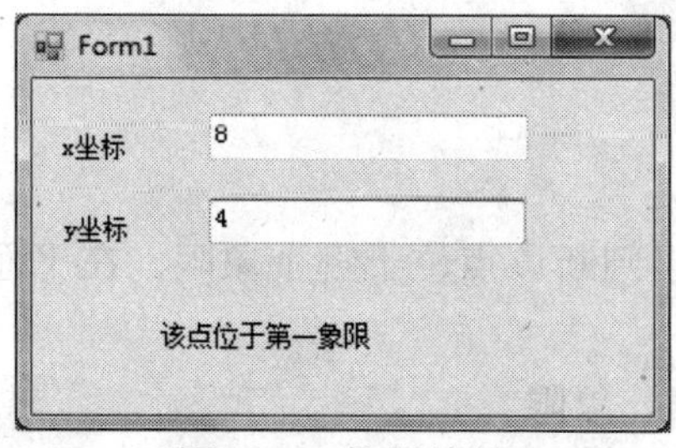

图 3-11　执行结果

【实验 3-4】Case 语句的使用。

1. 实验目的

熟悉 Case 语句。

2. 实验内容

某商店按购买货物的款数多少分别给予顾客不同的优惠，优惠折扣如下。

购物额<500	无折扣
500≤购物额<1000	5%
1000≤购物额<5000	10%
5000≤购物额<10000	15%
购物额≥10000	20%

编写程序，输入购物额后，根据折扣计算实交款。

3. 实验步骤

(1) 添加窗体 Form1，在窗体上添加一个标签控件。
(2) 编写如下的窗体单击事件过程并运行。

```
Private Sub Form1_Click(sender As Object, e As EventArgs) Handles Me.Click
    Dim discount As Single, m As Single
    m = Val(InputBox("请输入总购物金额:"))
    Select Case m
        Case Is < 500
            Discount = 0
        Case Is < 1000
            Discount = 0.05
        Case Is < 5000
            Discount = 0.1
        Case Is < 10000
            Discount = 0.15
        Case Else
            Discount = 0.2
    End Select
    m = m * (1 - Discount)
    Label1.Text = "应付款" & m
End Sub
```

(3) 运行后单击窗体，出现 InputBox 对话框，输入总购物金额 3000 并按回车键。结果在标签上显示“应付款 2700”，如图 3-12 所示。

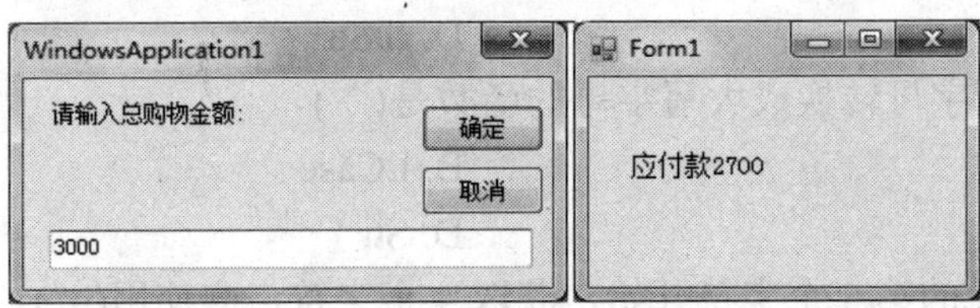

图 3-12　Case 语句练习

【实验 3-5】循环语句的使用。

1. 实验目的

熟悉循环语句。

2. 实验内容

用 π/4 = 1 - 1/3 + 1/5 - 1/7 +……级数，求 π 的近似值(取前 5000 项来进行计算)。

3. 实验步骤

(1) 添加窗体 Form1。

(2) 编写如下的窗体单击事件过程并运行。

```
Private Sub Form1_Click(sender As Object, e As EventArgs) Handles Me.Click
    Dim pi As Single
    Dim c As Integer, s As Integer
```

```
        pi = 0
        s = 1                   's 表示加或减运算
        For c = 1 To 30000 Step 2
            pi = pi + s / c
            s = -s              '交替改变加、减号
        Next c
        Label1.Text = "π=" & pi * 4
    End Sub
```

(3) 运行后单击窗体，会在屏幕上显示 π 的近似值。

习题

1. 选择题

(1) 用于去掉字符串左端的空格的函数是(　)。

A. Trim　　B. LTrim

C. RTrim　　D. AllTrim

(2) 用于从字符串的右端截取字符的函数是(　)。

A. Left　　B. Mid

C. Right　　D. InStr

(3) 实现将小写字母转换成大写字母的函数是(　)。

A. UCase　　B. LCase

C. UpperCase　　D. Str

(4) 从字符串 N 的第 5 个字符开始，获取 4 个字符，应使用(　)。

A. Len(N,5,4)　　B. Mid(N,5,4)

C. Right(N,5,4)　　D. RTrim(N,5,4)

(5) 函数 Int(Rnd(5)*15)产生的整数属于(　)范围。

A. (0,15)　　B. (1,15]

C. [0,15]　　D. [0,14]

(6)下列说法哪种正确？每次调用过程时，(　)。

A. Dim 声明的变量可保持原值；Static 声明的变量会被重新初始化

B. Static 声明的变量可保持原值；Dim 声明的变量会被重新初始化

C. Dim、Static 声明的变量都可以保持原来的值

D. Dim、Static 声明的变量都会被重新初始化

(7) 在 VB.NET 中，下面(　)是合法的用户自定义变量名。

A. $-Name　　B. Name-$

C. $Name　　D. Name$

(8) 表达式 5 Mod 3+3\5*2 的值是(　)。

A. 0　　B. 2

C. 4　　　　D. 6

(9) InputBox 函数返回值的类型为(　)。

A. 数值　　　　B. 字符串

C. 对象　　　　D. 数值或字符串(视输入的数据而定)

2. 编程题

(1) 通过输入框输入姓名，然后在消息框中显示出来。

(2) 求一元二次方程 $ax^2+bx+c=0$ 的解，其中 a、b、c 的值由输入框给出。

(3) 通过随机函数产生两个两位数正整数，求这两个数的和、差，并显示出来。

(4) 求 S＝12 + 22 + … + 1002。

(5) 用 $\pi/4=1-1/3+1/5-1/7+\cdots\cdots$ 求 π 的近似值。当最后一项的绝对值小于 10^{-5} 时，停止计算。

(6) 编程计算 $1-\frac{1}{3!}+\frac{1}{5!}-\frac{1}{7!}+\cdots+(-1)^{n-1}\frac{1}{(2n-1)!}$，当最后一项的绝对值小于 10^{-5} 时，停止计算。

(7) 设计一个程序，找出 100~1000 内所有能同时被 5 和 7 整除的自然数。

(8) 编写程序判断输入的任意一个整数是否为素数，若是，则输出“Yes”，否则输出“No”。

第 4 章

VB.NET中的常用控件

本章将介绍 VB.NET 工具箱中的常用控件。控件是构成用户界面的基本元素，在 VB 的程序设计中非常重要。它可以提供事件过程，供设计者编写程序代码，以完成程序各部分应执行的操作，还可以通过设置控件所具有的属性值来设计用户界面。

4.1 控件的焦点

焦点(Focus)与控件密切相关。简单地说，焦点是接收用户鼠标或键盘输入的能力。当一个对象具有焦点时，它可以接收用户的输入。在 Windows 环境中可以运行几个应用程序，但只有具有焦点的应用程序才有活动标题栏，才能接收用户的输入。当窗体中含有多个控件时，只有获得焦点的控件才可以接收用户输入。

焦点只能移到可视的窗体或控件上。因此，只有当一个对象的 Enabled 和 Visible 属性均为 True 时，才能接收焦点。Enabled 属性允许对象响应由用户产生的事件，Visible 属性决定对象在屏幕上是否可见。

4.1.1 焦点事件(GotFocus 和 LostFocus)

当对象得到焦点时，会产生 GotFocus 事件；而当对象失去焦点时，将产生 LostFocus 事件。窗体和多数控件支持焦点事件。

4.1.2 设置焦点

用下面的几种方法均可以设置一个对象的焦点。

(1) 在设置时将该控件的 TabIndex 属性设置为 0。

(2) 在运行时单击该对象。

(3) 运行时用快捷键或 Tab 键选择该对象。

(4) 在程序代码中使用 Focus 方法。

(5) 在程序代码中使用 ActiveControl 属性。

4.1.3 Tab 键次序

Tab 键次序指按 Tab 键时，焦点在各个控件之间移动的次序。每个窗体都有自己的 Tab 键次序。通常，Tab 键次序就是在窗体上添加控件的次序。

控件的 TabIndex 属性决定一个控件的 Tab 键次序。改变控件的 TabIndex 属性值可以改变它在 Tab 键次序中的位置。不能获得焦点的控件以及无效的和不可见的控件，不具有 TabIndex 属性，不能包含在 Tab 键次序中。按 Tab 键时，这些控件将被跳过。

如果将控件的 TabStop 属性设为 False，就可以将该控件从 Tab 键次序中删除，即该控件在 Tab 键次序中的位置不变，但按 Tab 键时该控件被跳过。

4.2 常用控件

控件在 VB 的程序设计中非常重要。它可以提供事件过程，供设计者编写程序代码，以完成程序各部分应执行的操作，还可以通过设置控件所具有的属性值设计用户界面。在 VB 程序设计时常用的控件位于工具箱内，工具箱中以图标代表各种类型的控件。下面介绍工具箱中常用控件的功能和用法。

4.2.1 链接标签(LinkLabel)

一般来说，可以使用 Label 控件的地方，都可以使用 LinkLabel 控件。

LinkLabel控件除了具有Label控件的所有属性、方法、事件以外，还可以在窗体上创建超链接，LinkArea 属性设置激活链接的文本区域。LinkColor、VisitedLinkColor 和 ActiveLinkColor属性用于设置链接的颜色。LinkCliked事件确定链接文本后将打开哪个网址。

1. 链接标签的常用属性

- Text 属性：与标签的 Text 属性相同，用来显示标签上的文本内容。
- LinkArea 属性：标签中要呈现为超链接的文本部分。

例如：

```
LinkLabel1.Text = "打开沈阳大学信息学院主页"
LinkLabel1.LinkArea = New LinkArea(2, 4)
```

上面的语句代表从第 2 个字符开始的连续 4 个字符作为超链接文本，即“沈阳大学”4 个字将作为超链接的文本被显示。

2. 链接标签的主要事件

LinkClicked 事件是链接标签的最基本的事件，在这个事件过程中给出要链接的网址。

【例4-1】在窗体上添加一个链接标签，当单击该标签时显示沈阳大学主页。编写程序如下，运行结果如图4-1所示。

```
Private Sub form1_Load(sender As Object, e As EventArgs) Handles MyBase.Load
```

```
        LinkLabel1.Text = "打开沈阳大学主页"
        LinkLabel1.LinkArea = New LinkArea(2, 4)
    End Sub
    Private Sub LinkLabel1_LinkClicked(sender As Object, e As LinkLabelLinkClickedEventArgs) Handles
LinkLabel1.LinkClicked
        System.Diagnostics.Process.Start("http://www.syu.edu.cn/")
    End Sub
```

图 4-1　链接标签举例

4.2.2　富文本框(RichTextBox)

RichTextBox 控件允许用户输入和编辑文本，并且提供了比普通的 TextBox 控件更高级的格式特征。例如可以对其中选中的部分文本进行字体的设置。

【例4-2】在窗体上添加一个富文本框及一个按钮，当单击按钮时，文本框中的部分内容字体将被改变。编写程序如下，运行结果如图4-2所示。

```
    Private Sub Button1_Click(sender As Object, e As EventArgs) Handles Button1.Click
        RichTextBox1.SelectionStart = 6
        RichTextBox1.SelectionLength = 4
        RichTextBox1.SelectionFont = New Font("隶书", 16, FontStyle.Underline Or FontStyle.Italic)
    End Sub
    Private Sub form1_Load(sender As Object, e As EventArgs) Handles MyBase.Load
        RichTextBox1.Text = "VB.NET 程序设计基础"
    End Sub
```

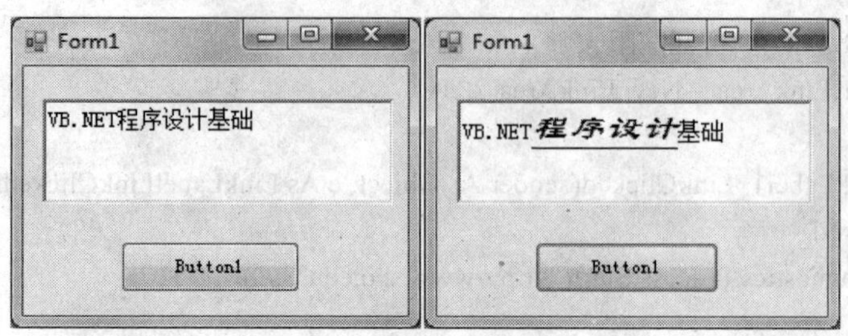

图 4-2　富文本框举例

4.2.3　单选钮(RadioButton)

当应用程序要求在一组(几个)方案中只能选择其中一个，就要用单选钮控件。当用户选择某单选钮时，同一组中的其他单选钮不能同时被选中。

1. 单选钮的常用属性

- Text 属性：用来设置单选钮的文本注释内容。
- Checked 属性：用来设置或返回单选钮是否被选中。当值为 True 时表示被选中。
- Appearance 属性：用来获取或设置单选钮的外观显示方式，可以选择普通样式或按钮样式。

2. 单选钮控件的主要事件

Click 事件是单选钮控件最基本的事件，一般情况下在 Click 事件过程中编写代码来对用户选择做出响应。

【例4-3】在窗体上添加两个分组框、一个命令按钮和一个标签。在两个分组框中共添加5个单选钮，分别对应“性别”和“最高学历”。编写代码，使得单击命令按钮时，在标签中显示所选择的单选钮的内容。编写程序如下，运行结果如图4-3所示。

```
Private Sub Button1_Click_1(sender As Object, e As EventArgs) Handles Button1.Click
    If RadioButton1.Checked = True Then
        xb = "男"
    Else
        xb = "女"
    End If
    If RadioButton3.Checked = True Then
        xl = "本科"
    Else
        If RadioButton4.Checked = True Then
            xl = "硕士研究生"
        Else
            xl = "博士研究生"
        End If
    End If
```

```
    label1.text = "性别：" & xb & "      学历：" & xl
End Sub
```

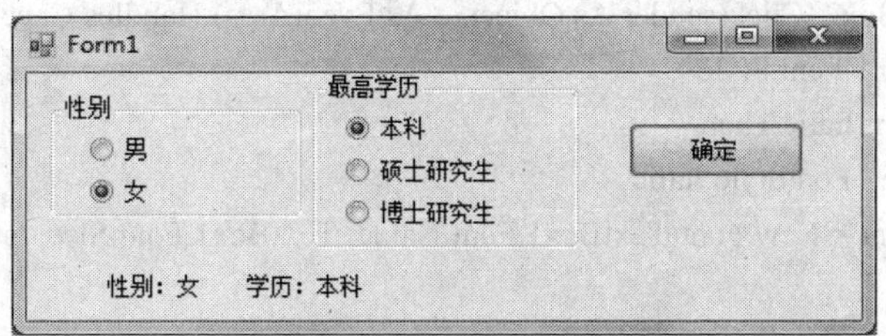

图 4-3　单选钮举例

4.2.4　复选框(CheckBox)

复选框通常用于提供 Yes/No 或 True/False 的逻辑选择。运行时，如果用户单击复选框前的方框，方框内出现一个“√”符号，表示选中该功能。如果同一窗体有多个复选框，用户可以根据需要选择一个或多个。

1. 复选框的常用属性

- Text 属性：用来设置复选框的文本注释内容。
- Checked 属性：用来设置或返回复选框是否被选中。当值为 True 时表示被选中，当值为 False 时表示未被选中。
- CheckState 属性：用来表示复选框的三种状态，具体如下。
  - Unchecked：未选中。
  - Checked：选中。运行时复选框呈打勾状态。
  - Indeterminate：部分选中状态。用来表示介于选中和未选中之间的一种状态。
- ThreeState 属性：是否允许复选框出现三种状态。当值为 True 时，表示可以出现三种状态，即包含半选中状态；当值为 False 时，只能出现选中和未选中两种状态。

2. 复选框控件的主要事件

Click 事件是复选框控件最基本的事件。

【例 4-4】在窗体上添加三个复选框和一个文本框。编写代码，单击相应的复选框时，文本框中的字体样式会发生变化。编写程序如下，运行结果如图 4-4 所示。

```
Dim fstyle As FontStyle
Private Sub CheckBox1_Click(sender As Object, e As EventArgs) Handles CheckBox1.Click
    fstyle = TextBox1.Font.Style
    If TextBox1.Font.Bold Then
        fstyle = fstyle - FontStyle.Bold
        TextBox1.Font = New Font(TextBox1.Font.Name, TextBox1.Font.Size, fstyle)
    Else
        fstyle = fstyle + FontStyle.Bold
        TextBox1.Font = New Font(TextBox1.Font.Name, TextBox1.Font.Size, fstyle)
```

```
    End If
End Sub
Private Sub CheckBox2_Click(sender As Object, e As EventArgs) Handles CheckBox2.Click
    fstyle = TextBox1.Font.Style
    If TextBox1.Font.Italic Then
        fstyle = fstyle - FontStyle.Italic
        TextBox1.Font = New Font(TextBox1.Font.Name, TextBox1.Font.Size, fstyle)
    Else
        fstyle = fstyle + FontStyle.Italic
        TextBox1.Font = New Font(TextBox1.Font.Name, TextBox1.Font.Size, fstyle)
    End If
End Sub
Private Sub CheckBox3_Click(sender As Object, e As EventArgs) Handles CheckBox3.Click
    fstyle = TextBox1.Font.Style
    If TextBox1.Font.Underline Then
        fstyle = fstyle - FontStyle.Underline
        TextBox1.Font = New Font(TextBox1.Font.Name, TextBox1.Font.Size, fstyle)
    Else
        fstyle = fstyle + FontStyle.Underline
        TextBox1.Font = New Font(TextBox1.Font.Name, TextBox1.Font.Size, fstyle)
    End If
End Sub
```

图 4-4　复选框举例

4.2.5　分组框(GroupBox)

分组框控件可以用来对其他控件进行分组，即可以作为其他控件的容器的形式存在的，以便于用户识别。

在例 4-3 中，同时有多组单选项，性别单选钮中应选择一个，最高学历单选钮中还应该再选一个。实际应用中，希望在每组单选项中各选一项，这时必须使用分组框。

1. 分组框控件的创建方法

为了将控件分组，首先需要添加 GroupBox 控件，然后再添加 GroupBox 里面的控件，这个次序非常重要。这样就可以把分组框和其里面的控件同时移动。如果在分组框外部绘制了一个控件并试图把它移到框架内部，那么需要先“剪切”控件再“粘贴”到分组框内部。

2. 分组框控件的常用属性

- Text 属性：用来显示分组框标题，以便把不同种类的选项按钮区分开。
- Enabled 属性：当值为 False 时，对框架内的所有对象均不允许进行操作。
- Visible 属性：当值为 False 时，框架及其内部的控件均不可见。

3. 分组框控件的主要事件

分组框可以响应的事件有 Click、DoubleClick 等。一般情况下不需要编写有关分组框的事件过程。

4.2.6　列表框(ListBox)

列表框控件用来显示项目列表，用户从中可以选择一项或多项。如果有较多的选项而不能一次全部显示，则会自动加上滚动条。此控件非常适用于单选项较多的情况。

1. 列表框控件的常用属性

- Items 属性：存放在列表框中的列表项。
- SelectionMode 属性：设置列表框是单项选择、多项选择还是不可选等。
  - None：表示不可选。
  - One：表示单项选择。
  - MultiSimple：表示多项选择。
  - MultiExtended：表示扩展式多项选择(可使用 Ctrl 键进行不连续选择；使用 Shift 键进行连续选择)。
- SelectedIndex 属性：用来存放控件中当前选择项目的索引位置，在设计时不可用。表项位置由索引值指定，第 1 项的索引值为 0，第 2 项为 1，依次类推。如果没有选中任何项，SelectedIndex 的值将设置为-1。在程序中设置 SelectedIndex 后，被选中的条目反相显示。

2. 列表框控件的常用事件

当单击或双击列表框中的项目时，分别触发 Click 事件和 DoubleClick 事件。

3. 列表框控件的常用方法

(1) 在设计时添加或删除项目：从属性窗口中选择 Items 后输入项目。

(2) Add 方法：运行时向列表框的最后追加一个新项目。
格式：列表框名.items.add(项目)

(3) Insert 方法：运行时在某个项目的前面插入一个新项目。
格式：列表框名.items.insert(索引位置，项目)

(4) Remove 方法：按内容删除列表框的某个项目。
格式：列表框名.items.remove(项目)

(5) RemoveAt 方法：按索引位置删除列表框的某个位置的项目。

格式：列表框名.items.removeat(索引位置)

【例 4-5】在窗体上添加一个列表框 Lst_Provn、一个文本框 Txt_Name 以及三个命令按钮。编写程序如下，运行结果如图 4-5 所示。

```
Private Sub Button1_Click(sender As Object, e As EventArgs) Handles Button1.Click
    Lst_Provn.Items.Add(Txt_Name.Text())          '将用户输入内容添加到列表框
    Txt_Name.Text = ""                   '添加完毕后将文本框置为空
    Txt_Name.Focus()                     '设置焦点，等待下一次输入
End Sub
Private Sub Button3_Click(sender As Object, e As EventArgs) Handles Button3.Click
    Lst_Provn.Items.Clear()
End Sub
Private Sub Button2_Click(sender As Object, e As EventArgs) Handles Button2.Click
    Dim iindex As Integer, icount As Integer
    icount = Lst_Provn.Items.Count
    If icount <= 0 Then
        MsgBox("没有项目可删除")
    Else
        iindex = Lst_Provn.SelectedIndex              '获取选定项索引
        If iindex >= 0 Then
            Lst_Provn.Items.RemoveAt(iindex)  '若列表框不为空，则删除选定项
            Txt_Name.Text = ""                '删除完毕后将文本框置为空
        Else
            MsgBox("请选中要删除的项目")
        End If
    End If
End Sub
Private Sub Lst_Provn_Click(sender As Object, e As EventArgs) Handles Lst_Provn.Click
    Dim iindex As Integer
    iindex = Lst_Provn.SelectedIndex
    Txt_Name.Text = Lst_Provn.Items(iindex)       '将选定项显示在文本框中
End Sub
```

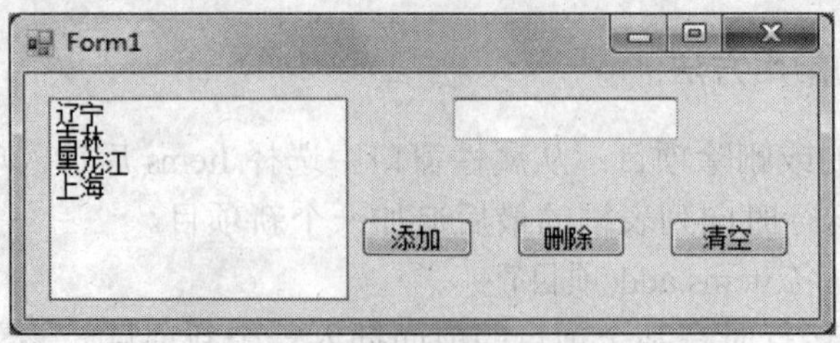

图 4-5　列表框举例

4.2.7　组合框(ComboBox)

组合框控件将文本框和列表框的功能结合在一起，用户可以在列表中选择某项(只能选

取一项)，或在编辑区域中直接输入文本内容来选定项目。

组合框共有三种风格：下拉式组合框、简单组合框和下拉式列表框，如图 4-6 所示。

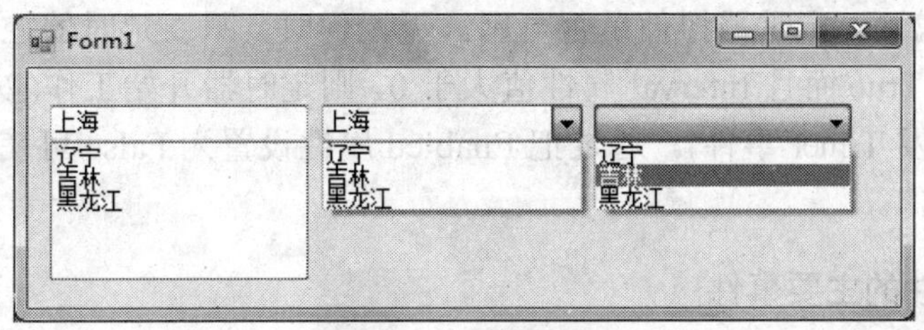

图 4-6　组合框

用户可以通过单击列表框或组合框中的某一项来选择所需选项，也可以在组合框中输入自己的选项(即使输入的内容并不包含在列表中)，但是在列表框中只能进行选择，不能输入。这是列表框和组合框的最大区别。

1. 组合框控件的常用属性

- Items 属性、SelectionMode 属性、SelectedIndex 属性：与列表框相同。
- DropDownStyle 属性：组合框的显示类型。在运行时是只读的。
  - Simple组合框：称为简单组合框，包括一个文本框(文本框的右边无下拉按钮)和一个不能下拉的列表框。当项目数超过可显示的限度时，自动产生一个垂直滚动条。可以从列表中选择或在文本框中输入那些不在列表中的项目。
  - DropDown(默认值)组合框：称为下拉式组合框，包括一个下拉式列表和一个文本框。只有在单击文本框右边的下拉按钮时才可见下拉式列表框。可以从列表中选择或在文本框中输入那些不在列表中的项目。
  - DropDownList 组合框：称为下拉式列表框。这种样式仅允许从下拉式列表中选择，不可以自行输入组合框中没有的项目。

下拉式列表框与之前介绍的列表框的区别在于：只有单击右侧向下的箭头，才显示项目列表。

2. 组合框的常用事件和方法

与列表框类似，组合框的常用事件有 Click 事件、Dropdown 事件等。

由于组合框与下拉列表框的许多属性及方法都类似，在此不再重述了。

4.2.8　定时器(Timer)

VB 提供了一种“定时器”控件。定时器的一个重要的事件是 Timer 事件。定时器每隔一定的时间就产生一次 Timer 事件，可以根据这个特性，依照时间控制某些操作或用于计时。定时器控件在运行时不显示。

1. 定时器控件的常用属性

- Interval 属性：计时器的时间间隔是一个整数，单位为毫秒。若将 Interval 属性设置为 0 或负数，则定时器停止工作。如果将 Interval 属性设置为 1000，则相当于每秒产生一次 Timer 事件。

- Enabled 属性：定时器控件是否可用。无论何时，只要定时器控件的 Enabled 属性被设置为 True 而且 Interval 属性值大于 0，则定时器开始工作(以 Interval 属性值为间隔，触发 Timer 事件)。通过把 Enabled 属性设置为 False 可使定时器控件无效，即停止工作。

2. 定时器控件的主要事件

定时器控件响应 Tick 事件，当 Enabled 属性值为 True 且 Interval 属性值大于 0 时，该事件以 Interval 属性指定的时间间隔发生，需要定时执行的操作即放在该事件过程中完成。

【例 4-6】设计一个简单的定时器来显示当前的系统时钟。

添加一个定时器控件，并设置其 Interval 属性为 1000。编写如下代码，运行结果如图 4-7 所示。

```
Private Sub Timer1_Tick(sender As Object, e As EventArgs) Handles Timer1.Tick
    Label1.Text = TimeOfDay()
End Sub
```

图 4-7　定时器控件

4.2.9　日期时间控件(DateTimePicker)

DateTimePicker 控件用于让用户可以从日期列表中选择单个值。运行时，该控件以下拉式组合框的形式弹出日期以供选择。

【例 4-7】在窗体上添加一个 DateTimePicker 控件和一个 Label 控件，运行时将 DateTimePicker控件的初始日期设置为2016年1月1日。在DateTimePicker控件中选择一个日期后，将选中的日期显示在Label控件中。编写程序如下，运行结果如图4-8所示。

```
Private Sub DateTimePicker1_ValueChanged(sender As Object, e As EventArgs) Handles
DateTimePicker1.ValueChanged
    Dim k As Date, yy As Integer, mm As Integer, dd As Integer
    k = DateTimePicker1.Value
    yy = k.Year
    mm = k.Month
    dd = k.Day
    Label1.Text = "选中的日期是" & yy & "年" & mm & "月" & dd & "日"
End Sub
Private Sub Form1_Load(sender As Object, e As EventArgs) Handles MyBase.Load
```

```
    DateTimePicker1.Value = CDate("2016-1-1")
End Sub
```

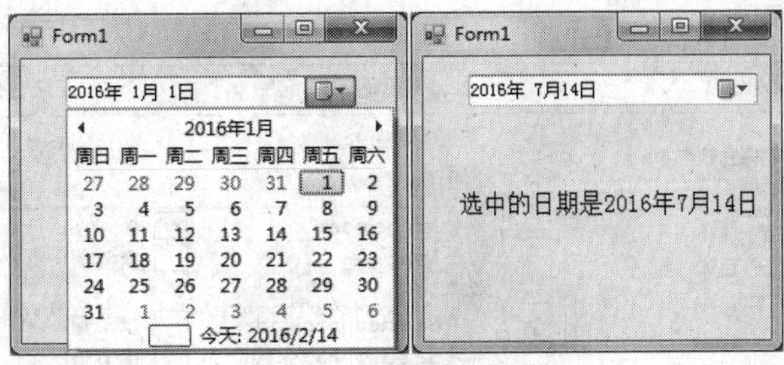

图 4-8　日期时间控件

4.2.10　树形结构控件(TreeView)

利用 TreeView 控件可以获得驱动器下的所有目录和子目录，TreeView 控件最典型的使用就是显示类似于 Windows 资源管理器中左窗格中的文件夹列表的层次结构。

1. TreeView 控件的常用属性

- Nodes 属性：树形层次结构中顶级节点的列表。
- SelectedNode 属性：设置当前选定节点。
- ImageIndex 属性：为节点设置图像。

2. TreeView 控件增减节点的方法

在属性窗口中利用 Nodes 属性添加或删除节点。

- Add 方法：为选定节点添加一个节点；
- Remove 方法：移除一个节点。

【例 4-8】利用属性窗口向 TreeView 控件中添加节点举例。

(1) 在窗体上添加一个 TreeView 控件和一个 ImageList 控件。

(2) 在 ImageList 控件的属性窗中单击 Images 属性，弹出如图 4-9 所示的窗口，在其中添加若干图片。

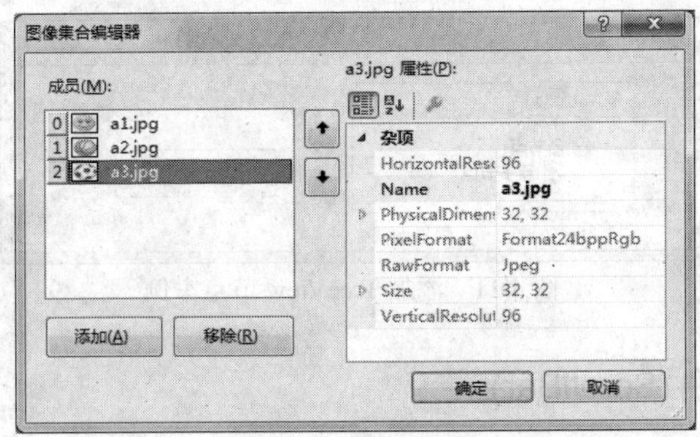

图 4-9　设置 ImageList 控件的 Images 属性

(3) 在 TreeView 控件的属性窗口中单击 Nodes 属性，弹出如图 4-10 所示的对话框，在左侧窗口中添加节点和子节点，在右侧窗口中设置 ImageIndex、Name 和 Text 属性，单击“确定”按钮保存即可。

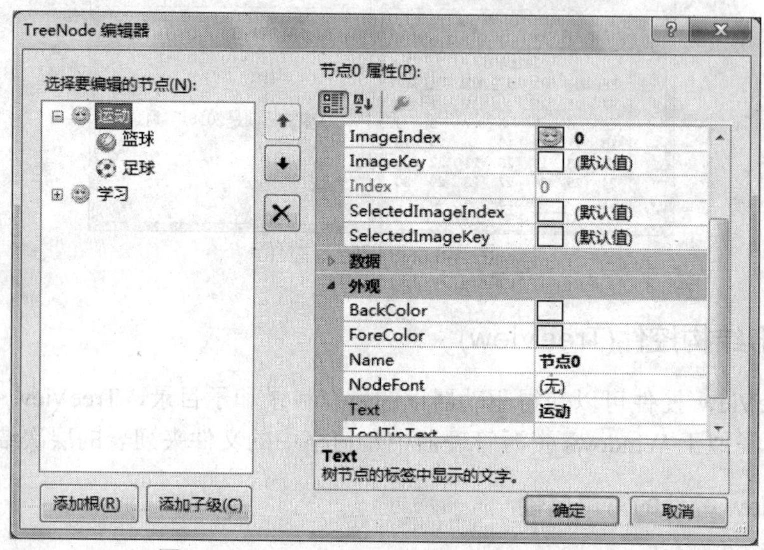

图 4-10　设置 TreeView 控件的 Nodes 属性

【例 4-9】编程向 TreeView 控件中添加节点举例。

(1) 在例 4-8 的窗体上再添加一个按钮。

(2) 编写如下的事件过程，运行结果如图 4-11 所示。

```
Private Sub Button1_Click(sender As Object, e As EventArgs) Handles Button1.Click
    Dim newnode1 As TreeNode = New TreeNode("新节点")
    Dim newnode2 As TreeNode = New TreeNode("新子节点")
    TreeView1.Nodes.Add(newnode1)
    newnode1.ImageIndex = 1         '设置新节点图片
    TreeView1.Nodes(2).Nodes.Add(newnode2)
    newnode2.ImageIndex = 2         '设置新子节点图片
End Sub
```

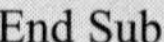

图 4-11　添加 TreeView 节点举例

4.2.11　滚动条控件(ScrollBar)

滚动条控件分为水平滚动条(HScrollBar)和垂直滚动条(VScrollBar)，通常附在窗体上协助观察数据或确定位置，也可作为数据输入工具，用于提供某一范围内的数值供用户选择。

1. 滚动条控件的常用属性

- Value 属性：滑块所处位置所代表的值。
- Maximum 属性：滚动条的最大值。
- Minimum 属性：滚动条的最小值。
- SmallChange 属性：最小变动值，即单击箭头时滑块移动的增量值。
- LargeChange 属性：最大变动值，即单击空白处时滑块移动的增量值。

2. 滚动条的主要事件

- ValueChanged 事件：该事件在移动滑块或通过代码改变滚动条的 Value 属性值时发生。单击滚动条两端的箭头或空白处将引发 ValueChanged 事件。
- Scroll 事件：当滑块被重新定位，或按水平方向或垂直方向滚动时，Scroll 事件发生。拖动滑块时会触发 Scroll 事件。

【例 4-10】通过调整滚动条位置改变文本中字体的大小。编写程序如下，运行结果如图 4-12 所示。

```
    Private Sub HScrollBar1_ValueChanged(sender As Object, e As EventArgs) Handles
HScrollBar1.ValueChanged
        TextBox1.Font = New Font(TextBox1.Font.Name, HScrollBar1.Value)
    End Sub
    Private Sub Form1_Load(sender As Object, e As EventArgs) Handles Me.Load
        TextBox1.Text = "调整字体大小"
        HScrollBar1.Minimum = 8
        HScrollBar1.Maximum = 72                    '设置滚动条最大最小值
    End Sub
```

图 4-12　滚动条举例

4.3　键盘与鼠标事件

4.3.1　常用键盘事件

键盘事件是由键盘操作产生的，只有获得焦点的对象才能接收键盘事件。在 VB.NET 中，下面以 KeyPress、KeyDown 和 KeyUp 这三种键盘事件来说明键盘事件的基本用法。窗体和接收键盘输入的控件都识别这三种事件。

- KeyPress 事件：按下对应某 ASCII 字符的键。

- KeyDown 事件：按下键盘的任意键。
- KeyUp 事件：释放键盘的任意键。

1．键盘按键事件(KeyPress)

当按下与 ASCII 字符对应的键时将触发 KeyPress 事件。

KeyPress 事件过程中的参数 Sender 代表消息的来源，参数 e 的 KeyChar 属性代表所按下的字符。

【例 4-11】在窗体上添加一个文本框 TextBox1 和一个标签，当在文本框中键入任意字符时，在标签中显示该字符的 ASCII 码。编程如下，运行结果如图 4-13 所示。

```
    Private Sub TextBox1_KeyPress(sender As Object, e As KeyPressEventArgs) Handles
TextBox1.KeyPress
        Dim Iasc As Integer
        If sender Is TextBox1 Then
            MsgBox("消息来源是 TextBox1")
        End If
        TextBox1.Text = ""
        Iasc = Asc((e.KeyChar))
        Label1.Text = e.KeyChar & " 的 ASC 码是 " & Iasc
    End Sub
```

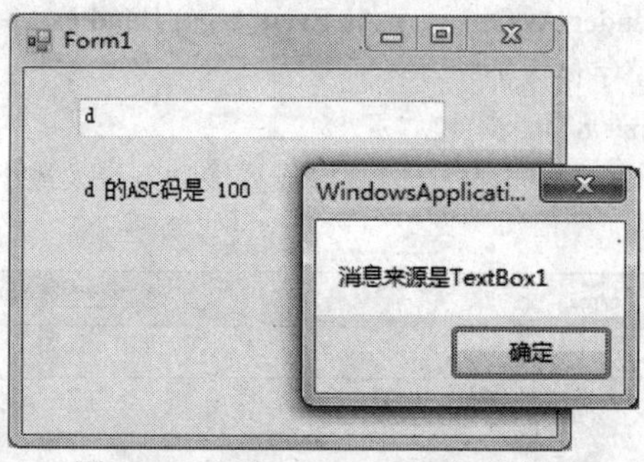

图 4-13　添加 TreeView 节点举例

【例 4-12】编写程序，使得文本框 TextBox1 中限定只能输入数字、小数点，只能响应 BackSpace 键及回车键。

编写 TextBox1 的 KeyPress 事件过程如下。

```
    Private Sub TextBox1_KeyPress(sender As Object, e As KeyPressEventArgs) Handles
TextBox1.KeyPress
        Dim Iasc As Integer
        Iasc = Asc((e.KeyChar))
        Select Case Iasc
            Case 48 To 57, 46, 8, 13
            Case Else
                e.KeyChar = ""
```

```
    End Select
End Sub
```

程序说明：数字 0 到 9 的 ASCII 码分别为 48 到 57，小数点的 ASCII 码为 46，BackSpace 键的 ASCII 码为 8，回车键的 ASCII 码是 13。当输入的是其他字符时，将参数置为空，拒绝接收。

2. 键盘按下(KeyDown)和放开(KeyUp)事件

当一个对象具有焦点时，按下或松开一个键时分别发生这两个事件。它们报告键盘本身准确的物理状态：按下键(KeyDown)或松开键(KeyUp)。

KeyDown 和 KeyUp 事件能够检测功能键、编辑键和定位键。

最常用的是 KeyCode 属性：表示按下的物理键。上档键字符和下档键字符也是使用同一键，它们的 KeyCode 值相同。例如，无论按下大写字母 A 或小写字母 a，KeyCode 值均为 Keys.A。

【例 4-13】用 KeyDown 事件判断是否按下了 Shift 键及字母 A 键。

```
Private Sub TextBox1_KeyDown(sender As Object, e As KeyEventArgs) Handles TextBox1.KeyDown
    If e.Shift = True Then
        If e.KeyCode = Keys.A Then
            MsgBox("按下了 Shift+A 键")
        End If
    Else
        MsgBox("按的是其他键")
    End If
End Sub
```

4.3.2　常用鼠标事件

鼠标事件是由鼠标操作触发的。大多数控件能够识别鼠标的 MouseMove、MouseDown 和 MouseUp 事件，通过响应这些鼠标事件，能在应用程序中对鼠标位置及状态的变化做出响应操作。

- MouseDown：按下任意鼠标键时发生。
- MouseUp：释放任意鼠标键时发生。
- MouseMove：每当鼠标指针移动到屏幕新位置时发生。

鼠标事件中常用的属性如下。

- 属性 X 和 Y：鼠标指针在窗体上的位置。
- Button 参数：表示鼠标哪一个键被按下或释放。

【例 4-14】编写一个利用鼠标在窗体上徒手画图的程序。按下鼠标左键时用红色笔画，按下鼠标右键时用蓝色笔画图。

编写如下程序，运行结果如图 4-14 所示。

```
Public Class Form1
```

```
        Dim xold As Integer, yold As Integer
        Private Sub Form1_MouseDown(sender As Object, e As MouseEventArgs) Handles Me.MouseDown
            xold = e.X
            yold = e.Y
        End Sub
        Private Sub Form1_MouseMove(sender As Object, e As MouseEventArgs) Handles Me.MouseMove
            If e.Button = Windows.Forms.MouseButtons.Left Then
                Me.CreateGraphics.DrawLine(New Pen(Color.Red), xold, yold, e.X, e.Y)
                xold = e.X
                yold = e.Y
            End If
            If e.Button = Windows.Forms.MouseButtons.Right Then
                Me.CreateGraphics.DrawLine(New Pen(Color.Blue), xold, yold, e.X, e.Y)
                xold = e.X
                yold = e.Y
            End If
        End Sub
    End Class
```

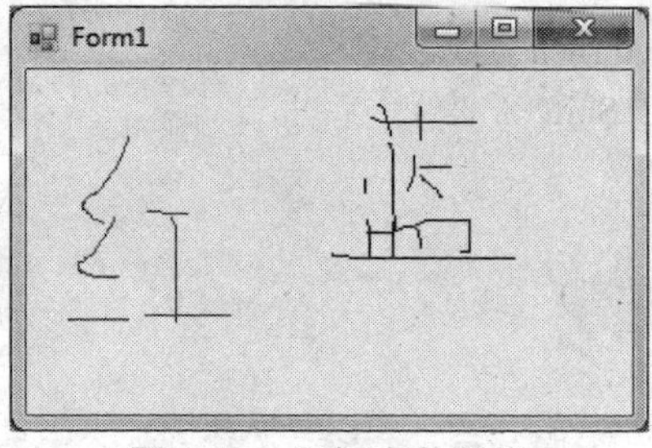

图 4-14　鼠标事件举例

4.4 实训练习

【例 4-15】设置文字字体、字形、字号。

在窗体上添加一个文本框、三个复选框及 6 个单选钮。根据单选钮及复选框的设置来修改文本框中文字的字体、字形和字号。编写程序如下，运行结果如图 4-15 所示。

```
Public Class form2
Dim fstyle As FontStyle
Private Sub CheckBox1_Click(sender As Object, e As EventArgs) Handles CheckBox1.Click
    If TextBox1.Font.Bold Then
      fstyle = fstyle - FontStyle.Bold
      TextBox1.Font = New Font(TextBox1.Font.Name, TextBox1.Font.Size, fstyle)
    Else
      fstyle = fstyle + FontStyle.Bold
      TextBox1.Font = New Font(TextBox1.Font.Name, TextBox1.Font.Size, fstyle)
```

```
        End If
    End Sub
    Private Sub CheckBox2_Click(sender As Object, e As EventArgs) Handles CheckBox2.Click
      If TextBox1.Font.Italic Then
          fstyle = fstyle - FontStyle.Italic
          TextBox1.Font = New Font(TextBox1.Font.Name, TextBox1.Font.Size, fstyle)
      Else
          fstyle = fstyle + FontStyle.Italic
          TextBox1.Font = New Font(TextBox1.Font.Name, TextBox1.Font.Size, fstyle)
      End If
    End Sub
    Private Sub CheckBox3_Click(sender As Object, e As EventArgs) Handles CheckBox3.Click
      If TextBox1.Font.Underline Then
          fstyle = fstyle - FontStyle.Underline
          TextBox1.Font = New Font(TextBox1.Font.Name, TextBox1.Font.Size, fstyle)
      Else
          fstyle = fstyle + FontStyle.Underline
          TextBox1.Font = New Font(TextBox1.Font.Name, TextBox1.Font.Size, fstyle)
      End If
    End Sub
    Private Sub RadioButton1_Click(sender As Object, e As EventArgs) Handles RadioButton1.Click
    TextBox1.Font = New Font(TextBox1.Font.Name, CSng(RadioButton1.Text), fstyle)
    End Sub
    Private Sub RadioButton2_Click(sender As Object, e As EventArgs) Handles RadioButton2.Click
    TextBox1.Font = New Font(TextBox1.Font.Name, CSng(RadioButton2.Text), fstyle)
    End Sub
    Private Sub RadioButton3_Click(sender As Object, e As EventArgs) Handles RadioButton3.Click
    TextBox1.Font = New Font(TextBox1.Font.Name, CSng(RadioButton3.Text), fstyle)
    End Sub
    Private Sub form2_Load(sender As Object, e As EventArgs) Handles Me.Load
      fstyle = TextBox1.Font.Style
    End Sub
    Private Sub RadioButton4_Click(sender As Object, e As EventArgs) Handles RadioButton4.Click
      TextBox1.Font = New Font(RadioButton4.Text, TextBox1.Font.Size, fstyle)
    End Sub
    Private Sub RadioButton5_Click(sender As Object, e As EventArgs) Handles RadioButton5.Click
      TextBox1.Font = New Font(RadioButton5.Text, TextBox1.Font.Size, fstyle)
    End Sub
    Private Sub RadioButton6_Click(sender As Object, e As EventArgs) Handles RadioButton6.Click
      TextBox1.Font = New Font(RadioButton6.Text, TextBox1.Font.Size, fstyle)
    End Sub
    End Class
```

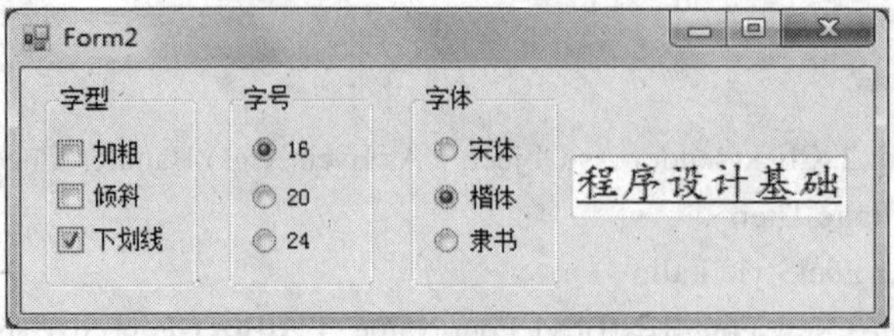

字型	字号	字体
☐ 加粗	◉ 16	○ 宋体
☐ 倾斜	○ 20	◉ 楷体
☑ 下划线	○ 24	○ 隶书

程序设计基础

图 4-15　单选框和复选框举例

【例 4-16】设计一个简易的计算器程序，可以做四则运算。

在窗体上添加一个文本框及若干命令按钮，并给命令按钮改名。部分命令按钮的 Name 属性与 Text 属性的对应关系见表 4-1，读者可根据表 4-1 来理解程序代码。以下是部分程序代码，其运行结果如图 4-16 所示。

```
Public Class Form1
  Dim B_digit_point As Boolean   '每个运算数中只允许有一个小数点
  Dim I_temp As Integer          '确定四则运算符号位置
  Dim F_result As Single         '运算结果
  Dim I_op As Integer, S_op As String         '四个运算符
  Dim F_first As Single, F_second As Single   '两个操作数
  Private Sub Form1_Load(sender As Object, e As EventArgs) Handles MyBase.Load
      B_digit_point = False
      I_op = 0
  End Sub
  Private Sub Btn_point_Click(sender As Object, e As EventArgs) Handles Btn_point.Click
                                                              '每个操作数可以按一次小数点
      If B_digit_point = False Then
        TextBox1.Text = TextBox1.Text + "."
        B_digit_point = True
      End If
  End Sub
  Private Sub Btn_0_Click(sender As Object, e As EventArgs) Handles Btn_0.Click
      If Len(TextBox1.Text) > 0 Then
        TextBox1.Text = TextBox1.Text + "0"
      End If
  End Sub
  Private Sub Btn_1_Click(sender As Object, e As EventArgs) Handles Btn_1.Click
      TextBox1.Text = TextBox1.Text + "1"     '按键 1 时的代码
  End Sub
  Private Sub Btn_2_Click(sender As Object, e As EventArgs) Handles Btn_2.Click
      TextBox1.Text = TextBox1.Text + "2"
  End Sub
  Private Sub Btn_mul_Click(sender As Object, e As EventArgs) Handles Btn_mul.Click
      If I_op = 0 Then      '只可做一次四则运算
        F_first = Val(TextBox1.Text)
```

```
            B_digit_point = False
            S_op = "*"          '此段代码为按乘号键时的程序段
            TextBox1.Text = TextBox1.Text + S_op
            I_op = 3
        End If
    End Sub
    Private Sub Btn_div_Click(sender As Object, e As EventArgs) Handles Btn_div.Click
        If I_op = 0 Then
            F_first = Val(TextBox1.Text)
            B_digit_point = False
            S_op = "/"
            TextBox1.Text = TextBox1.Text + S_op
            I_op = 4
        End If
    End Sub
    Private Sub Btn_clear_Click(sender As Object, e As EventArgs) Handles Btn_clear.Click
        TextBox1.Text = ""          '按 C 键将清空文本框
        B_digit_point = False
        I_op = 0
    End Sub
    Private Sub Btn_equal_Click(sender As Object, e As EventArgs) Handles Btn_equal.Click
        I_temp = Strings.InStr(TextBox1.Text, S_op)
        F_second = Val(Strings.Mid(TextBox1.Text, I_temp + 1))
        Select Case I_op    '根据变量值判断运算符
            Case 1          '加法运算
                F_result = F_first + F_second
            Case 2          '减加法运算
                F_result = F_first - F_second
            Case 3          '乘法运算
                F_result = F_first * F_second
            Case 4          '除法时判断除数是否为零
                If F_second <> 0 Then
                    F_result = F_first / F_second
                Else
                    MsgBox("除数不能为零")
                    Exit Sub
                End If
        End Select
        TextBox1.Text = F_result
    End Sub
    Private Sub Btn_back_Click(sender As Object, e As EventArgs) Handles Btn_back.Click
      If TextBox1.Text <> "" Then    '文本框不空时删除最后一个字符
       If Strings.Right(TextBox1.Text, 1) = "+" Or Strings.Right(TextBox1.Text, 1) = "-" Or
```

```
Strings.Right(TextBox1.Text, 1) = "*" Or Strings.Right(TextBox1.Text, 1) = "/" Then
            I_op = 0     '若删除的是运算符，则此变量清零
            B_digit_point = False
        ElseIf Strings.Right(TextBox1.Text, 1) = "." Then
            B_digit_point = False
        End If
        TextBox1.Text = Strings.Left(TextBox1.Text, Len(TextBox1.Text) - 1)
      End If
    End Sub
    Private Sub Btn_end_Click(sender As Object, e As EventArgs) Handles Btn_end.Click
      End Sub     '结束程序
    End Sub
End Class
```

表 4-1　计算器中部分控件的属性

控件名	Text 属性	控件名	Text 属性
Btn_0	0	Btn_mul	*
Btn_1	1	Btn_div	÷
Btn_2	2	Btn_back	←
Btn_point	.	Btn_clear	C
Btn_plus	+	Btn_end	Off
Btn_minus	-	Btn_equal	=

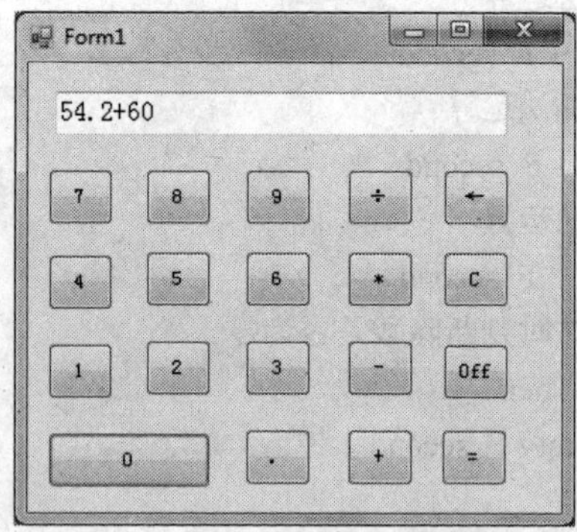

图 4-16　简易计算器

4.5　上机实验

【实验 4-1】定时器的使用。

1. 实验目的

熟悉定时器控件的使用方法。

2. 实验内容

在窗体上添加两个命令按钮和一个定时器控件。当单击“开始”按钮时，定时器开始运行，一条线段在窗体上做圆周运动，像时钟的秒针一样，每隔 1 秒钟移动一个位置。当单击“停止”按钮时，定时器终止运行。

3. 实验步骤

(1) 添加窗体 Form1。

(2) 向窗体上添加一个定时器控件 Timer1，并将其 Interval 属性设置为 500，使得每隔半秒钟发生一次 Tick 事件。

(3) 向窗体上添加两个命令按钮“开始”和“暂停”。

(4) 输入如下各段过程代码。运行结果如图 4-17 所示。

```
Public Class Form1
    Dim xnew As Integer, ynew As Integer
    Dim len_s As Integer, s As Integer
    Const pi As Single = 3.1416
    Private Sub Button1_Click(sender As Object, e As EventArgs) Handles Button1.Click
      Timer1.Enabled = True
      s = 0
    End Sub
    Private Sub Button2_Click(sender As Object, e As EventArgs) Handles Button2.Click
      Timer1.Enabled = False
    End Sub
    Private Sub Sub_Move()
      xnew = 120 + len_s * Math.Sin(pi * s / 30)      '圆心(120,120)
      ynew = 120 - len_s * Math.Cos(pi * s / 30)      '计算
      Me.CreateGraphics.DrawLine(New Pen(Color.Black), xnew, ynew - 1, xnew, ynew)
    End Sub
    Private Sub Form1_Load(sender As Object, e As EventArgs) Handles MyBase.Load
      Timer1.Enabled = False
      len_s = 50    '半径
    End Sub
    Private Sub Timer1_Tick(sender As Object, e As EventArgs) Handles Timer1.Tick
      s = s + 1
      Call Sub_Move()
    End Sub
End Class
```

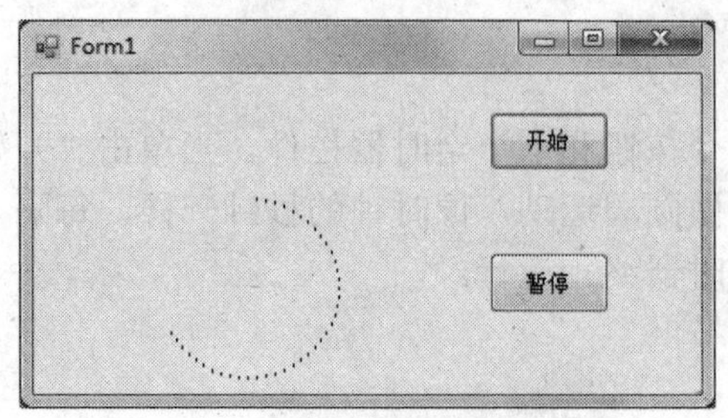

图 4-17　计时器画圆

【实验 4-2】常用控件的综合应用。

1. 实验目的

熟悉常用控件的基本属性和事件编程。

2. 实验内容

完善本章的例 4-16，将省略的源代码补全，并添加部分函数计算的功能。

3. 实验步骤

(1) 添加窗体 Form1。

(2) 如图 4-18 所示，在窗体上添加一个文本框及若干命令按钮。参考例 4-16，完成计算器部分的全部程序代码。

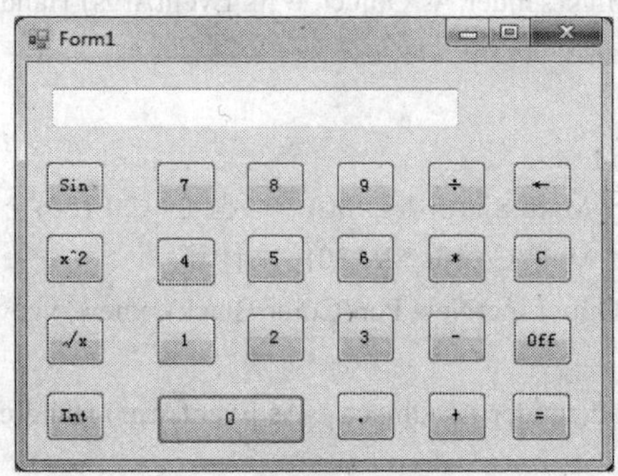

图 4-18　增强型计算器

(3) 完成函数计算部分的编程。

例如，求正弦值的过程代码如下。

```
Private Sub Button1_Click(sender As Object, e As EventArgs) Handles Button1.Click
    If Not IsNumeric(TextBox1.Text) Then
        Btn_equal_Click(Btn_equal, Nothing)   '首先计算 Textbox1 中表达式的值
    End If
    TextBox1.Text = Math.Sin(TextBox1.Text)
End Sub
```

请参考上面的程序完成函数计算部分的代码。

【实验 4-3】列表框及组合框的应用。

1. 实验目的

熟悉列表框和组合框的基本属性和事件编程。

2. 实验内容

在窗体上添加两个列表框、一个文本框和一个按钮。在两个列表框中分别选择字体和字号，单击按钮时，将文本框中的文字字体和字号进行相应的改动。

3. 实验步骤

(1) 添加窗体 Form1。
(2) 向窗体上添加两个列表框、一个文本框和一个按钮。
(3) 在属性窗口中将 ListBox1 的 Items 属性设置为各种字体名称。
(4) 输入如下各段过程代码。运行结果如图 4-19 所示。

```
Private Sub Form1_Load(sender As Object, e As EventArgs) Handles MyBase.Load
    Dim i As Integer
    For i = 6 To 36 Step 2
        ListBox2.Items.Add(i)
    Next i
    TextBox1.Text = "字体字号练习"
End Sub
Private Sub Button1_Click(sender As Object, e As EventArgs) Handles Button1.Click
    TextBox1.Font = New Font(ListBox1.Text, Val(ListBox2.Text))
End Sub
```

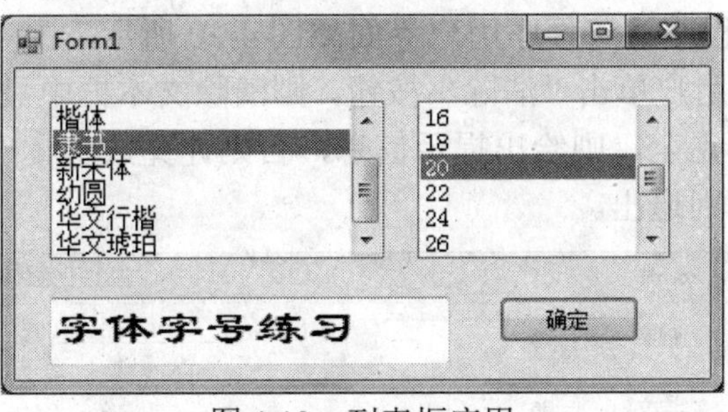

图 4-19　列表框应用

习题

1. 选择题

(1) 单选钮是否被选中可以通过其(　)属性来判断。

A. Value　　B. Checked　　C. Text　　D. Selected

(2) 复选框的当前状态可以通过其( )属性来判断。

A. Value　　B. CheckState　　C. Text　　D. Checked

(3) 可以通过定时器的( )属性来设定其定时间隔。

A. Interval　　B. Enabled　　C. Visible　　D. Tick

(4) 在当前列表项中某位置之前插入一个条目，使用( )方法。

A. Add　　B. Remove　　C. RemoveAt　　D. Insert

(5) 按索引位置从列表项中删除一个条目，使用( )方法。

A. Add　　B. Remove　　C. RemoveAt　　D. Insert

(6) 设组合框 Combo1 中有三个项目，则能删除最后一项的语句是( )。

A. Combo1.Items.RemoveAt ComboBox1.Text

B. Combo1.Items.RemoveAt 2

C. Combo1.Items.RemoveAt 3

D. Combo1.Items.RemoveAt Combo1.Items.Count

2. 填空题

(1) 将焦点主动设置到指定的控件或窗体上应采用________方法。

(2) 为使加入到列表框的数据自动排序，应设置该控件的 ________属性为________。

(3) 单击滚动条的箭头时，若滚动条的值增(或减)5，则应将该控件的________属性值设置为 ______。

(4) 为使计时器控件 Timer1 每隔 0.5 秒触发一次 Tick 事件，应设置该控件的________属性为 ________。

3. 编程题

(1) 设计一个计算程序。该程序用户界面如图 4-20 所示，由 4 个文本框和三个命令按钮组成。程序运行后，用户单击“清除”按钮，则清除文本框中显示的内容。单击“计算”按钮，如果成绩填写不完全，则给出提示信息，否则计算数学、语文、英语 3 科的平均成绩。单击“退出”按钮则退出。

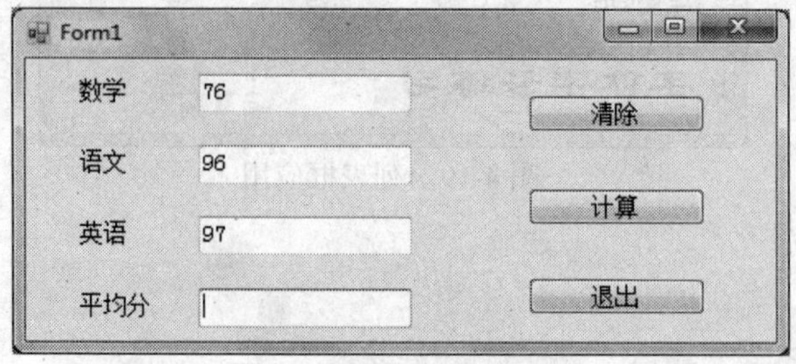

图 4-20　计算平均分

(2) 设计一个欢迎程序。该程序用户界面如图 4-21 所示。要求程序运行后，用户选中“加粗”复选框时，标签(Label1)中的文字变成粗体，用户选中“倾斜”复选框时，标签的文字变成斜体。若取消选中，则恢复原字体。单击“结束”按钮，则退出。

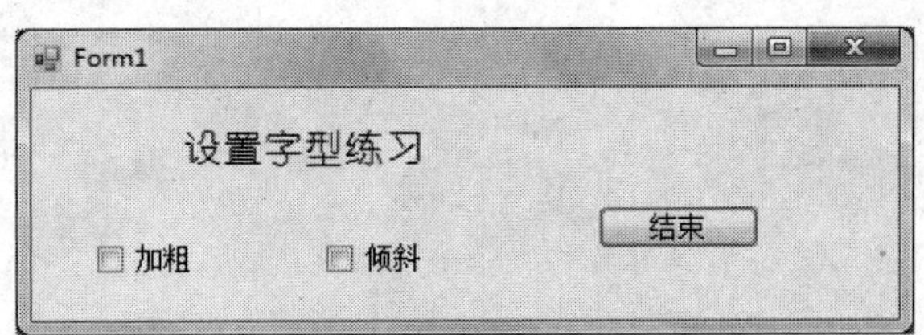

图 4-21　复选框练习

(3) 打印斐波那契数列的前 *n* 项，斐波那契数列如下：1、1、2、3、5、8……(从第三项起每一项是前两项的和)。要求：在文本框中给出 *n* 的值，当 *n* 大于 20 时提示“重新输入”的信息。结果显示在一个列表框中。界面设计如图 4-22 所示。

图 4-22　斐波那契数列

(4) 用 Rnd 函数自动生成 10 个学生的考试分数(0~100 的整数)，将这些分数显示在列表框中，计算并在文本框中显示其中的最高分、最低分和平均分。界面设计如图 4-23 所示。

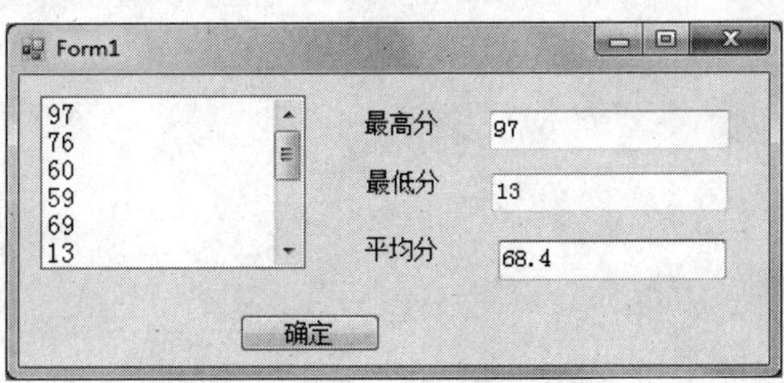

图 4-23　考试成绩

第 5 章

VB.NET中的高级控件

5.1 通用对话框

.NET 提供了一组基于 Windows 的标准对话框界面。利用通用对话框控件可在窗体上创建打开文件(OpenFileDialog)、保存文件(SaveFileDialog)、颜色(ColorDialog)、字体(FontDialog)、打印(PrintDialog)、打印预览(PrintPreviewDialog)等对话框。.NET 框架提供给所有开发.NET 平台应用程序的人员一个公用的类库——.NET Framework SDK。在.NET Framework SDK 的命名空间 System.Windows.Forms 中定义了 6 个类：OpenFileDialog 类、SaveFileDialog 类、FontDialog 类、ColorDialog 类、PrintPreviewDialog 类和 PrintDialog 类。VB.NET 就是使用上述 6 个类来处理与对话框相关的操作的。其中 VB.NET 利用 OpenFileDialog 类来处理与文件选择对话框相关的操作；利用 SaveFileDialog 类处理和文件保存对话框相关的操作；利用 FontDialog 类处理和字体选择对话框相关的操作；利用 ColorDialog 类处理和颜色选择对话框相关的操作；利用 PrintPreviewDialog 类处理和打印预览对话框相关的操作；利用 PrintDialog 类处理和打印机设置对话框相关的操作。

1. 打开文件对话框

打开文件对话框由 OpenFileDialog 控件来实现，我们可以使用 OpenFileDialog 组件快速创建用户熟悉的打开文件对话框；用户可以使用它浏览计算机以及网络中任何计算机上的文件夹，并选择打开一个或多个文件。该对话框返回用户在对话框中选定的文件的路径和名称。

OpenFileDialog 组件常用属性和方法如下。

- FileName 属性：一个包含在文件对话框中选定的文件名的字符串，包括文件的完整路径。
- FileNames 属性：获取对话框中所有选定文件的文件名。
- AddExtension 属性：指示如果用户省略扩展名，对话框是否自动在文件名中添加扩展名。

- CheckFileExists 属性：指示如果用户指定不存在的文件名，对话框是否显示警告。
- CheckPathExists 属性：获取或设置一个值，该值指示如果用户指定不存在的路径，对话框是否显示警告。
- DefaultExt 属性：默认文件扩展名，返回的字符串不包含句点 (.)，默认值为一个空字符串 ("")。当用户输入文件名时未指定文件的扩展名，则自动以该属性来补全扩展名，如果 DefaultExt 属性为默认空字符串，则以当前选定的筛选器中的文件类型来补全缺少的文件扩展名。
- DereferenceLinks 属性：指示对话框返回的是快捷方式引用的文件的位置(设置为 True)还是返回快捷方式(.lnk)的位置(设置为 False)。默认值为 True，即选中快捷方式的时候，FileName 返回的是文件的真实路径，如果该值为 False，则返回的是该快捷方式所在的位置。
- Filter 属性：当前文件名筛选器字符串，该字符串决定对话框的“另存为文件类型”或“文件类型”框中出现的选择内容。
- FilterIndex 属性：获取或设置文件对话框中当前选定筛选器的索引。
- InitialDirectory 属性：文件对话框显示的初始目录。
- Multiselect 属性：指示对话框是否允许选择多个文件。
- ShowReadOnly 属性：指示对话框是否包含只读复选框。当它为 True 时，将会在图 5-1 中显示“以只读方式打开”复选框。ReadOnlyChecked 属性：指示是否选定只读复选框，默认为 False，需要与 ShowReadOnly 属性配合使用。
- RestoreDirectory 属性：指示对话框在关闭前是否还原当前目录。
- Title 属性：获取或设置文件对话框标题。

通过 ShowDialog 方法来显示“打开”对话框。通过 OpenFile 方法以只读方式打开一个选定的文件，如果需要进行写操作，则必须使用 StreamReader 类的实例打开文件。

2. 保存文件对话框

保存文件对话框由 SaveFileDialog 控件来实现，SaveFileDialog 控件的属性与 OpenFileDialog 控件基本相同，特有的属性是 DefaultExt，用于设置默认的扩展名。

【例 5-1】“打开/另存为”对话框的使用。

在窗体上绘制三个命令按钮，将 Caption 属性分别设置为“打开”、“另存为”和“关闭”。

(1) 新建一个 Windows 窗体应用程序。

(2) 将“公共控件”中的“打开”拖曳在 Form1 上，编写“打开”按钮的 Click 事件，事件过程代码如下，运行结果如图 5-1 和图 5-2 所示。

```
Private Sub Button1_Click(sender As Object, e As EventArgs) Handles Button1.Click
OpenFileDialog1.InitialDirectory = "c:\"  '设置默认文件夹
OpenFileDialog1.Filter = "txt files (*.txt)|*.txt|All files (*.*)|*.*"  '设置文件过滤器
OpenFileDialog1.Title = "打开文件"  '设置对话框标题
OpenFileDialog1.ShowDialog()  '显示“打开”对话框
End Sub
```

```
Private Sub Button2_Click(sender As Object, e As EventArgs) Handles Button2.Click
        Dim infilenum As Integer
        Dim myStream As System.IO.Stream
        SaveFileDialog1.Title = "另存为"
        SaveFileDialog1.Filter = "Text Files(*.txt)|*.txt|All Files(*.*)|(*.*)"
        SaveFileDialog1.ShowDialog()
        myStream = SaveFileDialog1.OpenFile()   '打开
        myStream.Close()
End Sub
```

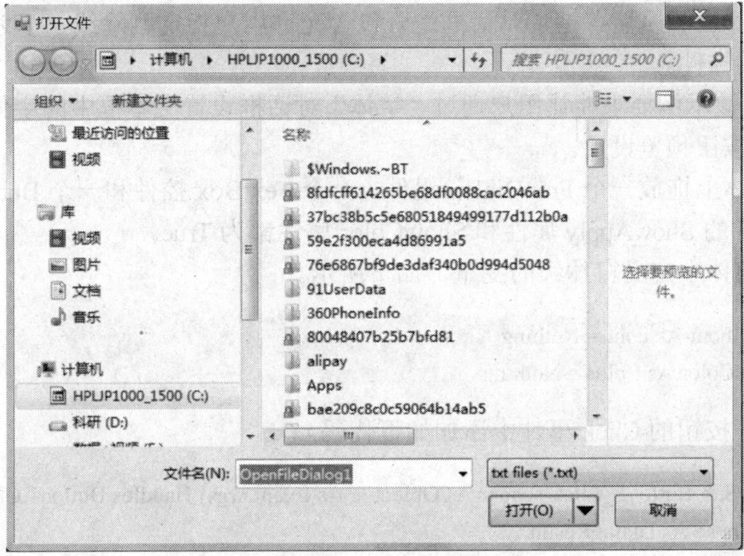

图 5-1　“打开文件”对话框

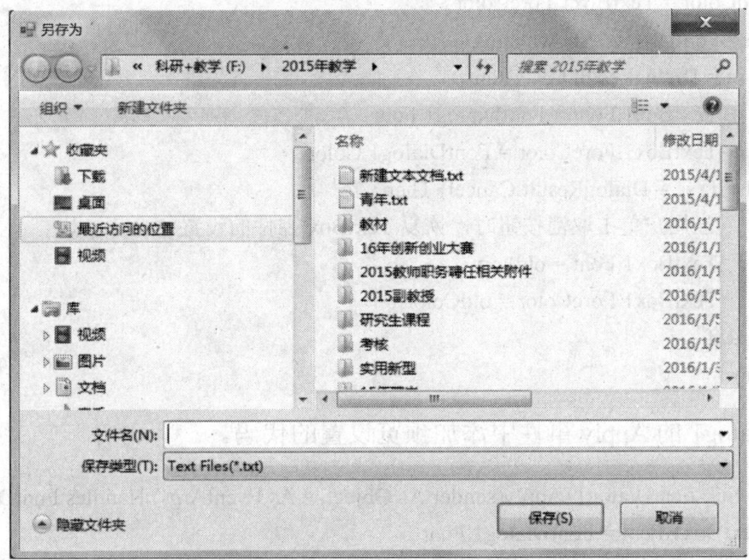

图 5-2　“另存为”对话框

3. 字体对话框

字体对话框通过 FontDialog 控件来实现，其属性如下。

- Font 属性：选定的字体，“字体”对话框返回用户选定的字体。
- ShowApply 属性：指示对话框是否包含“应用”按钮，默认值为 False。如果对话框包含“应用”按钮，则为 True，此时单击对话框上的“应用”按钮将会触发组件的 Apply 事件。
- ShowColor 属性：指示对话框是否显示颜色选择，默认值为 False。如果对话框显示颜色选择，属性值为 True。
- ShowEffects 属性：指示对话框是否包含允许用户指定删除线、下划线和文本颜色选项的控件。

【例5-2】该示例要求能让用户通过“字体”对话框设置文本框中的字体和颜色，并能使用“应用”按钮预览设置。

首先向窗体上拖放一个 FontDialog 组件，一个 TextBox 控件和一个 Button 控件。设置 FontDialog 组件的 ShowApply 属性和 ShowColor 属性都为 True。

在 Form 窗体中定义窗体级的变量，如下所示。

```
Dim oldFont As Font = Nothing
Dim oldColor As Color = Nothing
```

在 Button1 按钮的 Click 事件中添加如下代码。

```
Private Sub Button1_Click(sender As Object, e As EventArgs) Handles Button1.Click
    Dim se As DialogResult
    oldFont = TextBox1.Font
    oldColor = TextBox1.ForeColor
    se = FontDialog1.ShowDialog
    If se = DialogResult.OK Then
        TextBox1.Font = FontDialog1.Font
        TextBox1.ForeColor = FontDialog1.Color
    ElseIf (se = DialogResult.Cancel) Then
        '当用户单击取消按钮时，恢复 TextBox 控件的设置
        TextBox1.Font = oldFont
        TextBox1.ForeColor = oldColor
    End If
End Sub
```

在 FontDialog1 的 Apply 事件中添加预览设置的代码。

```
Private Sub FontDialog1_Apply(sender As Object, e As EventArgs) Handles FontDialog1.Apply
    TextBox1.Font = FontDialog1.Font
    TextBox1.ForeColor = FontDialog1.Color
End Sub
```

在例 5-2 中，用户可以通过“字体”对话框设置文本输入框中的字体以及文本的颜色，还可以通过“应用”按钮预览设置，并且在单击“取消”按钮后取消预览的设置。如图 5-3 所示为用户通过“应用”按钮预览用户设置。

如果用户对设置效果满意，则可以单击“确定”按钮实现设置效果，如果对设置不满意，并且不再进行设置，则可以通过单击“取消”按钮退出设置，TextBox1 控件中的字体以及颜色恢复为进入“字体”对话框之前的状态。

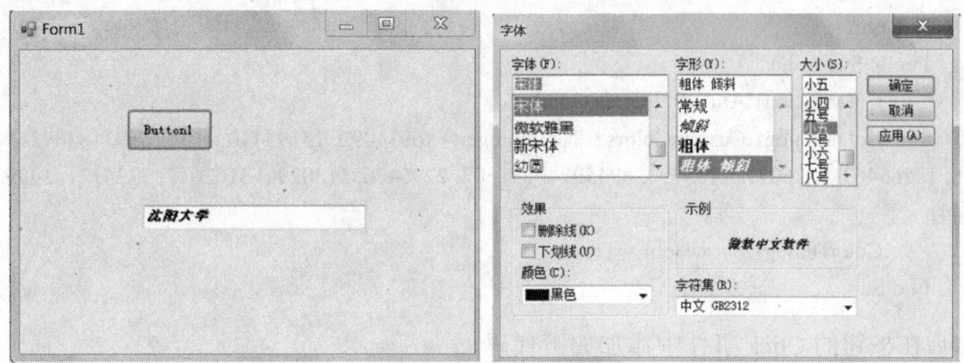

图 5-3　“字体”对话框

4. 颜色对话框

颜色对话框的功能是弹出系统自带的调色板，让用户选择颜色或者自定义颜色。由 ColorDialog 控件来实现重要属性 Color，它返回或设置选定的颜色，属于 Color 结构类型。ColorDialog 组件的主要属性如下。

- AllowFullOpen 属性：指示用户是否可以使用该对话框自定义颜色。如果用户可定义自定义颜色，则为 True；否则为 False，将禁用对话框中关联的按钮，而且用户无法访问对话框中的自定义颜色控件。默认值为 True。
- FullOpen 属性：指示用于创建自定义颜色的控件在对话框打开时是否可见。如果自定义颜色控件在对话框打开时是可见的，则为 True，否则为 False。默认情况下，自定义颜色控件在第一次打开对话框时是不可见的。必须单击“规定自定义颜色”按钮来显示它们。AllowFullOpen 必须为 True 时，FullOpen 才起作用。
- AnyColor 属性：指示对话框是否显示基本颜色集中可用的所有颜色，如果对话框显示基本颜色集中可用的所有颜色，则为 True；否则为 False。默认值为 False。
- CustomColors 属性：对话框显示的自定义颜色集，默认值为空引用(VB 中为 Nothing)。
- ShowHelp 属性：指示在颜色对话框中是否显示“帮助”按钮，如果在对话框中显示“帮助”按钮，则为 True；否则为 False。当用户单击通用对话框中的“帮助”按钮时将发生 HelpRequest 事件。
- SolidColorOnly 属性：指示对话框是否限制用户只选择纯色。如果用户只能选择纯色，则为 True；否则为 False。该属性适用于只有 256 种颜色或更少颜色的系统，在这些系统上，某些颜色是其他颜色的组合。默认值为 False。

【例 5-3】在窗体上拖放一个 ColorDialog 组件、一个 Button 按钮和一个 TextBox 控件，要求初始化自定义颜色列表，并让用户通过ColorDialog对话框来改变文本框的文字颜色。

先把如下的 init 过程添加到 Form 的 New()过程中。

```
Public Sub New()
    '此调用是设计器所必需的
    InitializeComponent()
    init()
End Sub
Public Sub init()
    ColorDialog1.AllowFullOpen = False
    ColorDialog1.CustomColors = New Integer() {6916092, 15195440, 16107657, 1836924,
3758726, 12566463, 7526079, 7405793, 6945974, 241502, 2296476, 5130294, 3102017, 7324121, 14993507,
11730944}
    ColorDialog1.ShowHelp = True
End Sub
```

然后在按钮的 Click 事件中添加如下代码。

```
Private Sub Button1_Click(sender As Object, e As EventArgs) Handles Button1.Click
    Me.ColorDialog1.ShowDialog()
    TextBox1.ForeColor = Me.ColorDialog1.Color
End Sub
```

运行结果如图 5-4 所示。

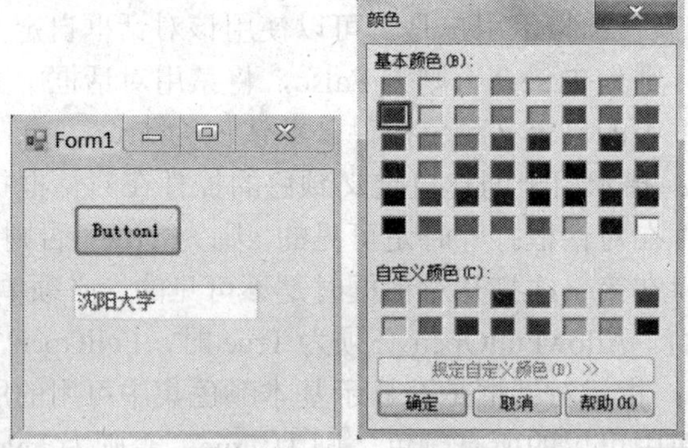

图 5-4 “颜色”对话框

5. 打印对话框及打印预览对话框

VB.NET中创建打印机设置对话框是通过PrintDialog控件实现的。PrintDialog控件用于选择打印机，选择要打印的页及确定其他与打印相关的设置。通过PrintDialog控件可以选择全部打印、打印选定的页范围或打印选定内容。VB.NET中创建打印机预览对话框是通过PrintPreviewDialog控件实现的。

PrintDialog 控件的常用属性及说明。

(1) Document，获取 PrinterSettings 类的 PrintDocument 对象。

(2) AllowCurrentPage，是否显示“当前页”选项按钮。如果显示则为 True；否则为 False。

默认为 False。

(3) AllowPrintToFile，是否启用“打印到文件”复选框。如果启用，则为 True，否则为 False。默认为 True。

(4) AllowSelection，获取或设定一个值，指示是否启用了“页码范围”选项按钮。如果启用则为 True，否则为 False。默认为 False。

(5) AllowSomePages，是否启用“页”选项按钮。如果启用则为 True，否则为 False。默认为 False。

【例 5-4】创建一个 Windows 应用程序，向窗体中添加一个 PrintDialog 控件、一个 PrintDocument 控件和一个 Button 控件。在 Button 控件的 Click 事件中设置 PrintDialog 控件的相应属性，代码如下，最后打开“打印”设置窗体，如图 5-5 所示。

```
Private Sub Button1_Click(sender As Object, e As EventArgs) Handles Button1.Click
    '设置 PrintDialog 控件的 Document 属性，设置操作文档
    PrintDialog1.Document = PrintDocument1
    '启用“打印到文件”复选框
    PrintDialog1.AllowPrintToFile = True
    '显示“当前项”按钮
    PrintDialog1.AllowCurrentPage = True
    '启用“选择按钮”
    PrintDialog1.AllowSelection = True
    '启用“页”按钮
    PrintDialog1.AllowSomePages = True
    PrintDialog1.ShowDialog()
End Sub
```

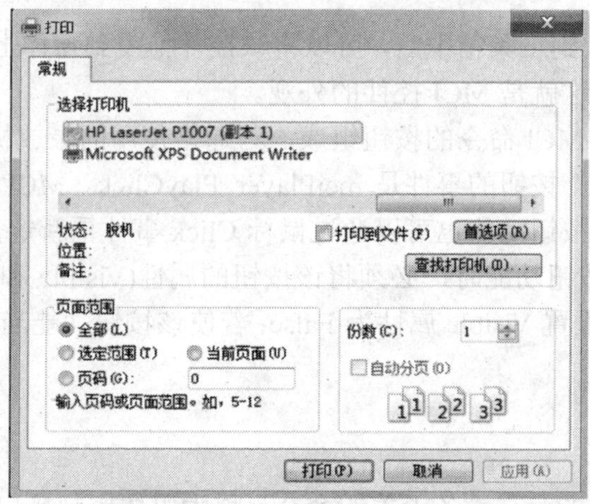

图 5-5　“打印”对话框

5.2　多媒体控件

设计多媒体程序，关键是对多种媒体设备的控制和使用，在 VB.NET 中主要通过使用

Windows 系统中对多媒体支持的 MCI 来实现。

MCI(Multimedia Control Interface，媒体控制接口)是 Windows 系统定义的多媒体接口标准，是多媒体设备和多媒体应用软件之间进行设备无关沟通的桥梁，MCI 接口包括 CDAudio(激光唱机)、Scanner(图像扫描仪)、VCR(磁带录像机)、Videodisc(激光视盘机)、DAT(数字化磁带音频播放机)、Digital Video(窗口中的数字视频)、Overlay(窗口中的模拟视频叠加设备)、MMMovie(多媒体影片演播器)、Sequencer(MID 音序设备)、WaveAudio(波形音频设备)和 Other(未定义的 MCI 设备)等多媒体的主要产品。MCI 的最大优点是应用系统与设备的无关性，对于标准多媒体设备，安装相应的 Windows 的 MCI Driver，Windows 即可对该设备进行操作访问；对于非标准的多媒体设备，只要有厂家提供的 MCI Driver 也一样可以操作。由于 MCI 的这种无关性，程序员在多媒体应用系统的开发中，无须了解每种产品细节，就能开发出通用的多媒体应用系统。那么在 VB.NET 中如何使用 MCI 呢？它是通过 VB.NET 控件提供的功能来实现的。

1. 添加 MCI 控件

MCI 控件是 VB.NET 提供的一个控件，可以使用它来管理 MCI 设备，编写多媒体应用程序。

MCI 是 ActiveX 控件，一般情况下，该控件不出现在工具箱里，可以按照如下步骤将它加入到工具箱中。

在工具箱中单击鼠标右键，在弹出的快捷菜单中选择“选择项”命令，打开“选择工具箱项”对话框，在“COM 组件”选项卡中选中 Microsoft Multimedia Control 前的复选框，单击“确定”按钮即可将控件加入到工具箱中。

2. MCI 控件的基本功能

当把 MCI 控件加入到工具箱中后，可以将该控件拖曳到窗体上。这时可以看到，在窗体上出现了 9 个按钮，这就是 MCI 控件的外观。

该控件由一组执行 MCI 命令的按钮组成，与通常使用的录放机上的按钮类似。

例如，单击“播放”按钮的事件是 mciPlayer_PlayClick。MCI 控件在设计或运行时可以是可见或隐藏的，其按钮功能也可以通过鼠标 Click 事件重新定义。

当需要使用 MCI 按钮功能时，必须将该按钮的属性(Visible 和 Enabled)设为 True；若不需要该按钮时，必须设置 Visible 属性为 False；若使该按钮功能当前无效时，设置 Enabled 属性为 False。

3. MCI 命令

MCI 使用一套高级的、与设备无关的命令，称为媒体控制接口命令，可以控制多种媒体设备。

MCI 控件命令的使用方法是通过控件的 Command 属性来执行，例如：

```
mciPlayer.Command="Open"
```

上述语句表示打开指定的多媒体设备。对于命令及属性的具体使用方法，将通过具体的实例来说明。

【例 5-5】使视频文件在 PictureBox 中播放。

在窗体的 Form_Load 事件中添加下面的代码。

```
Private Sub FrmMPlayer_Load(sender As Object, e As EventArgs) Handles MyBase.Load
    mciPlayer.hWndDisplay = picDisplay.Handle.ToInt32
End Sub
```

播放 AVI 文件的关键是要将 MCI 控件的 DeviceType 属性设置为 AviVideo。为播放器添加播放 WAV、MIDI 和 MPEG 等文件的功能。在“打开文件”按钮的 Click 事件中继续添加代码。

```
Private Sub btnOpenFile_Click(sender As Object, e As EventArgs) Handles btnOpenFile.Click
    Dim dlgOpen As New OpenFileDialog
    dlgOpen.Filter = "avi 格式|*.avi|wav 格式|*.wav|mid 格式|*.mid" + _
                          "|mpg 格式|*.mpg|dat 格式|*.dat|mp3 格式|*.mp3"
    dlgOpen.Title = "打开媒体文件"
    If dlgOpen.ShowDialog = Windows.Forms.DialogResult.OK Then
        mciPlayer.Command = "close"
        '判定打开了哪种类型的文件
        Select Case dlgOpen.FilterIndex
            'AVI 格式
            Case 1
                Me.mciPlayer.DeviceType = "avivideo"
            'WAV 格式
            Case 2
                Me.mciPlayer.DeviceType = "wavaudio"
            'MDI 格式
            Case 3
                Me.mciPlayer.DeviceType = "sequencer"
            'MPEG 格式
            Case 4, 5, 6
                Me.mciPlayer.DeviceType = "mpegvideo"
            Case Else
                MsgBox("无效的文件格式")
                Exit Sub
        End Select
        Me.mciPlayer.FileName = dlgOpen.FileName
        MsgBox(dlgOpen.FileName)
        Me.mciPlayer.Command = "open"
        Me.mciPlayer.Command = "play"
    End If
```

5.3 其他常用控件

5.3.1 选项卡控件(TabControl)

TabControl 控件是包含选项卡的容器，选项卡通过 TabPages 属性添加的 TabPage 对象表示。操作步骤如下。

(1) 首先在窗体上添加 TabControl 控件。

(2) 从控件属性表中选择 TabPages 属性，单击右端带“…”的小按钮，系统弹出“TabPage 集合编辑器”对话框，可以从中添加、移除选项卡，或者调整选项卡的顺序，编辑各个选项卡的标题、字体等属性。集合中的选项卡顺序反映了选项卡在控件中出现的顺序。

(3) 选项卡编辑完成后，就可以单击选项卡进行切换，在其中添加所需的控件。

TabControl 容器由各个 TabPage 选项卡控件组成。如图 5-6 所示。TabPage 类的成员(例如 ForeColor 属性)只影响选项卡的矩形工作区，而不影响选项卡标题区和其他选项卡。

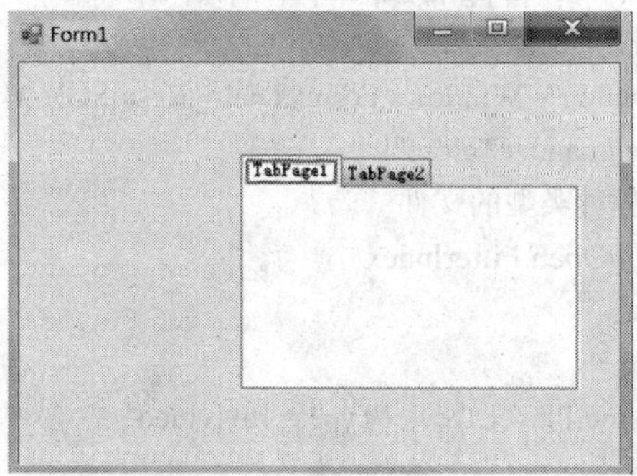

图 5-6 选项卡控件显示

TabPage 的 Hide 方法不会隐藏选项卡。若要隐藏选项卡，必须从 TabPages 集合中移除 TabPage 控件。

程序运行后，用户可以通过单击控件中的某一选项卡来更改当前的TabPage。也可以使用TabControl属性的SelectedIndex或SelectedTab，以编程的方式更改当前的TabPage。

其中，SelectedIndex 是 TabControl 选项卡的序号属性，若有 n 个卡页，则 SelectedIndex 的值为 0~n−1；SelectedTab 是选项卡的 Name 属性值。

例如，以下两行语句等价，都是选择第二个选项卡。

```
tabControl1.SelectedIndex=1
tabControl1.SelectedTab=tabPage2
```

5.3.2 进度条控件(ProgressBar)

ProgressBar 控件又称进度条控件，是一个应用很广的控件，可以在需要执行较长的程序过程中用它来指示当前任务执行的进度，如果这样的过程中没有视觉提示，用户可能会认为应用程序不响应，通过在应用程序中使用 ProgressBar 控件，可以告诉用户应用程序正在执行任务且仍在响应。

ProgressBar控件常用属性有Maximum、Minimum、Step、Value；常用的方法有PerformStep、Increment。

1) 常用属性

- Maximum、Minimum 属性：指 ProgressBar 控件可变化的最大和最小值。
- Step 属性：ProgressBar 控件调用 PerformStep 方法时增长的步长。
- Value 属性：ProgressBar 控件当前的位置值。

2) 常用方法

- PerformStep 方法：按照 Step 属性的数量增加进度栏的当前位置。
- Increment 方法：按指定的数量增加进度栏的当前位置。

【例 5-6】在窗体上放置一个 ProgressBar 控件和三个 Button 控件。

编写程序如下，运行结果如图 5-7 所示。

```
    Private Sub Button1_Click(sender As Object, e As EventArgs) Handles Button1.Click
        Dim i As Integer = 0
        ProgressBar1.Value = 0
        ProgressBar1.Minimum = 0
        ProgressBar1.Maximum = 100
        For i = 1 To 100
            ProgressBar1.Value += 1
            System.Threading.Thread.Sleep(100)
        Next
    End Sub
    Private Sub Button2_Click(sender As Object, e As EventArgs) Handles Button2.Click
        Dim i As Integer = 0
        If ProgressBar1.Value >= ProgressBar1.Maximum Then
            ProgressBar1.Value = 0
        End If
        ProgressBar1.Step = 15
        ProgressBar1.Minimum = 0
        ProgressBar1.Maximum = 100
        ProgressBar1.PerformStep()
    End Sub
Private Sub Button3_Click(sender As Object, e As EventArgs) Handles Button3.Click
        ProgressBar1.Minimum = 0
        ProgressBar1.Maximum = 100
        Dim i As Integer = CInt(InputBox("输入要增加的量", , "15"))
        ProgressBar1.Increment(i)
    End Sub
```

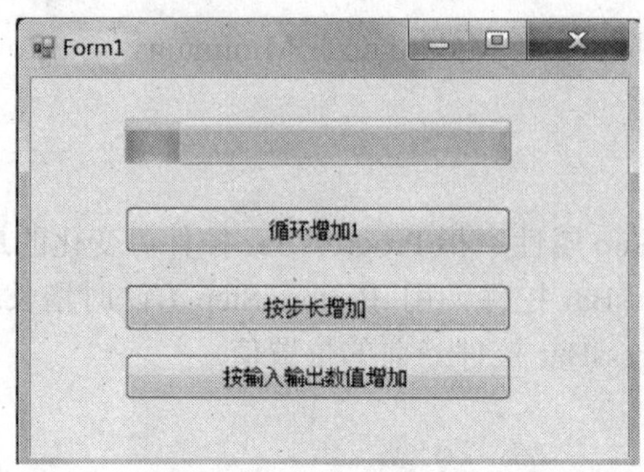

图 5-7　进度条控件显示

5.4　实训练习

【例 5-7】下列代码的作用是，通过在 VB.NET 中创建一个 OpenFileDialog 实例，并设定此实例的各个属性值，来定制一个可以选择多个文件的文件选择对话框，并把使用此对话框选择的多个文件名通过提示框显示出来。

新建一个 Windows 窗体应用程序，在 Form1 上拖曳一个 OpenFileDialog1 和 Button1。在 Button1 下的按钮输入如下程序。

```
Private Sub Button1_Click(sender As Object, e As EventArgs) Handles Button1.Click
        Dim strFileName() As String
        '定义一个字符串数组
        Dim OpenFileDialog1 As System.Windows.Forms.OpenFileDialog = New
System.Windows.Forms.OpenFileDialog()
        '创建一个 OpenFileDialog 实例
        With OpenFileDialog1
            .Filter = "Text files (*.txt)|*.txt|All files (*.*)|*.*"
            '设定文件类型过滤条件为文本类型和全部文件
            .FilterIndex = 1
            '设定打开文件对话框默认的文件过滤条件
            .InitialDirectory = "C:\"
            '设定打开文件对话框默认的目录
            .Title = "打开文件"
            '设定打开文件对话框的标题
            .Multiselect = True
            '设定可以选择多个文件
            .ReadOnlyChecked = False
            '设定选中"只读"复选框
            .ShowReadOnly = True
            '设定显示"只读"复选框
        End With
        '设定打开文件对话框的样式和功能
```

```
If OpenFileDialog1.ShowDialog() = DialogResult.OK Then
    ' 显示打开文件对话框，并判断单击对话框中的"确定"按钮
    strFileName = OpenFileDialog1.FileNames
    Dim s As String
    Dim i As Integer
    For i = 0 To strFileName.Length - 1
        s = s + strFileName(i) + Chr(10) + Chr(13)
    Next
    '处理打开文件选择框选择的文件
    MessageBox.Show(s, "选择的文件名列表")
End If
```

如图 5-8 所示是上述代码定制的“打开文件”对话框的模样，如图 5-9 所示是上述程序以提示框显示的经过图 5-8 中所示的“打开文件”对话框选择的数据，即选择的多个文件名称。

图 5-8　“打开文件”对话框

图 5-9　对图 5-8 中选择的数据处理后的界面

习题

1. 选择题

(1) 通用对话框的类型由它的(　)属性来确定。

A. Action　　　　B. Font

C. DialogTitle　　　　D. ShowColor

(2) 通用对话框显示的标题由它的(　)属性来决定。

A. FontName　　　　B. DialogTitle

C. FileName　　　　D. ShowOpen

(3) 一个选项卡控件中每行显示几个选项卡由它的(　)属性来决定。

A. Tabs　　　　B. Tab

C. Style　　　　D. TabsPerRow

2. 编程题

(1) 设计一个如图 5-10 所示的界面，并完成如下要求。

① 当单击“前景色”按钮时，弹出“颜色”对话框，将选定的颜色作为文本框中的文字颜色。

② 当单击“背景色”按钮时，弹出“颜色”对话框，将选定的颜色作为文本框的背景颜色。

③ 当单击“字体”按钮时，弹出“字体”对话框，将选定的字体作为文本框中文字字体。

图 5-10　对话框练习

(2) 设计一个程序，界面如图 5-11 所示，并完成如下要求。

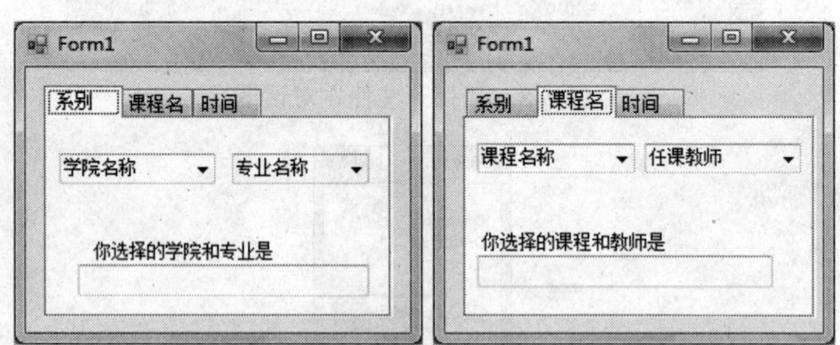

图 5-11　选项卡练习

① 在“系别”选项卡中，选定“学院名称”和“专业名称”后，在 TextBox1 文本框中将所选择的学院和专业显示出来。

② 在“课程名”选项卡中，选定课程名称和任课教师后，将课程名和教师姓名在 TextBox2 文本框中显示出来。

第 6 章

数组与集合

6.1 数组

数组是一组相同类型数据的集合。使用数组可以用一个共同的名称来表示一组变量，这些变量通过“索引”数字(下标)来区分，每个变量称为数组的一个元素(下标变量)。数组中第一个元素的下标称为下界，最后一个元素的下标称为上界，其余元素的下标是分布在上下界之间的连续的整数，并且数组在内存中也是用连续的区域来存储的。

在实际应用中，经常会遇到处理同一类型大量数据的情况，例如，要对某班级 40 人的数学成绩进行分析，如果使用数组来表示学生的成绩，只需要一个数组即可，如果用简单变量，至少需要定义 40 个简单变量。使用数组可以缩短或者简化程序的代码。

6.1.1 数组的分类

按数组的大小(元素个数)是否可以改变可分为固定大小(定长)数组和动态(可变长)数组。因为系统对每个索引值都分配空间，所以不要不切实际地声明一个太大的数组，以免造成空间的浪费。

按元素的数据类型可分为数值型数组(整型、实型)、字符串数组、逻辑型数组、日期型数组等，这些都是基本数据类型的数组，此外，数组类型也可以是 Object 类型。

按数组的维数可分为一维数组和二维数组、三维数组等多维数组。

数组的维数是指下标的个数，只有一个下标的数组是一维数组，下标个数大于 1 的数组是多维数组，其中最常见的是二维数组和三维数组。

在VB.NET中，数组的维数最多可以定义到 32，但很少有人会用到维数超过三维的数组。

与变量一样，数组按作用域分可为全局数组(应用程序级)、模块级数组和局部数组(过程级)。

- 全局数组：在标准模块的声明部分使用 Public 声明，其作用范围是整个应用程序，可以在应用程序的所有模块中访问该数组。

- 模块级数组：在模块的声明部分使用 Private 或 Dim 语句(二者等价)声明，模块级数组只在声明它的模块中可用。
- 过程级数组：在过程中使用 Dim 或 Static 语句声明，只能在本过程中使用。使用 Static 声明的静态数组，在过程的两次执行之间它的所有元素的值均被保留。

6.1.2 一维数组

1. 一维数组的声明

数组的声明格式和简单变量的声明格式相似，具体格式如下。

格式一：Dim 数组名(下标上界) As <数据类型>

例如：

```
Dim arrData(2) As String
```

该语句定义了一个长度为 3 的一维数组 arrData。它的下标的范围为 0~2，即可以访问 arrData(0)、arrData(1)和 arrData(2)三个数组元素，且其数据类型都是 String。

```
Dim arrA(5) As Integer
```

数组 arrA 有 6 个元素 arrA (0)、arrA (1)、…、arrA (5)，数据类型都是 Integer。

说明：

(1) 按作用域不同，声明数组的关键字 Dim 可以换成 Public、Static。

(2) 数组名的命名规则与变量的命名规则相同。

(3) VB.NET 数组下界为 0，且不能使用旧版本 VB 中的 Option Base 语句将下界改为 1，也不支持声明时用类似“1 to 10 ”来指定上、下界。所以，数组的元素个数为：下标上界加 1。

(4) 在 VB.NET 中，声明数组时，下标上界可以是整型常量、变量或表达式。

例如：

```
Dim m As Integer
m = 5
Dim arrA (m) As Integer    '数组 arrA 声明时的下标上界为变量 m
```

一般情况下，在声明数组时，下标上界最好用常量或常量表达式。

(5) 声明数组时的下标上界最好是整型数据，如果是浮点数，系统会自动四舍五入取整。

```
Dim arrA (4.5) As Intege    '下标上界为 5
```

(6) 数组中各元素在内存占一片连续的存储空间。

格式二：Dim 数组名() As 数据类型 1=New 数据类型 2 (<下标上界>){}

这是用 New 子句来创建数组，需要注意的是，使用这种格式创建数组时，数据类型 2 和数据类型 1 必须相同，下标上界后面的一对大括号{}不能省略。该语句的格式还可以改为以下两种。

(1) Dim 数组名 As 数据类型 1()=New 数据类型 2 (<下标上界>){}

(2) Dim 数组名=New 数据类型 2 (<下标上界>){}

例如，以下 3 种格式是等效的，arrA 都是一个包含 5 个元素的整型数组。

```
Dim arrA()  AsvInteger=New Integer(4){}
Dim arrA  As  Integer()=New Integer(4){}
Dim arrA=New Integer(4){}
```

2. 一维数组的引用

引用形式：数组名(下标)

定义了数组后可以引用数组元素，每个数组元素有一个唯一序号，称为下标，下标可以是整型常量、变量或表达式。如果下标不是整数，系统会自动四舍五入取整。

例如，设数组 arrA 的定义如下。Dim arrA(10), arrB(10) As Integer，则下面的语句都是正确的：

```
arrA(1) = arrA(2) + arrB(1) + 5        '下标是整数
arrA(i) =arr B(i)                      '下标使用变量
arrB(i+1) = arrA(i+2)                  '下标使用表达式
```

引用数组元素时，VB.NET 对下标范围进行检查，正确的下标范围是 0 到下标上界，超出范围会提示相应错误信息“索引超出了数组界限”。

在正常的下标范围内，数组元素的使用规则和同类型的简单变量相同。

3. 一维数组的基本操作

1) 数组的初始化

数组的初始化是指在声明数组的同时为数组元素赋初值，具体格式有以下两种。

格式一：Dim 数组名() As 数据类型={表达式 1,表达式 2,...,表达式 n}

格式二：Dim 数组名 As 数据类型()={表达式 1,表达式 2,...,表达式 n}

例如：Dim arr A() As Integer={1,2,3,4,5}

一维数组初始化时需要注意以下几点。

(1) 对数组进行初始化时，不能指定数组上界。上例中，如果采用以下格式初始化：Dim arrA(5) As Integer= {1,2,3,4,5}，运行时会提示如下错误信息“对于用显式界限声明的数组不允许进行显式初始化”。

(2) 数组长度由花括号内的数据个数决定。上例中数组 arrA 的长度为 5。

(3) 如果对数组不进行显式初始化，系统会进行隐式初始化。数值型数组被初始化为 0，字符型被初始化为空串""，布尔型数组初始化为 False，日期型数组被初始化为 01/01/0001 00:00:00。

采用 New 子句，也可以对数组初始化，具体格式如下。

格式三：Dim 数组名() As 数据类型 1=New 数据类型 2(){表达式 1,表达式 2,…,表达式 n}

例如：Dim arrA() As Single = New Single() {1,2,3,4,5}

在使用 New 子句初始化一维数组时需要注意以下几点。

(1) 与用 New 子句声明数组时相同，初始化时，数组名后的圆括号可以放到数据类型 1 后面，也可以将数组名后的圆括号、As 和数据类型 1 都省略。

(2) 通常数据类型 2 后的圆括号中不指定下标上界，元素个数由在大括号{}中提供的数值个数决定。但也可以同时提供下标上界和元素值，此时，必须为数组的每个元素都提供初始值，即大括号中的数值个数必须为下标上界加 1。如上例的声明可改为以下形式。

```
Dim arrA() As Single = New Single(4) {1,2,3,4,5}
```

2) 数组的整体赋值

数组的整体赋值是指先声明数组，然后用赋值语句对其进行整体赋值。相当于将数组初始化分为两步进行。具体格式如下。

```
Dim 数组名(下标上界 n) As 数据类型
数组名={表达式 1,表达式 2,…, 表达式 n, 表达式 n +1}
```

例如：

```
Dim arrA(4) As Integer
arrA= {1,2,3,4,5}
```

在 VB.NET 中，也可以用一个已知数组给另一个数组进行一次性赋值，只要这两个数组的数据类型相同即可。例如：

```
Dim arrA(4) As Integer={1,2,3,4,5}
Dim arrB(4) As Integer
arrB=arrA    'arrA 各元素值分别赋值给 arrB 的对应元素，即 arrB(0)~ arrB (4)分别为 1、2、3、4、5
```

3) 通过循环在程序中逐个为数组元素赋值

在编写程序时已经能够确定各元素值的，可以在循环体中通过赋值语句赋值。例如：

```
Dim arrA(9) As Integer    'arrA 数组索引值范围为 0~9
For i = 0 To 9
  arrA (i) = i+1          'arrA 数组的元各素值分别为 1,2,3,…,9,10
Next i
```

如果是在程序运行时给数组赋值，可以通过 TextBox 控件或 InputBox 函数逐个输入数组各元素值，如果是控制台应用程序，可以用 read 或 readline 来实现。例如，输入 10 个数，存入数组 arrA 中，代码如下。

```
Dim arrA (9) As Integer
For i = 0 To 9
  arrA (i) =Val( InputBox(" 输入 A(" & i & ") 的值") )
Next i
```

4) 数组的输出

数组不能通过数组名进行整体输出，只能逐个输出数组元素。具体地，通过循环结构，使用 TextBox 控件、Label 控件或 MessageBox 函数输出数组元素的值。如果是控制台应用程序，可以用 Console.Write 或 Console.WriteLine 来输出。例如：

```
For i = 0 To 9
    Call MessageBox.Show(A(i))
Next i
```

从 For 语句可以看出，循环的次数与数组元素个数相同，一般情况下，循环控制变量的初值为零，终值与数组下标上界相同。

5) For Each…Next 循环的使用

利用 For Each…Next 循环可以遍历数组中的每个元素，例如：

```
Dim arrA () As String={"A","B","C","D","E"}
For Each str As String In arrA
   Call MessageBox.Show(str)
Next str
```

该语句可以令 str 依次取数组 arrA 中的每个元素值，遍历数组 arrA。不论数组有多少个元素，代码都适用。

【例 6-1】创建一个窗体应用程序，程序运行结果如图 6-1 所示。要求定义一个包含 10 个元素的一维数组，数组元素值是随机产生的 10 个 100 以内的整数，求数组中最大元素及所在位置。

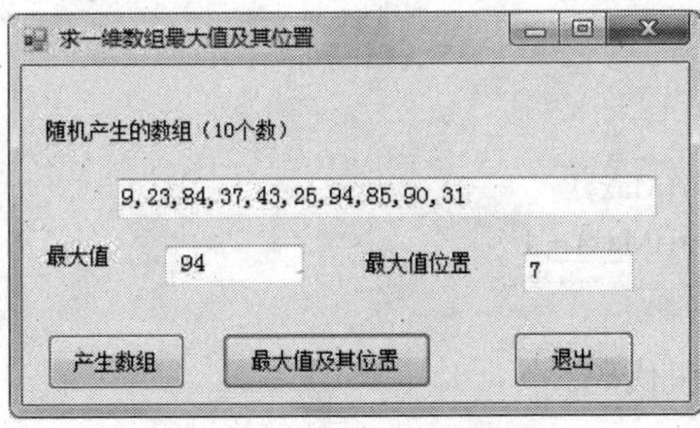

图 6-1　例 6-1 运行结果

分析：

(1) 按照如图 6-1 所示窗体设计应用程序界面。

(2) 用一维数组表示 10 个随机数，“产生数组”按钮来产生随机数，并在文本框中显示出来。

(3) 用两个变量分别表示最大数及其位置。两个变量初值取数组的第一个数及其位置，利用循环，逐个与数组其他元素比较。“最大值及其位置”按钮的代码用来查找最大值及其位置，并显示到相应文本框中。

实现步骤：

(1) 启动 VS2013，创建窗体应用程序(见图 6-1)。

(2) 按照如图 6-1 所示窗体设计应用程序界面。修改三个标签控件、按钮控件的 Text 属性。

(3) 在代码窗口中定义模块级一维数组 arrA(9)。

(4) 编写“产生数组”按钮的代码。Private 程序运行结果如图 6-1 所示。

```
Sub Button1_Click(sender As Object, e As EventArgs) Handles Button1.Click
    Dim i As Integer
    Randomize()
    TextBox1.Text = ""
    For i = 0 To 9
        A(i) = Int(100 * Rnd())
        TextBox1.Text = TextBox1.Text + CStr(A(i)) + ","
    Next
    TextBox1.Text = Mid(TextBox1.Text, 1, Len(TextBox1.Text) - 1)
End Sub
```

(5) 编写“最大值及其位置”按钮的代码。

```
Private Sub Button2_Click(sender As Object, e As EventArgs) Handles Button2.Click
    Dim Max, IMax As Integer
    Max = A(0) : IMax = 0
    For i = 1 To 9
        If A(i) > Max Then
            Max = A(i)
            IMax = i
        End If
    Next i
    TextBox2.Text = Str(Max)
    TextBox3.Text = Str(IMax) + 1
End Sub
```

(6) 编写“退出”按钮代码。

```
Private Sub Button3_Click(sender As Object, e As EventArgs) Handles Button3.Click
    Application.Exit()
End Sub
```

(7) 运行程序。

6.1.3 二维数组

1. 二维数组的声明

声明二维数组时，除了需要指定两个下标上界外，其余都与声明一维数组的格式相同，两个下标在括号中用逗号分开，具体格式如下。

格式一：Dim 数组名(下标 1 上界,下标 2 上界) As 数据类型

格式二：Dim 数组名 数据类型(下标 1 上界,下标 2 上界)

例如：Dim arrA(2,3) As Single

该语句声明了一个 3 行 4 列的二维数组，二维数组在内存的存放顺序是先行后列。例如，数组 arrA 的各元素在内存中的存放顺序是：arrA(0,0)~arrA(0,3)→arrA(1,0)~arrA(1,3)→arrA (2,0)~arrA (2,3)。

也可以使用 New 子句创建二维数组，格式如下。

```
Dim 数组名(,) As 数据类型 1=New 数据类型 2(下标 1 上界,下标 2 上界){}
```

例如：Dim arrB(,) As Integer=New Integer(2,3){}

使用 New 子句创建二维数组时，除了要加两个下标上界外，其余都与创建一维数组相同。

2. 二维数组的引用

引用格式：

```
数组名(下标 1, 下标 2)    '下标可以是整型变量、常量或表达式
```

例如：

```
arrA (1,2) = 10
arrA (i+2,j) = arrA (2,3) * 2
```

在程序中常常通过双重循环来操作二维数组。

3. 二维数组的基本操作

1) 二维数组的初始化

对一个 m 行 n 列的二维数组，可以采用以下格式进行初始化。

格式一：Dim 数组名(,) As 数据类型={{第 1 行元素初值序列 },{第 2 行元素初值序列},⋯,{ 第 m 行元素初值序列}}

在每行的元素初值序列中，各个数值要用逗号分开。例如：

```
Dim arrA(, ) As Integer = {{1, 2, 3, 4}, {5, 6, 7, 8}, {9, 10, 11, 12}}
```

采用这种格式对二维数组进行初始化时，也不能指定数组的下标上界，如果将上述语句改为: Dim arrA(2, 3) As Integer = {{1, 2, 3, 4}, {5, 6, 7, 8}, {9, 10, 11, 12}}，系统也会报错。

使用 New 子句初始化二维数组的格式为：

```
Dim 数组名(,) As 数据类型 1=New 数据类型 2(下标 1 上界，下标 2 上界) {{第 1 行元素初值序列},{第
2 行元素初值序列},⋯,{ 第 m 行元素初值序列}}
```

例如：

```
Dim arrA(, ) As Integer = New Integer(,){{1, 2, 3, 4}, {5, 6, 7, 8}, {9, 10, 11, 12}}
```

该语句也可以改为如下形式。

```
Dim arrA(, ) As Integer = New Integer(2,3){{1, 2, 3, 4}, {5, 6, 7, 8}, {9, 10, 11, 12}}
```

2) 二维数组的整体赋值

对已定义的 *m* 行 *n* 列二维数组，整体赋值格式如下。

```
数组名={{第 1 行元素初值序列},{第 2 行元素初值序列},…,{第 m 行元素初值序列}}
```

其中每一行的初值序列都包含 *n* 个数值。例如：

```
Dim arrA(2,3 ) As Integer
arrA= {{1, 2, 3, 4}, {5, 6, 7, 8}, {9, 10, 11, 12}}
```

如果两个相同数据类型的数组的维数和长度都相等，也可以用一个数组给另一个数组赋值。例如：

```
Dim arrA(2,3) As Integer = {{1, 2, 3, 4}, {5, 6, 7, 8}, {9, 10, 11, 12}}
Dim arrB(2,3) As Integer
B=A
```

3) 通过循环给二维数组赋值

需要两层循环的嵌套，外层循环控制变量对应下标 1，内层循环控制变量对应下标 2，例如：

```
Dim arrA(2, 3) As Integer        ' arrA 是 3×4 的二维数组
Dim i, j As Integer
For i = 0 To 2              ' i 对应下标 1，初值为 0，终值为下标 1 上界
  For j = 2 To 3            'j 对应下标 2，初值为 0，终值为下标 2 上界
    arrA(i, j) = i * j
  Next j
Next i
```

如果要在程序运行时，逐个输入二维数组的各元素值，可将语句 arrA(i, j) = i * j 改为由 TextBox 控件或 InputBox 函数输入元素值。例如：

```
arrA(i, j) = Val(InputBox("arrB (" & i & "," & j & ")=?"))
```

4) 二维数组的输出

通过循环输出二维数组时也需要双重循环，外层循环控制变量对应下标 1，内层循环控制变量对应下标 2，在循环体内添加对应的输出语句。具体数值可以输出到 TextBox 控件、Label 控件中，或用 MessageBox 函数输出数组元素的值，如果是控制台应用程序，可以用 Console.Write 或 Console.WriteLine 来输出。例如：

```
Dim arrA(2, 3) As Integer        '3×4 的二维数组
Dim i, j As Integer
For i = 0 To 2            'i 对应下标 1，初值为 0，终值为下标 1 的上界
    For j = 2 To 3            'j 对应下标 2，初值为 0，终值为下标 2 的上界
        Call MessageBox.Show(arrA(i,j))
    Next j
Next i
```

【例 6-2】定义一个 3 行 4 列整型二维数组 arrA，从键盘上输入各元素值，求最大元素及其所在的位置。

分析：用变量 Max 存放最大值，变量 Row 和 Col 分别存放最大值所在的行号和列号。最大值位置就是 Row+1 行、Col+1 列。查询最大值时，Max 及其位置先取 arrA(0,0)的值和下标，再用循环语句逐个元素比较。

实现：创建一个窗体应用程序，编写窗体的单击事件过程，代码如下。

```
Private Sub Form1_Click(sender As Object, e As EventArgs) Handles MyBase.Click
    Dim a(2, 3) As Integer
    Dim i, j As Integer
    Dim Max, Row, Col As Integer
    For i = 0 To 2
        For j = 0 To 3
            a(i, j) = Val(InputBox("a (" & i & "," & j & ")=?"))
        Next j
    Next i
    Max = a(0, 0) : Row = 0 : Col = 0
    For i = 0 To 2
        For j = 0 To 3
            If a(i, j) > a(Row, Col) Then
                Max = a(i, j) : Row = i : Col = j
            End If
         Next j
     Next i
     Call MessageBox.Show("最大元素是" & Str(Max) & "  在第" & Row & "行," & "第" & Col & "
列")
End Sub
```

程序运行时会弹出消息框，依次输入数组各元素值，最后弹出消息框，显示最大元素及其所在的位置。

【例6-3】求二维矩阵的转置，即将矩阵的对应行和列的元素互换。程序运行界面如图6-2所示。

分析：为使程序的适用性更强，定义两个常量 M、N，用于表示 M+1 行 N+1 列的二维数组组成的矩阵，矩阵的输入输出都用双重循环实现。转置矩阵采用逐个元素赋值法赋值，也要在双重循环中完成。

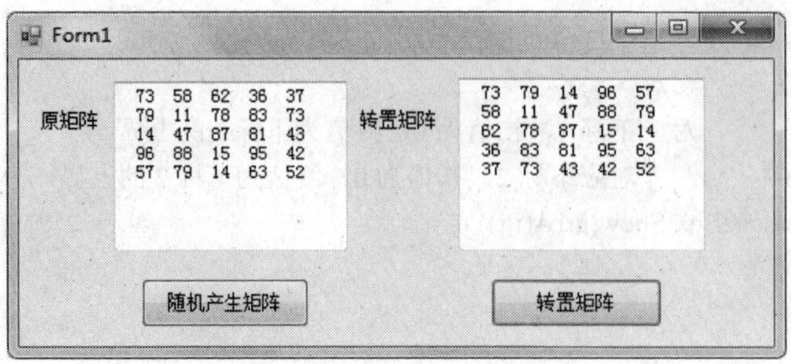

图 6-2 矩阵转置

编写代码如下。

```
Const M =4, N = 4
Private Sub Form1_Click(sender As Object, e As EventArgs) Handles MyBase.Click
    Dim A(M, N), Temp As Integer          '声明(M+1) × (N+1)二维数组 A
    For i = 0 To M
       For j = 0 To N
          arr A(i, j) = 2 * i               '赋初值
       Next j
    Next i
    Dim str As String = ""
    For i = 0 To M
        For j = 0 To N
            str = str & arrA(i, j) & "   "
        Next j
        str = str & vbCrLf
    Next i
    str = str & vbCrLf
    For i = 0 To M
        For j = i To N
            Temp = arrA(i, j) : arrA(i, j) = arrA(j, i) : arrA(j, i) = Temp     ' 互换
        Next j
     Next i
     For i = 0 To M
          For j = 0 To N
              str = str & arrA(i, j) & "   "
          Next j
          str = str & vbCrLf
     Next i
     Call MessageBox.Show(str)
End Sub
```

【例 6-4】编程实现两矩阵相乘。

矩阵用二维数组表示，两个矩阵如果要相乘，要求第一个矩阵的列数要与第二个矩阵

的行数相同。即 M1 行 N 列的矩阵只能与 N 行 M2 列的矩阵相乘，积为 M1 行 M2 列的矩阵。程序运行界面如图 6-3 所示。

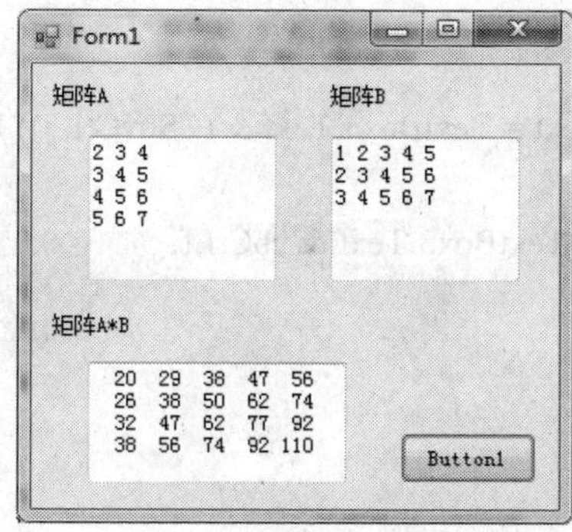

图 6-3　矩阵相乘

显示矩阵时，用 String.PadLeft()限定字符串总长度，字符串长度不够时，会在左侧补空格，这样就实现了数据的右对齐。

```
Const M1 = 4, N = 3, M2 = 5
Dim A(M1-1, N-1) As Integer        '声明 M1 × N 二维数组 A
Dim B(N-1, M2-1) As Integer        '声明 N × M2 二维数组 B
Dim C(M1-1, M2-1) As Integer       '声明 M1 × M2 二维数组 C
Private Sub Form1_Load(sender As Object, e As EventArgs) Handles MyBase.Load
    Dim i, j, k As Integer
    For i = 0 To M1
        For j = 0 To N
            A(i, j) = i + j + 2
            TextBox1.Text = TextBox1.Text & (CStr(A(i, j)).PadLeft(3))
        Next j
        TextBox1.Text = TextBox1.Text & vbCrLf
    Next i
    For i = 0 To N
        For j = 0 To M2
            B(i, j) = i + j + 1
            TextBox2.Text = TextBox2.Text & (CStr(B(i, j)).PadLeft(3))
        Next j
        TextBox2.Text = TextBox2.Text & vbCrLf
    Next i
End Sub
Private Sub Button1_Click(sender As Object, e As EventArgs) Handles Button1.Click
    For i = 0 To M1
        For k = 0 To M2
            For j = 0 To N
                C(i, k) = C(i, k) + A(i, j) * B(j, k)     ' 生成新数组
            Next j
```

```
            Next k
        Next i
        For i = 0 To M1
            For j = 0 To M2
                TextBox3.Text = TextBox3.Text & (CStr(C(i, j)).PadLeft(4))
            Next j
            TextBox3.Text = TextBox3.Text & vbCrLf
        Next i
End Sub
```

6.1.4 多维数组

定义多维数组的格式如下。

```
Dim 数组名(下标上界 1,下标上界 2,…) As 数据类型
```

例如：

```
Dim arrA(5,5,5) As Integer          '声明 arrA 是三维数组
Dim arrB(2,6,10,5) As Integer       '声明 arrB 是四维数组
```

多维数组的操作与二维数组类似，可以用 For 循环的嵌套来处理。

当增加数组的维数时，数组所占的存储空间会大幅度增加，所以要慎用多维数组。

6.1.5 交错数组

交错数组是一种特殊的数组，即数组中每个元素本身又是一个一维或多维数组，称为"数组的数组"，即交错数组。其实交错数组的元素还可以是交错数组。在实际应用中，经常会遇到一些特殊情况，数据虽然是二维表的形式，但每行的数据个数不同，用数组表示这些数据时，数组的形状是交错的，不再是矩形。

1. 交错数组的声明

1) 交错数组的元素为一维数组

定义元素为一维数组的交错数组格式如下。

格式一：Dim 数组名(下标上界)() As 数据类型

采用该格式声明交错数组时，数组名后必须用两对圆括号，而且下标上界要在第一对圆括号中指定。例如：

```
Dim arrA(3)() As String   '表示声明的交错数组包含 4 个元素，且 4 个元素 arrA(0)~arrA(3)也都是一维数组，只是它们的下标上界可能不同。
```

采用 New 子句也可以定义交错数组，格式如下。

格式二：Dim 数组名()() As 数据类型 1= New 数据类型 2(下标上界)(){}

例如：

```
Dim arrA()() As String=New string(3)(){}    '声明了包含 4 个元素的交错数组，而且 4 个元素都是一维数组。
```

采用格式二声明交错数组时，数组名后的两对圆括号可以放到数据类型 1 后，但下标上界只能在数据类型 2 后的第一对圆括号中指定。

2) 交错数组的元素为多维数组

(1) 如果交错数组的元素为二维数组，声明格式如下。

格式一：Dim 数组名(下标上界)(,) As 数据类型

格式二：Dim 数组名()(,) As 数据类型 1= New 数据类型 2(下标上界)(,){}

例如，下列程序段将定义一个由二维数组作为元素的交错数组。

```
Dim arrA(,)  As Integer = {{1, 2, 3}, {4, 5, 6}}          'arrA 是 2 ×3 的二维数组
Dim arrB(,)  As  Integer = {{1, 2}, {3, 4}, {5, 6},{7,8}}    ' arrB 是 4 ×2 的二维数组
Dim arrAB(1)(,) As Integer       '定义包含两个元素的交错数组 arrAB
arrAB(0) = arrA          '交错数组第一个元素赋值为二维数组 arrA
arrAB(1) = arrB          '交错数组第二个元素赋值为二维数组 arrB
```

(2) 如果交错数组的元素为三维数组，则声明格式如下。

格式一：Dim 数组名(下标上界)(,,) As 数据类型

格式二：Dim 数组名()(,,) As 数据类型 1= New 数据类型 2(下标上界)(,,){}

3) 交错数组的元素为交错数组

如果交错数组的元素为交错数组，则声明格式如下。

格式一：Dim 数组名(下标上界)()() As 数据类型

格式二：Dim 数组名()()() As 数据类型 1= New 数据类型 2(下标上界)()(){}

例如，下列程序段中，arrA 就是一个元素为交错数组的交错数组。

```
Dim arrA1() As Integer = {1, 2, 3}              'arrA1 是上界为 2 的一维数组
Dim arrA2() As Integer = {4, 5, 6, 7}           'arrA2 是上界为 3 的一维数组
Dim arrA(1)() As Integer        'arrA 是由数组 arrA1、arrA2 作为元素的交错数组
arrA(0) = arrA1
arrA(1) = arrA2
Dim arrB1() As Integer = {11, 22}               'arrB1 是上界为 1 的一维数组
Dim arrB2() As Integer = {33, 44, 55}           'arrB2 是上界为 2 的一维数组
Dim arrB3() As Integer = {66,77,88,99}          'arrB3 是上界为 3 的一维数组
Dim arrB(2)() As Integer          'arrB 是由数组 arrB1、arrB2、arrB3 作为元素的交错数组
arrB(0) = arrB1
arrB(1) = arrB2
arrB(2) = arrB3
Dim arrAB(1)()() As Integer       'arrAB 是上界为 1 的交错数组，且两个元素都是交错数组
arrAB(0) = arrA
arrAB(1) = arrB
```

2. 交错数组的初始化

与一般数组相同，可以在声明交错数组的同时进行初始化，例如：

```
Dim arrA()() As Integer={New Integer(){1,2,3},New Integer(){4,5,6,7}}
```

对由一维数组构成的交错数组初始化时，注意大括号中的“New Integer()”不能省略。初始化时，也可以采用 New 子句，上述初始化语句可以改为如下形式。

```
Dim arrA()() As Integer=New Integer(1)(){New Integer(){1,2,3},New Integer(){4,5,6,7}}
```

对由二维数组构成的交错数组初始化，可以采用以下几种格式。

```
Dim arrAB()(,) As Integer = {New Integer(,){{1, 2}, {3, 4}}, New Integer(,){{5, 6}, {7, 8}, {9, 10}}}
Dim arrAB()(,) As Integer = New Integer(1)(,){New Integer(,){{1, 2}, {3, 4}}, New Integer(,) {{5, 6}, {7, 8}, {9, 10}}}
Dim arrAB()(,) As Integer = New Integer()(,){New Integer(,){{1, 2}, {3, 4}}, New Integer(,) {{5, 6}, {7, 8}, {9, 10}}}
```

6.2 数组重定义

6.2.1 动态数组

在 VB.NET 中，声明数组时，省略数组上界，只是指出数据类型，则数组称为动态数组，声明格式如下。

一维数组：Dim 数组名() As 数据类型

二维数组：Dim 数组名(,) As 数据类型

三维数组：Dim 数组名(,,) As 数据类型

对于多维数组，可以以此类推进行声明。

声明动态数组时需要注意以下几点。

(1) 数组名后的括号不仅可以放在数组名后，还可以放在数据类型后，具体如下。

一维数组：Dim 数组名 As 数据类型()

二维数组：Dim 数组名 As 数据类型(,)

(2) 声明二维动态数组时，不能省略数组名后面小括号中的逗号。

(3) 对于动态数组，由于声明时它只是说明了类型，却没有在内存中分配空间(因为元素个数未定)，因此，在它没有具体实例化前是不能直接使用的。例如，下面代码在运行时会发生错误。

```
Sub Main()
  Dim arrA() As Integer
  Console.WriteLine(arrA(0))
End Sub
```

具体的错误操作信息是“未将对象引用设置到对象的实例”，原因就是未重定义动态数

组就引用其中的元素 A(0)。

(4) 也可以使用 New 子句定义动态数组，格式如下。

一维数组：Dim 数组名() As 数据类型 1=New 数据类型 2(){}

二维数组：Dim 数组名(,) As 数据类型= New 数据类型 2(){}

三维数组：Dim 数组名(,,) As 数据类型= New 数据类型 2(){}

使用 New 子句定义动态数组，同样要求数据类型 2 与数据类型 1 相同，数据类型 2 后面的圆括号和大括号都不能省略，但数组名后的圆括号、As 以及数据类型 1 都可省略。

(5) 对动态数组，可以进行初始化和整体赋值。例如：

```
Dim arrA1 As Char()={"n"c,"e"c,"t"c}      '字符数组 arrA1 初始化，长度为 3
```

该语句可以改为以下两条语句，效果是相同的。

```
Dim arrA1() As Char：arrA1={"n"c，"e"c，"t"c}
Dim arrA2() As Boolean={True,True,False,True}  '布尔型数组 arrB 初始化，长度为 4
```

该语句也可以改为以下两条等效的语句。

```
Dim arrA2() As Boolean：arrA2={True，True，False，True}
Dim arrD(, ) As Integer    '声明动态二维数组
arrD = {{1, 2, 3, 4}, {5, 6, 7, 8}, {9, 10, 11, 12}}   '二维数组 arrD 整体赋值
```

除了初始化和整体赋值，对动态数组必须用 ReDim 重新定义后才能正常使用。

6.2.2 数组重定义

1. 数组的重定义

格式：ReDim [Preserve] 数组名(上界 1[,上界 2…])

该语句用来重新定义数组，按定义的上界重新分配存储单元。当重新定义数组时，数组中的原有内容将被清除，但如果在 ReDim 语句中使用了 Preserve 选项，则不清除数组内容。

使用 ReDim 重新定义数组时需要注意下面几点。

(1) 与 Dim、Static 语句不同，ReDim 语句是一个可执行语句，只能出现在过程中。

(2) 如果想改变数组大小又不想丢失原来的数据，只要在 ReDim 语句中包含 Preserve 关键字就可以。

(3) 对于已经使用 ReDim 重定义过的动态数组，可以使用 ReDim 再次重新定义，而且再次定义的数组长度可以增加，也可以减小。

(4) ReDim 只能用来重新定义数组的长度，不能重新定义数组的维数，也不能更改数组的数据类型。

(5) 对于多维数组，在使用 Preserve 关键字时，只能修改最后一维的大小。如果不使用 Preserve 关键字，数组每一维的大小都可以更改。

例如：

```
Dim arrA(,) As Integer
ReDim arrA (2, 3)                    ' arrA 是 3×4 的二维数组
arrA (1, 1) = 10
ReDim Preserve arrA (2, 4)    ' arrA 是 3×5 的二维数组并保留 arrA (1,1)的值
redim arrA (3,5)                 ' arrA 是 4×6 的二维数组，不保留 arrA (1,1)的值
```

(6) 由于 VB.NET 中的数组都是动态的，即使声明时指定了数组上界，也可以使用 ReDim 重定义。例如：

```
Dim arrB (6) As Integer ={1, 2, 3, 4, 5, 6, 7}       ' arrB 是长度为 7 的一维数组，arrB (0)~ arrB (6)分别为
1,2,3,4,5,6,7
ReDim Preserve arrB (8)        ' arrB 是长度为 9 的一维数组，可用下标为 0~8，arrB (0)~ arrB (6)保留
原值，分别为 1,2,3,4,5,6,7
ReDim Preserve arrB(5)       'arrB 是长度为 6 的一维数组，可用下标为 0~5，arrB(0)~arrB(5)分别为
1,2,3,4,5,6
```

(7) 在 VB.NET 中所有的数组都是动态的，可以在任何时候重新定义数组的长度，即使不用 ReDim，可以使用 New 关键字来对任何一个数组进行引用，并且重新定位。

```
Dim X() As Single     '在类模块级声明
X=New Single(20){}       '相当于 ReDim x(20)
```

2. 数组的清除

在程序运行中，如果对数组进行多次重新定义，在定义前可以用 Erase 语句进行删除。

格式：Erase 数组名[, 数组名]

Erase 语句只能出现在过程级别，只能在过程中而不是在类或模块级释放数组。

Erase 语句等效于将 Nothing 分配给每一个数组元素。如果数组是数值型的，则把数组中的所有元素置为 0；如果是字符串型的，则把所有元素置为空字符串。

6.2.3 与数组操作有关的几个系统函数

1) IsArray()函数

IsArray(varName)用来判断参数varName是否为数组，如果是，返回True，否则返回False。

2) Ubound()函数和 Lbound()函数

格式：

```
UBound(<数组名>[, <N>])
LBound(<数组名> [, <N>])
```

这两个函数分别用来确定数组某一维的上界和下界值。其中 N 是可选的，一般是整型常量或变量，用于指定返回哪一维的上界或下界。1 表示第一维，2 表示第二维，以此类推。N 的默认值是 1，即 UBound(aa)与 UBound(aa,1)等价。由于 VB.NET 的数组下界都是

0，　LBound()函数值都是 0，一般不必再使用它确定数组下界。

下列代码是这两个函数的应用实例。

```
Dim aa(6),bb(10,11,12), As Integer
Dim max,min As Integer
max = UBound(aa)         'max 值为 6
max=UBound(bb)           'max 值为 10
max=UBound(bb,2)         'max 值为 11
max=UBound(bb,3)         'max 值为 12
min=LBound(aa)           'min 值为 0
min=LBound(bb)           'min 值为 0
min=LBound(bb,2)         'min 值为 0
min=LBound(bb,3)         'min 值为 0
ReDim aa(UBound(aa) + 2)   '重定义数组 aa，上界为 6+2=8
```

3) Split()函数

格式：Split(<字符串表达式> [,<分隔符>])

该函数可将一个字符串以某个指定符号作为分隔符，分离为若干个子字符串，赋值给一个一维数组。

例如：

```
Dim arrA() As String             ' 声明一个字符串数组
s = "ab/cd/ef/ghijk"             ' 以/为分隔符
arrA = Split(s, "/ ")
```

则数组 arrA(0)~arrA(3)分别为字符串 ab、cd、ef、ghijk。

【例6-5】按照如图6-4所示界面设计一个拆分字符串的应用程序，程序可以按照用户指定的分隔符拆分字符串并输出。

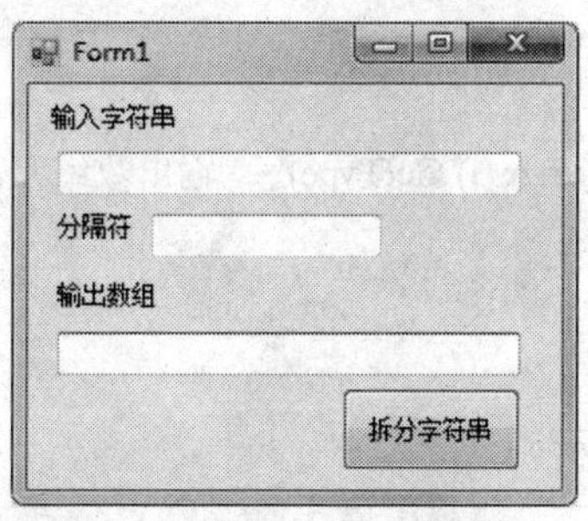

图 6-4　字符串拆分为数组

按照如图 6-4 所示界面创建窗体应用程序，添加相应的控件，运行程序时可以在 TextBox1 中输入被拆分的字符串，在 TextBox2 中输入拆分时所用分隔符，单击“拆分字符串”按钮，将字符串拆分为数组，并显示在 TextBox3 中，编写按钮的单击事件代码如下。

```
Private Sub Button1_Click(sender As Object, e As EventArgs) Handles Button1.Click
    Dim arrS() As String
    arrS = Split(TextBox1.Text, TextBox2.Text)
```

```
        For Each ss In arrS
            TextBox3.Text = TextBox3.Text & ss & "   "
        Next
    End Sub
```

6.3 对象数组

6.3.1 Object 类型数组

在 VB6.0 中，如果声明数组时不指定数据类型，或指定 Variant 类型，称为变体数组。在 VB.NET 中，取代 Variant 的是 Object 类型。Object 类型支持.NET Framework 类层次结构中的所有类，并为派生类提供低级别服务，它是.NET Framework 中所有类的最终基类。如果数组被声明为 Object 类型，可以用其保存不同类型的数据，该数组是对象数组。

在面向对象程序设计中，用户还以自定义复杂数据类型——类，数组的数据类型也可是用户自定义类的对象。例如，如果用户自定义了表示人员的类 Person，就可以用语句"Dim arrP(10) As Person"创建对象数组 arrP。

【例 6-6】分析下列程序运行结果，理解 Object 数组的使用。

```
Sub Main()
    Dim arrA(4) As Object              '声明 Object 类型数组 arrA (4)
    arrA (0) = "asdf"                  ' arrA (0) 被赋值为字符串"asdf"
      arrA (1) = 123                   ' arrA (1) 被赋值为整数 123
      arrA (2) = 45.6                  ' arrA (2) 被赋值为浮点数 45.6
      arrA(3) = True                   ' arrA (3) 被赋值为布尔型数据 True
      arrA(4) = #3/2/2016#             ' arrA (4) 被赋值为日期类型数据
      For i = 0 To 4
          Console.Write( arrA (i))
          Console.Write("     ")
          Console.WriteLine(arrA (i).GetType)     '输出数组元素的数据类型
      Next
      Console.Read()
End Sub
```

程序运行结果如图 6-5 所示。

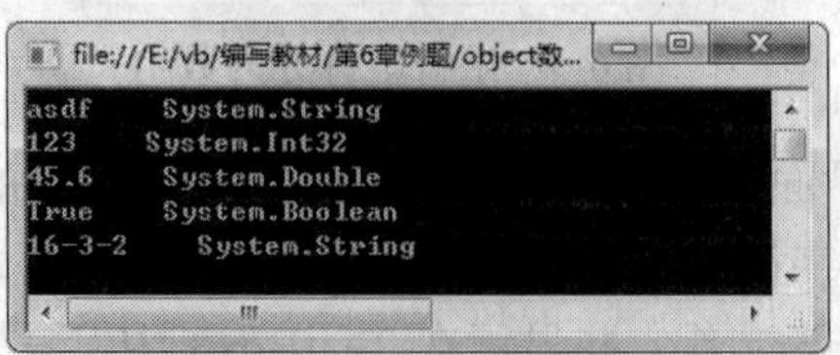

图 6-5　例 6-6 运行结果

【例 6-7】编写一个应用程序，界面如图 6-6 所示。要求输入几个学生成绩后，要将文本框中的字符串拆分成数组，单击"计算平均值"按钮可以计算平均值，并显示在下面的“平均值”文本框中。

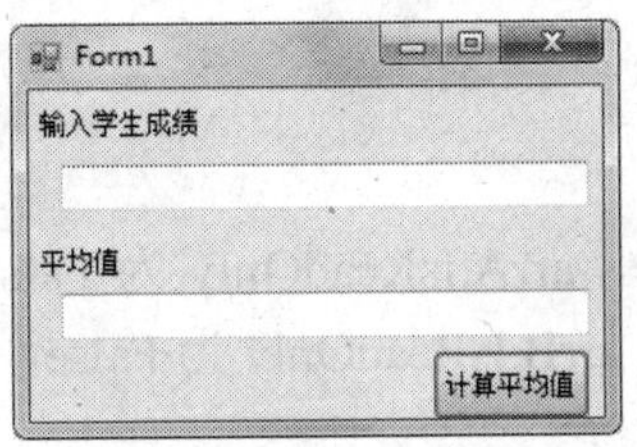

图 6-6　例 6-7 程序界面

在 VB.NET 中，可以用 Split()函数将字符串拆分成数组，如果定义一个整型数组，拆分字符串所得数组不能直接赋值给整型数组。如果定义一个字符串数组则可以直接赋值并进行计算。本例定义了一个 Object 类型数组，将拆分的字符串存入，并且也可以进行计算。按钮的单击事件代码如下。

```
Private Sub Button1_Click(sender As Object, e As EventArgs) Handles Button1.Click
    Dim sum As Integer = 0
    Dim Score() As Object
    Score = Split(TextBox1.Text, ",")
    Dim n As Integer = Score.Length
    For i = 0 To n - 1
        sum = sum + Score (i)
    Next
    TextBox2.Text = n & "个学生平均成绩=" & Int(sum / n * 10 + 0.5) / 10
End Sub
```

6.3.2　System.Array 类及其成员

Array 类是公共语言运行库中所有数组的基类。在 VB.NET 中，所有的数组都是从 Array 类继承而来，数组被作为一个对象来处理，任何数组都可以访问 Array 类的方法和属性。数组中的一个元素就是 Array 中的一个值。Array 的长度是它可包含的元素总数。Array 的秩是数组的维数。Array 中某一维的下限是数组该维度的起始索引，多维数组的各个维度可以有不同的界限。

1.System.Array 类的常用属性

Array 类的常用属性见表 6-1。

表 6-1　Array 类的常用属性及其说明

属　性	说　明
IsFixedSize	获取指示 Array 是否具有固定大小的值
IsReadOnly	获取指示 Array 是否为只读的值
Length	获取 Array 的所有维度中的元素总数
Rank	获取 Array 的秩(也就是维数)

例如：

```
Dim arrA(2,3) as String
Dim arrB(4) as String
```

则 arrA.IsFixedSize 为 True，arrA.IsReadOnly 为 False，arrA.Length 为 12，arrA.Rank 为 2 ；arrB.IsFixedSize 为 True，arrB.IsReadOnly 为 False，arrB.Length 为 5，arrB.Rank 为 1。

2. System.Array 类的常用方法

Array 类的常用方法及其说明见表 6-2。

表 6-2　System.Array 类的常用方法及其说明

方　法	说　明
BinarySearch	使用二进制搜索算法在一维的排序 Array 中搜索值
Clear	将 Array 中的一系列元素设置为 0、false 或空引用(Nothing)，具体操作时设定值取决于元素类型
Copy	将一个 Array 的一部分复制到另一个 Array 中，并根据需要执行强制类型转换和装箱
CopyTo	将当前一维 Array 的所有元素复制到指定的一维 Array 中(从指定的目标 Array 索引开始)
GetLength	获取 Array 的指定维度中的元素数
GetLowerBound	获取 Array 中指定维度的下限
GetUpperBound	获取 Array 的指定维度的上限
GetValue	获取当前 Array 中指定元素的值
IndexOf	返回一维 Array 或部分 Array 中某个值的第一个匹配项的索引
LastIndexOf	返回一维 Array 或部分 Array 中某个值的最后一个匹配项的索引
Reverse	反转一维 Array 或部分 Array 中元素的顺序
Sort	对一维数组各元素进行升序排列
SetValue	将当前 Array 中的指定元素设置为指定值

1) 复制数组元素方法

Copy 和 CopyTo 方法都用于进行一维数组复制，可以将源数组的全部或部分元素复制到目标数组指定位置，具体格式如下。

格式一：源数组名.CopyTo(目标数组名,目标数组起始位)

格式二：Array.Copy(源数组,源数组起始位,目标数组,目标数组起始位,长度)

例如：

```
Dim arrA() As Integer = {1, 2, 3, 4, 5}
Dim arrB(4) As Integer
```

```
Dim arrC(4) As Integer
arrA.CopyTo(arrB, 0)   '  arrB(0)~arrB(4)分别为 1,2,3,4,5
Array.Copy
ReDim arrB(6)
arrA.CopyTo(arrB, 1)   '  arrB(0) ~ arrB(6)分别为 0,1,2,3,4,5,0
Array.Copy(arrA, 1, arrC, 0, 4)   ' arrC(0) ~ arrC(4)分别为 2,3,4,5,0
```

2) 克隆数组

源数组名.Clone()，该方法可以将源数组完全复制，返回一个新的对象。例如：

```
Dim arrA() As Integer = {1, 2, 3, 4, 5}
Dim arrC()   As Integer      '定义的动态数组 arr
arrC = arrA.Clone     ' arrC(0)~arrC(4)分别为 1,2,3,4,5
```

在上述代码中，arrC 是动态数组，不能用 CopyTo 方法直接复制 arrA。因为使用 CopyTo()复制数组元素时，返回值是 void，所以要求目标数组必须是一个已经实例化的数组。

3) 返回元素的下标值

Array.IndexOf(数组,元素值)，返回第一个等于该元素值的元素的下标值。

Array.LastIndexOf(数组,元素值)，返回最后一个等于该元素值的元素的下标值。

例如，在上例中复制得到数组 arrB 的 7 个元素，arrB(0)~ arrB(6)分别为 0、1、2、3、4、5，则 Array.IndexOf(arrB,3) 为 3，Array.IndexOf(arrB,0) 为 0。Array.LastIndexOf(数组,0) 值为 6。

4) 将数组各元素排序

Array.Sort(数组)，对数组各元素进行升序排列。

例如：

```
Dim arrA() As String = {"M", "O", "R", "S", "K"}
Array.Sort(arrA)    '排序后，arrA(0)~arrA(3)分别是 K、M、O、R、S。
```

5) 反向排列各元素值

Array.Reverse(数组)，将数组各元素按相反顺序排列。

例如：

```
Dim arrA() As String =   {"M", "O", "R", "S", "K"}
Array.Reserve(arrA)   '反转后，arrA(0)~arrA(3)分别是 K、S、R、O、M。
```

6) 搜索数组元素

Array.BinarySearch(数组,元素值)，如果数组中没有重复值，返回该元素的下标值；如果数组有重复值且数组未排序，返回第一个与该元素值相等的元素下标值，如果数组已排序，则返回最后一个与该元素值相等的元素下标值。例如：

```
Dim arrA() As String = {"M", "O", "R", "S", "K","R"}
MessageBox.Show(Array.BinarySearch(arrA, "R"))    '显示值为 2
```

```
Array.Sort(arrA)
MessageBox.Show(Array.BinarySearch(arrA, "R"))     '显示值为 4
```

【例 6-8】按照如图 6-7 所示的界面，创建一个应用程序，通过 4 个按钮分别进行一维数组和二维数组的声明、初始化、数组中各元素的排序，以及数组的重新声明、重新初始化等操作。

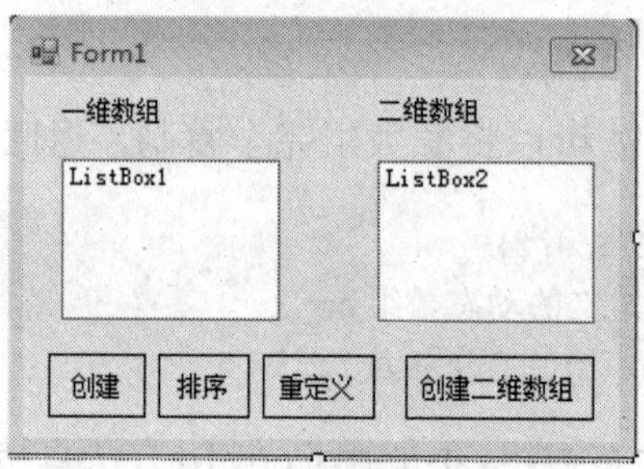

图 6-7　例 6-8 程序界面

按照图 6-7 创建应用程序界面，编写各个按钮的单击事件代码，其中，按钮 1、2、3 是对一维数组的操作，按钮 4 是创建二维数组，且在程序中进行初始化。代码如下。

```
Dim arrS1(3) As String
Private Sub Button1_Click(sender As Object, e As EventArgs) Handles Button1.Click
    Dim i As Integer
    For i = 0 To 3
      arrS1(i) = InputBox("请输入字符串初始化创建的一维数组", "元素  " & i)
    Next
    Button3.Enabled = True
    Button4.Enabled = True
    ListBox1.Items.Clear()
    Dim Temp As String
    For Each Temp In arrS1
          ListBox1.Items.Add(Temp)
     Next
End Sub
Private Sub Button2_Click(sender As Object, e As EventArgs) Handles Button2.Click
      Dim arrS2(,) As String = {{"VB.NET", "程序设计"}, {"实用", "教程"}}
      For i = 0 To 1
              For j = 0 To 1
                    ListBox2.Items.Clear()
                    Dim Temp As String
                    For Each Temp In arrS2
                            ListBox2.Items.Add(Temp)
                     Next
                Next
     Next
```

```
    End Sub
  Private Sub Button3_Click(sender As Object, e As EventArgs) Handles Button3.Click
          Array.Sort(arrS1)      '对一维数组排序
          ListBox1.Items.Clear()
          Dim Temp As String
          For Each Temp In arrS1
              ListBox1.Items.Add(Temp)
          Next
  End Sub
  Private Sub Button4_Click(sender As Object, e As EventArgs) Handles Button4.Click
       ReDim Preserve arrS1(5)
       Dim i As Integer
       For i = 4 To 5
            arrS1(i) = InputBox("请输入字符串，初始化一维数组！", ,"元素 " & i)
       Next
       ListBox1.Items.Clear()
        Dim Temp As String
        For Each Temp In arrS1
             ListBox1.Items.Add(Temp)
        Next
  End Sub
```

6.4 集合与控件数组

6.4.1 集合与数组

由于数组从 Array 类继承了许多的属性和方法，使得数组复制、排序、搜索等操作都比较方便。同时，数组元素在内存中是连续存储的，遍历比较方便，也可以很方便地修改元素。但是使用数组元素时，会受到数组下标上界的限制，要更改数组的大小，必须使用 ReDim 语句。而集合则不需要事先定义大小，可以根据需要自动分配大小，可以随意添加、删除某个元素。

集合提供了一种更灵活的处理对象组的方法。集合是类，实例化后，才能向其中添加元素。放入集合中的每个对象都有一个索引序号(从 0 开始的整数)，利用该索引可以检索和操作该对象。

声明数组时要指定数据类型，数组只能保存声明时所指定的数据类型的数据(除非是 Object 类型)，但一个集合可以存储不同类型的数据。所以，如果要处理的数据类型不同，数据项数经常更改，或者无法预测所需的最大项数，使用集合非常方便。

6.4.2 创建集合

1. 集合的类型

根据程序的不同用途，.NET Framework 提供了许多常用的集合类型，这些类隶属于不同命名空间，主要包括用于创建泛型集合类的 System.Collections.Generic、提供多线程访问集合项功能的 System.Collections.Concurrent 和 System.Collections。System.Collections 中的类不是将元素存储为指定类型的对象，而是存储为 Object 类型的对象，所以，能够很方便地存储任何数据类型的元素。System.Collections 命名空间提供了以下几个强大的类，包括 ArrayList、BitArray、Hashtable 等，各个类及作用如下。

- ArrayList：实现一个数组，其大小在添加或移除元素时自动调整，为一个可变大小的数组，可以在其列表的任意位置添加或移除数据，而且一个 ArrayList 对象可以存储不同类型的数据。
- BitArray：管理以位值存储的布尔数组。
- Hashtable：实现由键组织的值的集合(Key Value)，排序是基于键的散列完成的(哈希函数)。
- Queue：实现先进先出的集合(排序方式)。
- Stack：实现后进先出的集合。
- SortedList：实现带有相关键的值的集合，该值按键来排序，可以通过键或索引来访问。

2. 创建与使用集合

在 VB.NET 中，支持原 VB 的 Collection 集合，声明这种集合具体格式如下。

```
Dim 集合名 As New Collection()
```

其中，集合名只要符合变量名命名规则即可，根据集合访问权限的不同，Dim 可以换成 Public、Static，例如：Dim mycoll As New Collection()就会创建一个名为 mycoll 的集合对象。

创建集合后可以使用集合的属性和方法进行相应操作，主要包括使用 Add 方法添加元素，使用 Remove 方法移除元素等。集合中的成员可以是同一种类型的数据，也可以是不同类型的数据。

创建了集合后，集合中的每个成员都有一个索引值，它相当于数组的下标，通常也称为下标，集合元素的索引值是从 1 开始到集合的 Count 属性值。可以通过索引使用集合元素，格式如下。

```
集合名.Item(索引)
```

对集合进行操作时，通常也使用循环访问整个集合，下面通过例题说明集合的创建与使用方法。

【例 6-9】分析下列代码，熟悉集合的创建与使用方法。

```
Private Sub Form1_Click(ByVal sender As Object,ByVal e As System.EventArgs) Handles MyBase.Click
        Dim i As Short
        Dim CollA As New Collection()
        For i = 1 To 10
            CollA.Add("集合元素" & i)
        Next i
        For i = 1 To 10
            TextBox1.Text = TextBox1.Text & CollA(i) & vbCrLf
    Next
End Sub
```

该程序首先把 10 个数据项加到集合中，然后用循环输出这 10 个数据项。

在 VB.NET 中，引入 System.Collections.Generic 命名空间后，可以使用泛型集合。使用泛型集合可以将集合的元素限制为特定的数据类型，定义时要增加占位参数，格式如下。

Dim 集合名 As New List(Of Type1,Type2,…)

需要注意的是，泛型集合的索引值是从“0”开始到“ 集合名.Count -1”，例如，将例 6-9 改用泛型集合，代码如下。

```
    Private Sub Form1_Click(sender As Object, e As EventArgs) Handles MyBase.Click
        Dim i As Short
        Dim CollA As New List(Of String)
        For i = 0 To 9
            CollA.Add("集合元素" & i)
        Next i
        For i = 0 To 9
            TextBox1.Text = TextBox1.Text & CollA(i) & vbCrLf
        Next
    End Sub
```

6.4.3　ArrayList 对象

ArrayList 类实例化的对象与一般集合一样，具有一些集合的常规操作方法，例如遍历、查找、插入等操作。同时 ArrayList 还相当于一个大小可自由改变的一维数组(称为数组列表)，也可以像操作数组一样进行相关操作，尤其在创建控件数组时经常使用 ArrayList 对象。

1. 创建 ArrayList 对象

创建 ArrayList 对象实例的方法与创建数组相似，格式如下。

格式一：Dim 变量名 As New ArrayList

该格式可以创建并实例化一个 ArrayList 对象。该语句也可以分为两条语句，具体如下。

格式二：Dim 变量名 As ArrayList
　　　　变量名=New ArrayList

例如：Dim Arl As New ArrayList

该语句创建并实例化 ArrayList 对象 Arl，其作用与下面两条语句相同。

```
Dim Arl As ArrayList：Arl = New ArrayList
```

2. ArrayList 的常用属性

ArrayList 的常用属性包括以下几个。

- Capacity：获取或设置 ArrayList 可包含的元素数，即 ArrayList 的容量，空集合容量为 0，非空集合容量为 4,8,16……以每次扩大 2 倍的方式递增。
- Count：获取 ArrayList 中实际包含的元素数。
- IsReadOnly：判断 ArrayList 是否为只读。
- Item(索引)：获取或设置指定索引处的元素，索引是从 0 开始的整数。
- IsFixedSize：判断 ArrayList 是否具有固定大小。

3. ArrayList 的常用方法

ArrayList 的方法有很多，使用这些方法可以很方便地添加、删除集合数据项，复制集合、以及对集合进行排序等。

- Add(对象)：将对象添加到 ArrayList 的结尾处，随着向 ArrayList 中添加元素，容量按需自动增加。
- Clear：从 ArrayList 中移除所有元素。
- Contains(object)：如果数组列表含有该对象，则返回 true。
- CopyTo(array)：把一个数组列表复制到一个一维的数组 array 中去。
- IndexOf(object)：返回第一个元素首次出现的位置。
- Insert(index,object)：在 index 指定的位置插入一个元素。
- Remove()：从列表中移除指定元素或指定位置的元素。
- Sort：对列表进行排序。
- Reverse：将整个 ArrayList 中元素的顺序反转。
- ToArray(数据类型)：将 ArrayList 的元素复制到一个指定元素类型的新数组。
- ToString：返回表示当前对象的字符串。

【例 6-10】分析下列程序代码，熟悉 ArrayList 的属性和方法。

```
Sub Main()
    Dim Arl As New ArrayList              '必须用 New 实例化
    Dim objItem As Object
    Console.WriteLine(Arl.Capacity)    '显示为 0，新建数组列表对象初始容量为 0
    Arl.Add("Visual")                     '添加一个字符串
    Console.WriteLine(Arl.IndexOf("Visual"))    '新添加的字符串索引为 0
    Console.WriteLine(Arl.Capacity)    '显示为 4，只要添加了元素，数组列表对象最小容量为 4
    Arl.Add("Basic ")       '添加一个字符串，索引为 1
    Arl.Add("Net")          '添加一个字符串，索引为 2
    Arl.Insert(2, ".")      '在索引 2 处插入一个字符串，将“.”插入到 Net 之前
```

```
        For i As Integer = 1 To 5   '利用循环在集合末尾添加 5 个整数，索引为 4~8
            Arl.Add(i)
        Next
        Console.WriteLine(Arl.Capacity)             '数值为 16
        Console.WriteLine(Arl.Count)                '数值为 9
        Console.WriteLine(Arl.Contains("Net"))      '显示为 True
        Arl.Remove(3)                 '删除数值为 3 的元素，数值 3 的索引为 6，后序数据前移
        Console.WriteLine(Arl(6))     '数值为 4
        Arl.RemoveAt(6)               '删除索引为 6 的元素，即删除数值 4
        For Each objItem In Arl
            Console.WriteLine(objItem.ToString) '以字符串形式显示集合的所有元素
        Next
        Console.Read()
    End Sub
```

从这个例子可以看出，使用 ArrayList 对象，数组列表的大小不必先声明，添加、删除元素的操作也非常方便，而且数组大小可以自动根据需要增加或减小。

6.4.4　控件数组的创建方法

控件数组是一组共享同一名称和类型的控件，在 VB6.0 中既允许在设计阶段可视地创建和编辑控件数组，又可以在程序中定义并生成控件对象数组，它们也共享同一事件过程。但在 VB.NET 中不是按照在 VB6.0 中同样的方法创建控件数组，而是使用控件集合。所谓控件集合是指包含在一个容器中的所有控件的总和，不仅仅是同类型的控件。能够创建控件集合的容器有 Form、Panel 等。程序运行时，可以通过访问容器的“Control”属性来得到该容器中的所有控件。

1. 利用 Form 容器控件创建控件数组

在 VB.NET 中，一个窗体中的所有控件自动构成一个控件集合(控件数组)。所以，在访问这些控件时，有两种方式，一是通过控件名称直接访问；二是通过 Controls.Item(n)属性按下标访问。

例如，建立如图 6-8 所示的窗体应用程序后，在 Form1 上先添加 7 个标签控件 Label1~Label7，再添加 7 个文本框控件 TextBox1~TextBox7，最后添加一个按钮控件 Button1。

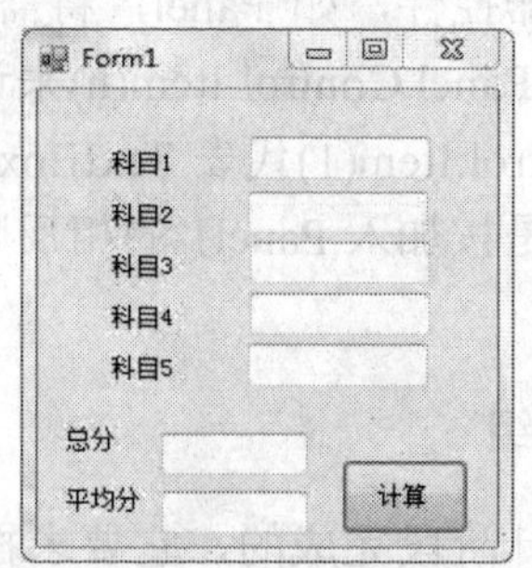

图 6-8　窗体应用程序界面

这些添加到窗体上的控件自动构成了一个控件集合。默认情况下，集合中控件的下标顺序是与设计窗体时加入控件的顺序相反的，即 Me.Controls.Item(0)代表的是按钮 Button1，Me.Controls.Item(1)代表的是 TextBox7，Me.Controls.Item(2)代表的是 TextBox6，以此类推，Me.Controls.Item(14) 代表的是 Label1。这种下标顺序与程序员使用习惯不同，可以采用以下方法修改下标的顺序。

(1) 在"解决方案资源管理器"视图中，单击"Form1.vb"左侧的三角按钮，在展开的列表中单击"Form1"左侧的三角按钮，在其展开项中找到 components As IContainer 项，如图 6-9 所示。

图 6-9　"解决方案资源管理器"视图

(2) 双击 components As IContainer 选项，将打开文件"Form1.Designer.vb"，在代码编辑窗中单击 Windows 窗体设计器生成的代码左侧的"＋"号，将所有代码展开，就可以找到下列代码。

```
Me.Controls.Add(Me.Button1)
Me.Controls.Add(Me.TextBox7)
Me.Controls.Add(Me.TextBox6)
 ……
Me.Controls.Add(Me.Label1)
```

这个代码顺序就是控件数组的下标顺序。

(3) 修改这个顺序就可以改变控件数组中每个元素的下标。

在以上控件集合中，包含了三种不同的控件，如果想在一个控件集合中只包含同一种控件，可以在窗体中加上其他容器控件，如 Panel，将需要建立 VB.NET 控件数组的控件加入 Panel 中即可。这时，可以用 Panel.Control.Item(n)来访问其中的控件。即 Panel.Control.Item(0)代表 TextBox2，Panel.Control.Item(1)代表 TextBox1，需要注意的是，Panel1 中文本框组成的控件数组的下标顺序也是按加入 Panel1 的相反顺序排列。该顺序也可按自己意愿修改。

2. 在程序中动态添加控件数组

前面定义的控件数组是在设计阶段完成的，它要求控件数组中的控件数量必须已知，也叫静态控件数组；但很多时候，要求控件数组中的控件数量要用程序的某些运行情况来确定，这就要求控件数组中的控件要能实现动态添加。

1) 利用 ArrayList 对象创建控件数组

利用 ArrayList 对象在程序中动态创建控件数组时，一般在模块的声明部分进行控件数组的声明，在相关按钮的事件代码中编写程序添加数据项。下面来建立一个 VB.NET 的窗体应用程序，在 Form1 上添加两个按钮，其中，Button1 用来添加动态控件数组；Button2 用来修改数组中每个控件的属性。

在代码编辑窗口中输入如下代码。

```
Dim List As New ArrayList        '定义一个数组列表对象，用来表示控件数组
Private Sub Button1_Click(sender As Object, e As EventArgs) Handles Button1.Click
    Dim i As Integer
    For i = 0 To 4                '利用循环语句动态加入控件数组
        Dim FirstTextBox As New TextBox                  '定义文本框对象
        Me.Controls.Add(FirstTextBox)                    '将一个文本框控件加入到 Form1 上
        Arl.Add(FirstTextBox)                            '将文本框控件加入到列表集合中
        Arl.Item(i).top = i * Arl.Item(i).height + 20    '修改新加入控件在 Form1 上的位置
        Arl.Item(i).left = 100
        FirstTextBox.TabIndex = i                        '修改新加入控件的 TabIndex 值
        Arl.Item(i).text = "TextBox" & i.ToString        '修改默认文本
    Next
End Sub
Private Sub Button2_Click(sender As Object, e As EventArgs) Handles Button2.Click
    Dim i As Integer
    For i = 0 To 4
        Arl.Item(i).text = "第 " & i.ToString & " 个元素"
    Next
End Sub
```

运行项目，先单击 Button1(“建立控件数组”按钮)，Form1 上将出现 5 个标签和 5 个文本框，如图 6-10(a)所示，然后再单击 Button2(“修改控件属性”按钮)，修改 10 个控件的“Text”属性，使其显示该控件在集合中的索引号，如图 6-10(b)所示。

(a) 单击 Button1

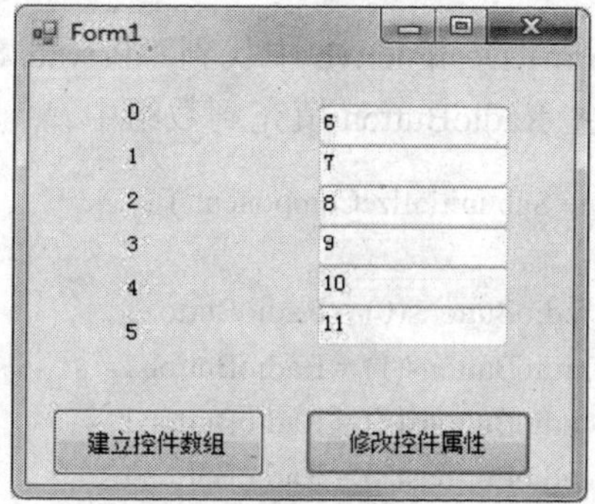

(b) 单击 Button2

图 6-10　动态添加控件数组示例

2) 创建指定类型控件数组

VB.NET 支持利用程序创建指定类型控件的数组，如 Label、TextBox、RadioButton 等具体控件类型，创建格式如下。

```
Dim 控件数组名() As 控件类型
```

例如：

```
Dim lblA(5) As Label   '创建包含 6 个元素的标签控件数组 lblA
Dim txtB(6) As TextBox   '创建包含 7 个元素的文本框控件数组 txtB
Dim btnC(7) As Button   '创建包含 8 个元素的按钮控件数组 btnC
```

【例 6-11】设计一个如图 6-11 所示的单选题考试程序，熟悉控件数组的使用。

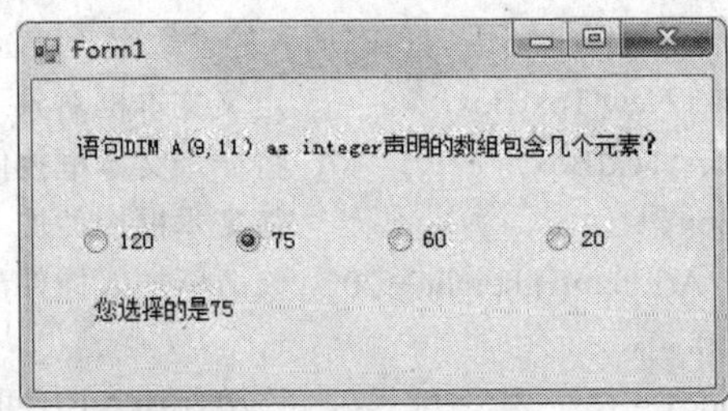

图 6-11 单选按钮控件数组

具体实现方法如下。

(1) 按照如图 6-11 所示界面创建一个窗体应用程序。

(2) 在窗体上放置 4 个 RadioButton 和两个 Label 控件。

(3) 双击一个 RadioButton 控件，会转到它的 CheckedChanged 事件处理程序，修改 Handles 子句，增加对其他三个按钮的 CheckedChanged 事件。

```
Private Sub RadioButton1_CheckedChanged(sender As Object, e As EventArgs) Handles
    RadioButton1.CheckedChanged, RadioButton2.CheckedChanged,
    RadioButton3.CheckedChanged,RadioButton4.CheckedChanged
```

(4) 创建一个 RadioButton 控件数组。

```
Dim radioButtons(3) As RadioButton
```

在 Form1.Designer.vb 中找到“Private Sub InitializeComponent()”的代码，增加以下几行，把这些 RadioButton 填充到数组中。

```
Private Sub InitializeComponent()
    ......
    radioButtons(0) = RadioButton1
    radioButtons(1) = RadioButton2
    radioButtons(2) = RadioButton3
    radioButtons(3) = RadioButton4
......
End Sub
```

(5) 完善按钮的 CheckedChanged 事件代码，如下所示。

```
Dim radioButtons(3) As RadioButton
Private Sub RadioButton1_CheckedChanged(sender As Object, e As EventArgs) Handles
    RadioButton1.CheckedChanged, RadioButton2.CheckedChanged, RadioButton3.CheckedChanged,
    RadioButton4.CheckedChanged
     Dim i As Integer = 0
     Dim found As Boolean = False
     While i < radioButtons.GetLength(0)   And   Not   found
          If   radioButtons(i).Checked   Then
               found = True
               Label2.Text = "您选择的是" & radioButtons(i).Text
          End   If
          i += 1
       End While
 End Sub
```

3. 集合的事件响应

在.NET 中允许多个对象的事件使用同一个事件处理程序，这也是控件数组最重要的特色之一。在 VB.NET 中，由于容器中的每一个控件只要不做特殊处理，都会自动构成控件集合，这样，只要对原有的事件例程进行少量修改，就可以非常方便地实现用一个事件例程响应某个集合中所有控件产生的事件。

按照如图 6-12 所示界面建立一个 VB.NET 窗体应用程序，在 Form1 上添加一个文本框和两个按钮。

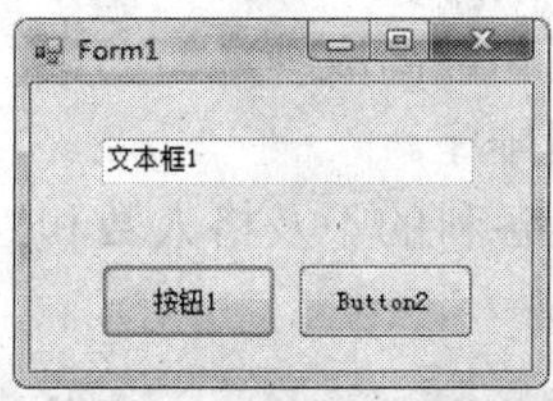

图 6-12　应用程序界面

按照前面所讲解的方法打开“Form1.Designer.vb”的所有代码，找到下列三行代码(三行代码顺序与下面的不同)，并将代码调整为下面的顺序。

```
Me.Controls.Add(Me.TextBox1)
Me.Controls.Add(Me.Button1)
Me.Controls.Add(Me.Button2)
```

输入如下代码。

```
Private Sub mControl_Click(ByVal sender As System.Object, ByVal e As System.EventArgs) Handles
TextBox1.Click, Button1.Click, Button2.Click
        Select Case sender.tabindex
            Case 0
```

```
                Controls(0).Text = "文本框 1"
            Case 1
                Controls(1).Text = "按钮 1"
            Case 2
                Controls(2).Text = "按钮 2"
        End Select
    End Sub
```

在这段VB.NET控件数组使用代码中：Private Sub mControl_Click(ByVal sender As System.Object, ByVal e As System.EventArgs) Handles TextBox1.Click， Button1.Click, Button2.Click是一个自定义事件，在Handles后面的语句表示该例程将响应Button1、Button2、TextBox1 控件发出的Click事件，如果还有其他控件，也可以添加到后面，控件名称之间用“,”号隔开。

运行项目，单击 Form1 上面的文本框时，显示内容为“文本框 1”；单击“button1”时，按钮上显示文字“按钮 1”；没有单击“button2”时，上面显示的仍然是“button2”，如图 6-12 所示。如果单击了“button2”，其显示内容将会是“按钮 2”。由于三个控件共用了一个事件处理程序，该事件处理程序对三个控件做出了不同响应。

6.5 实训练习

【例 6-12】数组的综合应用。建立一个分析学生成绩的应用程序，要求实现以下功能。

(1) 学生人数 M 和课程数目 N 可根据需要更改。

(2) 运行程序时从键盘输入学生姓名、课程名称和学生成绩。

(3) 计算每个学生的平均成绩和最高成绩。

(4) 将学生成绩按照平均成绩排序。

(5) 计算各科平均成绩，找出各科的不及格人数和姓名，最高成绩和最低成绩。

程序运行界面如图 6-13 所示。

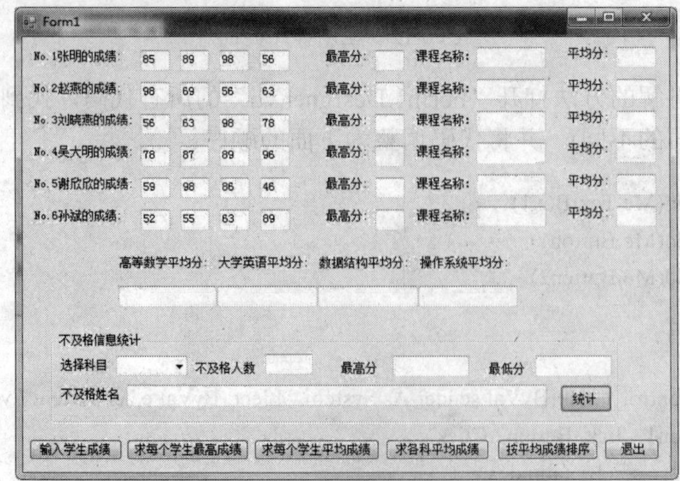

图 6-13　学生成绩统计

该例题是数组的综合应用。学生人数和课程数目分别用变量 M、N 表示，用 M 行 N 列二维数组 score(,)表示学生成绩。一维数组 student()表示学生姓名，subject()表示课程名，Aveg1()表示学生平均分，Aveg2()表示各科平均分。显示学生成绩的部分用控件数组实现，统计不及格信息的控件和窗体下方的按钮在设计时创建。具体实现步骤如下。

(1) 启动 VS2013，新建一个窗体应用程序。

(2) 按照如图 6-13 所示的界面，在窗体底部添加 6 个按钮控件并修改按钮的 Text 属性。

(3) 在按钮上方添加一个 GroupBox 控件，在其内部添加 5 个 Label 控件、4 个 TextBox 控件、一个 ListBox 控件和一个按钮，按照如图 6-13 所示修改 Text 属性。将所添加控件的 Anchor 属性设置为“left, bottom”，使其与窗体下方的相对位置固定，不会因为上方的控件增多而影响显示效果。

(4) 窗体上的其他控件为控件数组，在程序运行时由代码自动产生。

(5) 定义模块级变量和数组，包括各种数值型控件数组，代码如下。

```
Dim M As Integer = CInt(InputBox("输入学生人数", , ))    'M 表示学生人数
Dim N As Integer = CInt(InputBox("输入课程数", , ))      'N 表示课程数目
Dim student(M - 1) As String                '学生姓名数组
Dim score(M - 1, N - 1) As Integer          '学生分数数组
Dim Aveg1(M - 1) As Double                  '每个学生平均分数组
Dim Aveg2(N - 1) As Double                  '各科课程平均分数组
Dim subject(N - 1) As String                '课程名称数组
Dim count(N - 1) As Integer                 '各科不及格人数数组
Dim maxcourse(N - 1), mincourse(N - 1) As Integer      '各科最高分、最低分数组
Dim Max(M - 1) As Integer                   '一个学生最高分数组
Dim Max_i(M - 1) As Integer                 '一个学生最高分所在课程的下标值数组
Dim txtScore(M - 1, N - 1) As TextBox       '显示学生成绩二维控件数组
Dim txtMax(M - 1) As TextBox                '显示学生最高分数控件数组
Dim txtcourse(M - 1) As TextBox             '显示学生最高分所属课程控件数组
Dim txtAveg1(M - 1) As TextBox              '显示学生平均分控件数组
Dim txtAveg2(N - 1) As TextBox              '显示各科课程平均分控件数组
```

(6) 编写窗体的 Load 事件过程代码，要完成的功能是输入学生姓名、课程名后，定义显示姓名、课程名等各个标签控件数组、文本框控件数组，这些数组的建立是在已知人数和课程数目之后才能确定数组元素个数，所以在程序中定义，而不是在设计时给出的。代码如下。

```
Private Sub form1_Load(sender As Object, e As EventArgs) Handles MyBase.Load
        Dim i, j As Integer
        Dim leftlen, toplen As Integer
        Dim lstudent(M - 1) As Label
        Dim lblmax(M - 1) As Label
        Dim lblcourse(M - 1) As Label
        Dim lblAveg1(M - 1) As Label
        Dim lblAveg2(N - 1) As Label
```

```
leftlen = 120 : toplen = 10
    Dim str As String = ""
    str = InputBox("请输入" & M & "个学生姓名，用逗号分隔", "", , )
    student = Split(Trim(str), "，")
    str = ""
    str = InputBox("请输入" & N & "个课程名，用逗号分隔", , )
    subject = Split(Trim(str), "，")
    '定义学生姓名 Label 控件数组
    For i = 0 To M - 1
        lstudent(i) = New Label
        lstudent(i).Width = 110 : lstudent(i).Height = 30
        lstudent(i).Left = 10 : lstudent(i).Top = toplen + i * 32
        lstudent(i).Parent = Me : lstudent(i).Visible = True
        lstudent(i).Text = "No." & i + 1 & Student(i) & "的成绩:"
     '定义学生各科成绩的 TextBox 控件数组
        For j = 0 To N - 1
            txtScore(i, j) = New TextBox
            txtScore(i, j).Width = 30 : txtScore(i, j).Height = 30
            txtScore(i, j).Left = leftlen + j * 40
            txtScore(i, j).Top = toplen + i * 32
            txtScore(i, j).Parent = Me : txtScore(i, j).Visible = True
        Next j
    Next i
'定义学生最高分 Label 控件数组
    For i = 0 To M - 1
        lblmax(i) = New Label
        lblmax(i).Width = 50 : lblmax(i).Height = 30
        lblmax(i).Left = 320 : lblmax(i).Top = toplen + i * 32
        lblmax(i).Parent = Me : lblmax(i).Visible = True
        lblmax(i).Text = "最高分:"
    Next i
    '定义显示学生最高分 TextBox 控件数组
     For i = 0 To M - 1
        txtMax(i) = New TextBox
        txtMax(i).Width = 30 : txtMax(i).Height = 30
        txtMax(i).Left = 370 : txtMax(i).Top = toplen + i * 32
        txtMax(i).Parent = Me : txtMax(i).Visible = True
     Next i
    '定义学生最高分所属课程的 Label 控件数组
     For i = 0 To M - 1
        lblcourse(i) = New Label
        lblcourse(i).Width = 70 : lblcourse(i).Height = 30
        lblcourse(i).Left = 410 : lblcourse(i).Top = toplen + i * 32
```

```
            lblcourse(i).Parent = Me : lblcourse(i).Visible = True
            lblcourse(i).Text = "课程名称："
    Next i
   '定义显示学生最高分所属课程的 TextBox 控件数组
    For i = 0 To M - 1
            txtcourse(i) = New TextBox
            txtcourse(i).Width = 70 : txtcourse(i).Height = 30
            txtcourse(i).Left = 480 : txtcourse(i).Top = toplen + i * 32
            txtcourse(i).Parent = Me : txtcourse(i).Visible = True
   Next i
   '定义显示学生平均分的 Label 控件数组
    For i = 0 To M - 1
            lblAveg1(i) = New Label
            lblAveg1(i).Width = 50 : lblAveg1(i).Height = 30
            lblAveg1(i).Left = 570 : lblAveg1(i).Top = toplen + i * 32
            lblAveg1(i).Parent = Me : lblAveg1(i).Visible = True
            lblAveg1(i).Text = "平均分:"
   Next i
   '定义显示学生平均分的 TextBox 控件数组
    For i = 0 To M - 1
            txtAveg1(i) = New TextBox
            txtAveg1(i).Width = 40 : txtAveg1(i).Height = 30
            txtAveg1(i).Left = 620 : txtAveg1(i).Top = toplen + i * 32
            txtAveg1(i).Parent = Me : txtAveg1(i).Visible = True
    Next i
   '定义显示各科平均分的 Label 控件数组
   For i = 0 To N - 1
        lblAveg2(i) = New Label
        lblAveg2(i).Width = 100 : lblAveg2(i).Height = 30
        lblAveg2(i).Left = leftlen + i * 100
        lblAveg2(i).Top = toplen + 30 * (M + 1)
        lblAveg2(i).Parent = Me : lblAveg2(i).Visible = True
        lblAveg2(i).Text = subject(i) & "平均分:"
    Next i
   '定义显示各科平均分的 TextBox 控件数组
   For i = 0 To N - 1
        txtAveg2(i) = New TextBox
        txtAveg2(i).Width = 100 : txtAveg2(i).Height = 30
        txtAveg2(i).Left = leftlen + i * 100
        txtAveg2(i).Top = toplen + 30 * (M + 2)
        txtAveg2(i).Parent = Me : txtAveg2(i).Visible = True
  Next i
  For j = 0 To N - 1
```

```
            ComboBox1.Items.Add(subject(j))
        Next
    End Sub
```

(7) 编写“输入学生成绩”按钮的 Click 事件代码，将依次输入学生的成绩并显示在界面上。用 InputBox()输入成绩，再用 Split()函数拆分成数组保存。

```
    Private Sub Button1_Click(sender As Object, e As EventArgs) Handles Button1.Click
        Dim i, j As Integer
        Dim str, ss(N - 1) As String
        For i = 0 To M - 1
          str = ""
          str = InputBox("请输入" & student(i) & N & "门课的成绩，用逗号分隔", "", , )
          ss = Split(Trim(str), " ")
          For j = 0 To N - 1
                score(i, j) = CInt(Trim(ss(j)))
                txtScore(i, j).Text = CStr(score(i, j))
          Next
        Next
    End Sub
```

(8) 编写“求每个学生最高成绩”按钮的 Click 事件代码，将计算每个学生最高成绩及其所属课程名并显示在界面上。

```
    Private Sub Button2_Click(sender As Object, e As EventArgs) Handles Button2.Click
          Dim i, j As Integer
          For i = 0 To M - 1
            Max(i) = score(i, 0) : Max_i(i) = 0
            For j = 1 To N - 1
                If   Max(i) < score(i, j) Then
                      Max(i) = score(i, j) : Max_i(i) = j
                End If
            Next
            txtMax(i).Text = CStr(Max(i))
            txtcourse(i).Text = subject(Max_i(i))
          Next
    End Sub
```

(9) 编写“求每个学生平均成绩”按钮的 Click 事件代码，将计算每个学生的平均成绩并显示在界面上。

```
    Private Sub Button7_Click(sender As Object, e As EventArgs) Handles Button7.Click, Button8.Click,
Button5.Click
          Dim i, j, sum1 As Integer
          For i = 0 To M - 1
```

```
            sum1 = 0
            For j = 0 To N - 1
                sum1 = sum1 + score(i, j)
            Next j
            Aveg1(i) = Int(sum1 / N * 10 + 0.5) / 10
            txtAveg1(i).Text = CStr(Aveg1(i))
        Next i
    End Sub
```

(10) 编写“求各科平均成绩”按钮的 Click 事件代码，将计算各科成绩并显示在界面上。

```
Private Sub Button5_Click(sender As Object, e As EventArgs) Handles Button5.Click
        Dim i, j As Integer
        For i = 0 To M - 1
            For j = 0 To N - 1
                Aveg2(j) = Aveg2(j) + score(i, j)
            Next j
        Next i
        For j = 0 To N - 1
            Aveg2(j) = Int(Aveg2(j) / M * 10 + 0.5) / 10
            txtAveg2(j).Text = CStr(Aveg2(j))
        Next j
End Sub
```

(11) 编写“按平均成绩排序”按钮的 Click 事件代码，将学生的平均成绩按选择法排序，将排序后的结果显示在界面上。

```
Private Sub Button8_Click(sender As Object, e As EventArgs) Handles Button8.Click
      Dim i As Integer, j As Integer, k As Integer    '循环变量
      Dim tcj As Integer        '成绩交换用中间变量
      Dim tavg As Single        '平均成绩交换用中间变量
      Dim txs As String         '用于交换两个文本框控件数组元素的 text 属性值
      Dim p As Integer          '选择法排序时用于记录每个最大值下标
      For i = 0 To M - 2
          p = i                 '认为该轮的第一个元素值最大
          For j = i + 1 To M - 1        '每轮比较的次数
              If Aveg1(p) < Aveg1(j) Then p = j '找出该轮最大值下标存入变量 p
          Next j
          If p <> i Then        '如果最大值不是该轮的第一个元素，则交换，
                                '交换 AvgScore(p)和 Avgscore(i)的值
              tavg = Aveg1(p) : Aveg1(p) = Aveg1(i) : Aveg1(i) = tavg
              '界面上显示的数据也相应交换
              txs = txtAveg1(p).Text
              txtAveg1(p).Text = txtAveg1(i).Text
```

```
                txtAveg1(i).Text = txs
                '把存放成绩的成绩数组对应两行互换(i 行和 p 行)
                For k = 0 To N - 1
                    'i 行和 p 行的 k 列进行交换
                    tcj = score(i, k) : score(i, k) = score(p, k) : score(p, k) = tcj
                    '界面上显示的数据也要相应交换
                    txs = txtScore(i, k).Text
                    txtScore(i, k).Text = txtScore(p, k).Text
                    txtScore(p, k).Text = txs
                Next k
            End If
        Next i
    End Sub
```

(12) 编写“统计”按钮的 Click 事件代码，统计所选课程的不及格人数、姓名等信息，结果显示在界面上。

```
    Private Sub Button4_Click(sender As Object, e As EventArgs) Handles Button4.Click
        Dim course, name(N - 1) As String
        course = ComboBox1.Text      '将所选课程保存在 course 中
        For j = 0 To N - 1
            maxcourse(j) = 0          '各课程最高分初值设为 0
            mincourse(j) = 100        '各课程最低分初值设为 100
            count(j) = 0
        Next
        '统计不及格人数、姓名
        For i = 0 To M - 1
            For j = 0 To N - 1
                If score(i, j) < 60 Then
                    If name(j) <> "" Then
                        name(j) = name(j) & "、"
                    End If
                    name(j) = name(j) & student(i)
                    count(j) = count(j) + 1
                End If
                '如果当前分数比最高分大则交换
                If maxcourse(j) < score(i, j) Then maxcourse(j) = score(i, j)
                '如果当前分数比最低分小则交换
                If mincourse(j) > score(i, j) Then mincourse(j) = score(i, j)
            Next
        Next
        For j = 0 To N - 1
            If course = subject(j) Then     '将所选课程的统计结果显示在界面上
                TextBox6.Text = name(j)
```

```
                TextBox1.Text = count(j)
                TextBox2.Text = maxcourse(j)
                TextBox3.Text = mincourse(j)
            End If
        Next
End Sub
```

(13) 编写“退出”按钮的 Click 事件代码。

```
Private Sub Button3_Click(sender As Object, e As EventArgs) Handles Button3.Click
    Application.Exit()
End Sub
```

(14) 运行程序。如图 6-14 所示是输入所有信息并做了计算的结果截图。

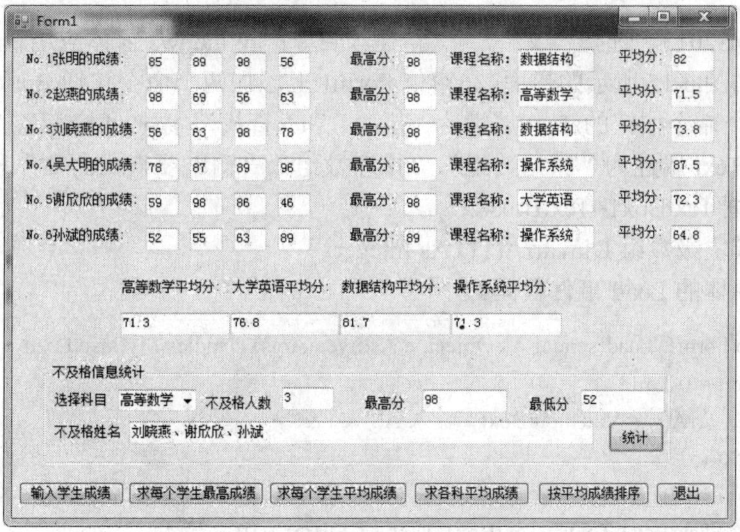

图 6-14　学生成绩统计

6.6　上机实验

【实验 6-1】一维数组。

1. 实验目的

(1) 掌握一维数组的声明、引用方法。
(2) 掌握一维数组的初始化和输入输出方法。
(3) 掌握一维数组的常用算法。

2. 实验内容

定义一个由 12 个整数组成的一维数组，要求数组各元素值在运行程序时由用户输入，进行以下操作。

(1) 将数组按从小到大的顺序排列。

(2) 用二分法在排序的数组中查找 56、76，若找到，输出其序号；若没找到，输出提示信息。程序界面如图 6-15 所示。

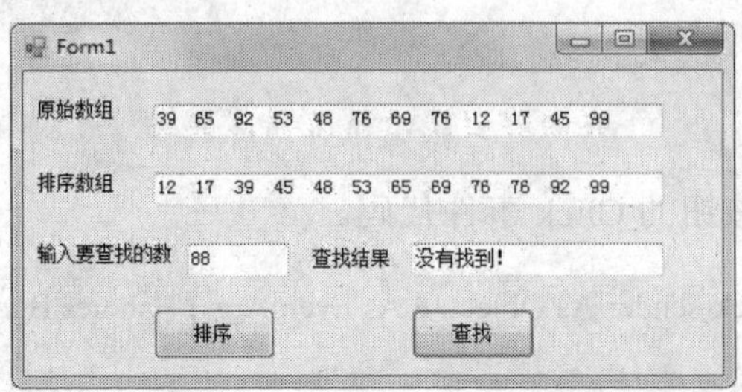

图 6-15　实验 6-1 运行结果

3. 实验步骤

(1) 打开 VS2013，选择“文件”|“新建项目”|“Windows 窗体应用程序”命令。

(2) 按照如图 6-15 所示的界面，在窗体 Form1 上添加两个命令按钮 Button1 和 Button2，并分别设置两个命令按钮的 Text 属性为“排序”和“查找”，添加 4 个标签 Label1~Label4，并分别设置其 Text 属性为“原始数组”、“排序数组”、“输入要查找的数”和“查找结果”，添加 4 个文本框 TextBox1~TextBox4。

(3) 定义模块级数组 Dim arrA(11) As Integer。

(4) 编写窗体的 Load 事件代码。

```
Private Sub Form1_Load(sender As Object, e As EventArgs) Handles MyBase.Load
        For i = 0 To 11
            arrA(i) = Val(InputBox(" 输入 A(" & i & ") 的值"))
        Next i
        For i = 0 To 11
            TextBox1.Text = TextBox1.Text + CStr(arrA(i)) + "    "
        Next
End Sub
```

(5) 编写“排序”按钮的单击事件代码。

```
Private Sub Button1_Click(sender As Object, e As EventArgs) Handles Button1.Click
        For i = 0 To 10
            For j = i + 1 To 11          '每轮比较的次数
                If arrA(i) > arrA(j) Then   '找出该轮最大值下标存放到变量 p 中
                    temp = arrA(i) : arrA(i) = arrA(j) : arrA(j) = temp
                End If
            Next j
        Next i
        For i = 0 To 11
            TextBox2.Text = TextBox2.Text & CStr(arrA(i)) + "    "
        Next
    End Sub
```

(6) 编写“查找”按钮的单击事件代码。

```
Private Sub Button2_Click(sender As Object, e As EventArgs) Handles Button2.Click
    Dim left As Integer = 0
    Dim right As Integer = 11
    Dim mid, key As Integer
    key = CInt(TextBox3.Text)
    mid = (left + right) / 2
    While (left < right And arrA(mid) <> key)
        If (arrA(mid) < key) Then left = mid + 1 Else If (arrA(mid) > key) Then right = mid - 1
            mid = (left + right) / 2
    End While
        If (arrA(mid) = key) Then TextBox4.Text = TextBox3.Text & "是第" + CStr(mid + 1) & "个"
Else TextBox4.Text = "没有找到！"
End Sub
```

(7) 运行程序，取不同查找的数据进行验证。

【实验 6-2】二维数组。

1. 实验目的

(1) 掌握二维数组的声明、引用方法。
(2) 掌握二维数组的初始化和输入输出方法。
(3) 掌握二维数组的常用算法。
(4) 掌握数组重定义方法。

2. 实验内容

用随机数生成两个 4×5 矩阵 A 和 B，矩阵的每个元素值是两位数整数且由随机函数 Rnd()产生，进行以下操作。

(1) 计算两个矩阵 A、B 的和并存入矩阵 C。
(2) 将矩阵 A 重定义为 M×M 阶方阵，计算矩阵 A 两条对角线上的元素的和。

界面如图 6-16 所示。

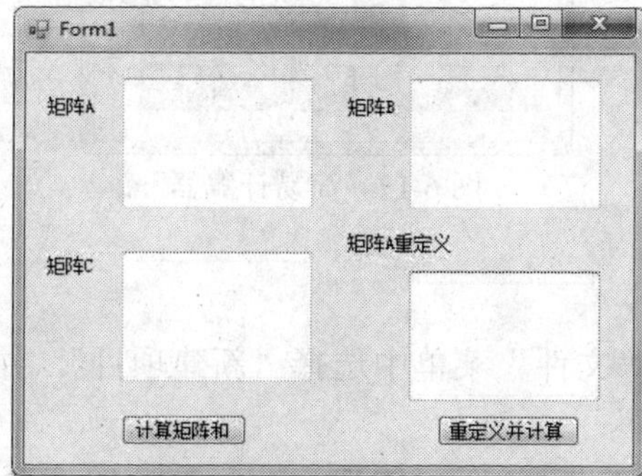

图 6-16　实验 6-2 运行界面

3. 实验步骤

(1) 打开 VS2013，在“文件”菜单中选择“新建项目”，并选择其中的“Windows 窗体应用程序”命令。

(2) 按照图 6-16 所示的界面，在窗体 Form1 上添加两个命令按钮 Button1、Button2，并设置其 Text 属性，添加 4 个标签 Label1~Label4，并分别设置其 Text 属性，添加 4 个文本框 Textbox1~Textbox4，其中 TextBox1~TextBox3 的 MultiLines 属性设为 True。

(3) 定义模块级数组及变量 M、N。

(4) 编写窗体的 Load 事件代码。实现的功能为：输入 M、N 值，用函数产生两位的随机数为矩阵 A、B 赋值，并显示到 TextBox1 和 TextBox2 中。

(5) 编写“计算矩阵和”按钮的单击事件代码。实现的功能为：计算两个矩阵 A、B 的和并存入矩阵 C，并显示到 TextBox4 中。

(6) 编写“重定义并计算”按钮的单击事件代码。实现的功能为：将矩阵 A 重定义为 M×M 阶方阵，重新赋值并计算矩阵 A 两条对角线上的元素的和并显示到 TextBox4 中。

(7) 运行程序。

【实验 6-3】控件数组的应用。

1. 实验目的

(1) 掌握在设计时创建控件数组的方法。

(2) 掌握控件数组元素的不同引用方法。

2. 实验内容

参考例 4-16，利用控件数组设计一个简易的计算器程序，可以做四则运算。运行界面如图 6-17 所示。

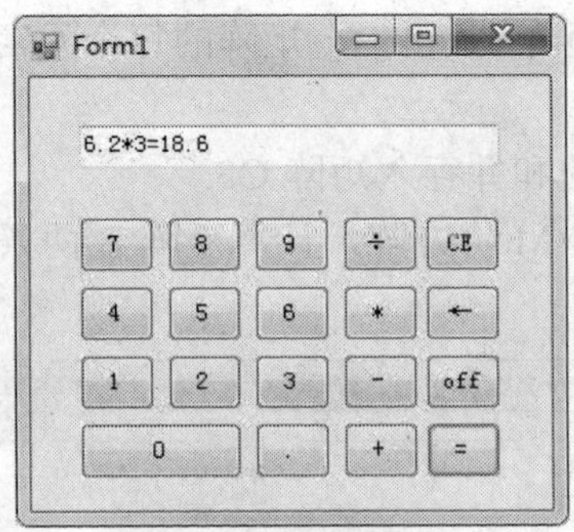

图 6-17　简易计算器

3. 实验步骤

(1) 打开 VS2013，在“文件”菜单中选择“新建项目”，并选择其中的“Windows 窗体应用程序”命令。

(2) 按照如图 6-17 所示的界面，在窗体 Form1 上添加 19 个命令按钮 Button1~ Button19，并设置其 Text 属性，添加一个文本框 TextBox1。

(3) 双击一个 RadioButton，转到它的 Click 事件处理程序，修改 Handles 子句，并添加对其他 18 个按钮的 Click 事件，如下所示。

```
    Private Sub Button1_Click(ByVal sender As System.Object, ByVal e As System.EventArgs) Handles
Button1.Click, Button2.Click,    Button3.Click, Button4.Click, Button5.Click, Button6.Click, Button7.Click,
Button8.Click, Button9.Click, Button12.Click, Button10.Click, Button11.Click, Button12.Click, Button13.Click,
Button14.Click, Button15.Click, Button16.Click, Button17.Click, Button18.Click, Button19.Click
    ......
    End Sub
```

(4) 打开 Windows 代码生成器，找到 Form1.Designer.vb 文件，修改各个按钮的索引顺序，令 TabIndex 值等于 0~9 的分别表示数字 0~9 按钮，TabIndex 值等于 10~18 的分别表示"."、"+"、"−"、"*"、"÷"、"CE"、"←"、"off"和"="按钮。

(5) 完善按钮的 Click 事件代码。可以参考例 4-16。

(6) 运行程序。

习题

1. 选择题

(1) 对数组声明语句 Dim arrX(5) As String 定义的一维数组的下列描述中，正确的是(　)。

A. 数组长度为 5　　　　B. 数组长度为 6

C. 数组下标范围为 1~5　　　　D. 数组的最小下标为 1

(2) 声明一个动态数组 Dim intX() As Integer，在使用 intX 之前，要重新定义 intX，下面格式正确的是(　)。

A. ReDim IntX()　　　　B. Dim IntX()

C. Dim IntX(3)　　　　D. ReDim intX(5)

(3) 下面的数组声明语句中，用来定义交错数组且交错数组元素是一维数组的是(　)。

A. Dim A(5) As Integer　　　　B. Dim A(2,3) As Integer

C. Dim A(2)() As Integer　　　　D. Dim A(2)(,) As Integer

(4) 使用 Array 类的(　)方法，可以将排序的一维数组按相反顺序排列。

A. Sort　　　　B. CopyTo

C. Reverse　　　　D. Find

(5) 执行语句 Dim arrS() As String={"How","are","you","!"}后，数组 arrS()有(　)个元素。

A. 4　　　　B. 3

C. 6　　　　D. 10

2. 填空题

(1) 如果有一个数组声明语句为Dim arrName(8) As Boolean，则该数组长度为__________，数组维数为__________，数组数组元素的类型为__________。

(2) 使用 Array.Sort(数组名)可以对数组排序，则该数组必须是__________。

(3) 数组是指一组相同类型数据的集合，一般要求数组元素必须和声明时所指定的数据类型相同，但是指定的数据类型为__________时，数组元素可以是不同类型的数值。

(4) 如果向 ArrayList 数组列表中添加元素，可以使用__________方法。

(5) 执行语句 Dim arrA()() As Integer = {New Integer () {1, 2,3}, New Integer () {5, 6}}后，arrA()()中的数组长度为__________，带有元素 arrA(0))和 arrA(1)。其中每个元素都已初始化为 Integer 数组，第一个具有的元素值__________，第二个具有的元素值__________，所以 arrA 被称为__________。

3. 编程题

(1) 使用一维数组编写程序，计算并输出 100 以内的所有素数。

(2) 编程输出任意阶的杨辉三角形。

(3) 定义一个一维动态数组，将数组重定义为含 10 个元素的数组，并赋值为 1,2,…, 10，在 TextBox1 中输出各元素值；再将数组重定义为含 5 个元素的数组，使用 Preserve，在 TextBox2 中输出两个数组的元素。如果第二次重定义数组时，不使用 Preserve，观察程序运行结果。编写窗体的 Click 事件代码，实现上述功能。

(4) 设计一个输出日历的窗体应用程序，界面如图 6-18 所示。程序要根据用户选择的月份输出相应月份的日历。

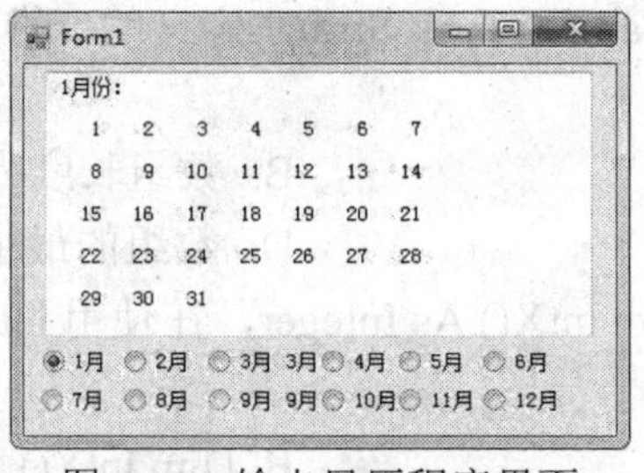

图 6-18 输出日历程序界面

(5) 某公司职工工资见表 6-3，计算每个职工的工资总额，并按工资总额排序。

表 6-3 职工工资表

职工编号	基本工资	奖 金	交通补贴	住房补贴	职务津贴
100101	3480	1500	100	250	800
100210	3560	1200	100	500	600
203311	2580	800	220	300	700
200010	4600	1050	260	400	1500
232220	3800	1800	200	300	1000
232001	5000	1800	300	500	2000
203012	2980	800	200	300	1050
100220	3380	1500	200	500	800
100111	2800	1500	200	300	700

第 7 章

过 程

编写程序时，通常根据需要需将较大的程序划分成一个个独立的模块，每个模块完成一定的功能。使用过程的第一个原因是结构化程序设计的需要。在 VB.NET 中把每一个模块称为一个过程。使用过程的第二个原因是为了解决代码的重复。每当需要完成这一功能时，只要调用这个过程即可，而不需要重复编写代码。用户不需要了解过程功能的实现过程与语句，只需了解它的功能与接口。若有其他程序要完成该过程的功能，可通过过程名调用它。

7.1 过程的分类

7.1.1 Sub 过程

Sub 过程又称为子程序过程，是一系列由 Sub 和 End Sub 语句所包含起来的 VB.NET 语句。它们会执行一系列动作，但不能返回值。

1. Sub 过程的定义

定义一个 Sub 过程的一般格式如下。

```
[Private | Public] [Static] Sub 过程名([参数表])
语句块
[Exit Sub]
End Sub
```

说明：

(1) Private 表示该过程是一个私有过程，只能被本模块(处于同一个窗体模块或标准模块)中的其他过程所调用；Public 表示该过程是一个公有过程，可以被程序中的所有模块调用，这种过程名必须在整个应用程序中唯一；Static 表示该过程是一个静态过程，在静态过程中声明的变量均为静态变量，即当程序退出该过程时，变量的值仍然保留作为下次调用时的初值。

(2) Sub 过程可以有参数，例如以常数、变量、表达式作为参数，也可以没有参数。如果一个 Sub 过程没有参数，则它的 Sub 语句必须包含一对空的圆括号。

参数表的定义格式如下。

```
[ByVal|ByRef] 变量名或数组名( ) [As 数据类型]
```

ByVal 表示该参数按值传递，ByRef 表示该参数按地址传递。

(3) Exit Sub 语句使程序控制立即从一个 Sub 过程中退出，程序接着从调用该 Sub 过程的语句之后的语句执行。在 Sub 过程的任何位置都可以有 Exit Sub 语句。

(4) 过程内部不能再定义其他过程，但可以调用其他过程。

(5) 可以在窗体模块(.frm)和标准模块(.bas)中定义 Sub 过程。

2. Sub 过程的调用

Sub 过程必须明确地通过调用语句来调用。调用 Sub 过程有两种方法。

(1) 使用 Call 语句，其格式如下。

```
Call 过程名( [实参表] )
```

(2) 直接使用过程名，并且实参之间不加括号。其格式如下。

```
过程名 [实参表]
```

下面通过例子来介绍 Sub 过程的具体使用方法。

【例 7-1】下面的过程用来计算参数 n 的阶乘，过程名为 JieCheng1。在定义完该过程后，在一个命令按钮 Command1 的单击事件中调用了该过程。

```
Public Class Form1
    Sub JieCheng1(n As Integer)
        Dim t As Long, i As Integer
        t = 1
        For i = 1 To n
            t = t * i
        Next i
        MessageBox.Show(n.ToString() + "!=" + t.ToString())
    End Sub
    Private Sub Button1_Click(sender As Object, e As EventArgs) Handles Button1.Click
        Dim k As Integer
        k = InputBox("请输入一个正整数", "计算阶乘", "1")
        If k > 0 Then
            Call JieCheng1(k)                   '调用 Sub 过程
        Else
            MsgBox("输入数据错误", vbOKOnly, "计算阶乘")
        End If
```

```
    End Sub
End Class
```

7.1.2 Function 过程

VB.NET 包含内置的或内部的函数，如 MsgBox、CStr 等。此外，还可用 Function 语句编写自己的 VB.NET Function 过程。Function 过程又称为函数过程，是一系列由 Function 和 End Function 语句所包含起来的 VB.NET 语句。这种过程有返回值，并且返回值通过函数过程名带回。

1. Function 过程的定义

定义一个 Function 过程的一般格式如下。

```
[Private | Public] [Static] Function 过程名 ([参数表]) [As 返回值类型]
语句块
End Function
```

Function 过程在声明及参数传递方面与 Sub 过程相似，但 Function 过程可以带回一个返回值，并且返回值的类型由定义语句中的“As 返回值类型”所指明。要从函数返回一个值，只要将该值赋给函数名即可，并且这种赋值可以出现在 Function 过程的任意位置。

2. Function 过程的调用

可以像调用任意标准函数那样来调用 Function 过程。很多情况下将 Function 过程写在赋值符号的右侧，将其返回值作为一个表达式来参与各种运算。

【例 7-2】 为了与前面介绍的 Sub 过程 JieCheng1 相对比，下面的 Function 过程也用来计算参数 n 的阶乘，过程名为 JieCheng2，注意函数的返回值类型是 Long，并且返回值是通过函数名带回的。在定义完该过程后，在一个命令按钮 Command2 的单击事件中调用了该过程，注意与 Command1 的单击事件的区别。

```
Public Class Form1
    Function JieCheng2(n As Integer) As Long
        Dim t As Long, i As Integer
        t = 1
        For i = 1 To n
            t = t * i
        Next i
        JieCheng2 = t                '将返回值赋给函数名
    End Function
    Private Sub Button1_Click(sender As Object, e As EventArgs) Handles Button1.Click
        Dim k As Integer, j As Long
        k = InputBox("请输入一个正整数", "计算阶乘", 1)
        If k > 0 Then
            j = JieCheng2(k)          '调用 Function 过程
```

```
                MessageBox.Show(k.ToString() + "!=" + j.ToString())
            Else
                MsgBox("输入数据错误", vbOKOnly, "计算阶乘")
            End If
        End Sub
    End Class
```

3. 过程的递归调用

一个过程调用该过程本身，就称为过程的递归调用。最典型的例子也是计算 n!。

当 n>1 时，n！=n*(n−1)!，而(n−1)！又可以通过(n−1)* (n−2)！来得到，这种操作一直持续到 n=1 为止。例如，当 n=3 时，求 3！变成求 3*2!，求 2！变成求 2×1!，而 1！为 1，递归结束。

采用递归方法来解决问题时，必须符合下面两个条件。

(1) 可以把要解的问题转化为一个新的问题，而这个新的问题的解法仍与原来的解法相同。

(2) 有一个明确的结束递归的条件(终止条件)，否则递归过程将无法结束。

【例 7-3】下面这段程序演示了用递归方法计算 n!。

```
Public Class Form1
    Function Factor(ByVal n As Integer) As Long
        If n > 1 Then
            Factor = n * Factor(n - 1)          '递归调用 Factor 过程
        Else
            Factor = 1
        End If
    End Function
    Private Sub Button1_Click(sender As Object, e As EventArgs) Handles Button1.Click
        Dim k As Integer, j As Long
        Dim kvalue As Integer
        k = InputBox("请输入一个正整数", "计算阶乘", 1)
        If k > 0 Then
            kvalue = Factor(k)
            MessageBox.Show(k.ToString() + "!=" + kvalue.ToString())
        Else
            MsgBox("输入数据错误", vbOKOnly, "计算阶乘")
        End If
    End Sub
End Class
```

7.1.3　参数的传递

在定义过程时，过程参数使用的是形式参数(简称形参)，它只是用来说明参数的类型、个数、顺序及在过程中的作用；在调用过程时，过程参数使用的是实际参数(简称实参)，它是用一个具体的值来取代定义时的形式参数。参数的传递可以实现调用过程和被调过程之间的信息交换。

形参：定义过程时使用的参数，或者说被调过程中的参数。它可以出现在Sub过程和Function过程中。形参可以是变量名或数组名。

实参：在调用过程时使用的参数。过程调用时实参数据会传递给形参。

形参表和实参表中的对应变量名可以不同，但实参和形参的个数、顺序以及数据类型必须一致。

例如，如果定义过程Example的形式是：

```
Sub Example(a As Integer, b As String)
```

那么调用过程可能是：

```
Call Example(42, "程序设计")
```

其中按照位置顺序，第一个实参值42传送给第一个形参a，第二个实参值“程序设计”传送给第二个形参b。

参数传递分为两种方式：按值传递(by value)和按地址传递(by reference)。

按值传递方式表示，当进行过程调用时，将实参的值传送给形参，在被调用过程中对该值的任何改变都不会影响到实参。而按地址传递参数时，将实参的地址传递给形参，因此在被调用过程中对该值的改变将直接影响到实参的值。

在VB中，如果定义参数时，形参是按值传递的，则在声明该形参时需写明：

```
ByVal 形参名 As 数据类型
```

如果定义参数时，形参是按地址传递的，则在声明该形参时可以写成：

```
ByRef 形参名 As 数据类型
```

或只写成：

```
形参名 As 数据类型
```

【例7-4】下面的例子说明了按值传递与按地址传递的区别。如图7-1所示，文本框TextBox1和TextBox2分别存放调用前的数值，单击“参数传递”命令按钮时调用Val_Ref函数，调用后的结果显示在文本框TextBox3和TextBox4中。

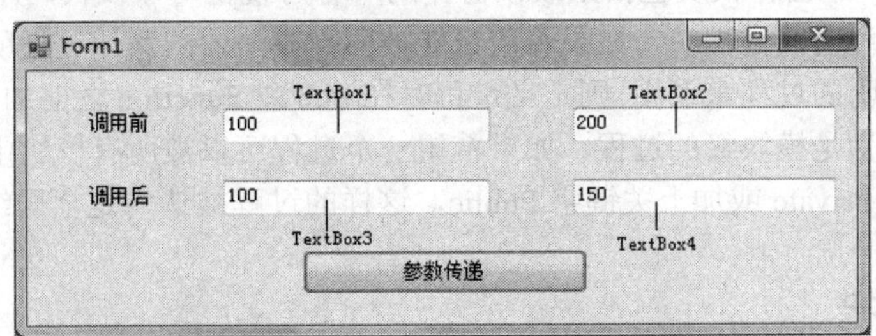

图7-1 参数的按值传递与按地址传递

```
Sub Val_Ref(ByVal a As Integer, ByRef b As Integer)
        a = a + 50
        b = b - 50
End Sub
Private Sub Button1_Click(sender As Object, e As EventArgs) Handles Button1.Click
        Dim x As Integer, y As Integer
        x = TextBox1.Text
        y = TextBox2.Text
        Call Val_Ref(x, y)
        TextBox3.Text = x
        TextBox4.Text = y
    End Sub
Private Sub Form1_Load(sender As Object, e As EventArgs) Handles MyBase.Load
        TextBox1.Text = 100
        TextBox2.Text = 200
End Sub
```

7.2 模块

一个 VB.NET 工程一般由三部分组成：窗体模块、标准模块和类模块。它们之间的关系如图 7-2 所示。这里介绍窗体模块和标准模块。

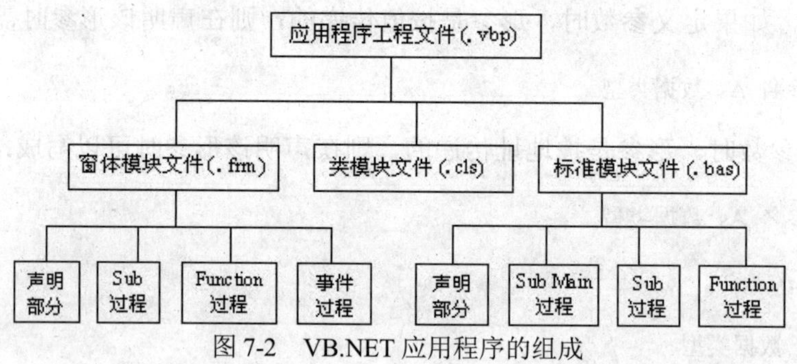

图 7-2 VB.NET 应用程序的组成

7.2.1 窗体模块

VB.NET 中一个窗体模块包括组成该窗体的所有可视化对象及代码。

在窗体模块声明的过程中，如果希望只能被同一模块内的其他过程所调用，而不允许被其他模块所声明的过程来调用，则定义过程时在 Sub 或 Function 之前加一关键字 Private，这样的过程被认为是模块级的过程。如果希望一个过程可以被所有模块中的过程所调用，声明过程时去掉 Private 或加上关键字 Public，这样的过程被认为是全局级的过程。

7.2.2 标准模块

标准模块的数据只有一个备份。这意味着标准模块中一个公共变量的值改变以后，在后面的程序中再读取该变量时，它将得到同一个值。标准模块中的数据在程序作用域内存在，也就是说，它存在于程序的存活期中。当变量在标准模块中被声明为Public时，则它在工程中任何地方都是可见的。

【例7-5】添加一个标准模块的方法是：选择"文件"|"新建"|"项目"命令，新建"控制台应用程序"，在解决方案资源管理器中右击 ConsoleApplication2，选择"添加"|"模块"命令。

新建一个工程，并在其中创建两个窗体模块，名称分别为Form1的Form2，再创建一个标准模块，名称为Module1。输入如下代码，运行程序结果如图7-3所示。

```
Module Module1
    Public aNew As String
    Sub Main()
        Console.WriteLine("hello, world!")
        aMethod()
        Console.WriteLine(addTwoNumber(1, 9))
        textInputBoxAndMsgBox()
        Dim TestWu As New SubNewClass()
        Console.WriteLine(TestWu.testSubNew)
        Dim TestYou As New SubNewClass("调用有参数构造器")
        Console.WriteLine(TestYou.testCanShuSubNew)
        Console.ReadKey()
    End Sub
    Private Sub aMethod()
        Console.WriteLine("aMethod")
    End Sub
    Sub New()    '构造函数
        aNew = "用构造函数初始化 aNew 成员变量(字段)"
        Console.WriteLine(aNew)
    End Sub
    Public Function addTwoNumber(ByVal a As Integer, ByVal b As Integer) As Integer    '和过程一样，
同样不能用 Protected 和 Private 修饰函数
        'Return a+b 与下面等价
        addTwoNumber = a + b    '与上面等价，这个是 VB6.0 返回值的语法，直接让函数名等于返回值
    End Function
    Sub textInputBoxAndMsgBox() '测试 InputBox 和 MsgBox 函数
        Dim userName As String
        userName = InputBox("请输入一个名字：", "测试 InputBox 和 MsgBox")
        MsgBox(userName, "测试 InputBox 和 MsgBox")
    End Sub
End Module
Public Class SubNewClass
    Private _testSubNew As String = "调用默认构造函数(即无参数构造函数)"    '为配合属性定义的
    Public testCanShuSubNew As String    '一个公共字段，可以在该类外面被访问
```

```
        Sub New() '无参数构造器
        End Sub
        Sub New(ByVal X As String)   '有参数构造器
            Me.testCanShuSubNew = X
        End Sub
        Public Property testSubNew() As String   '定义一个属性
            Get
                Return _testSubNew
            End Get
            Set(ByVal value As String)
                _testSubNew = value
            End Set
        End Property
    End Class
```

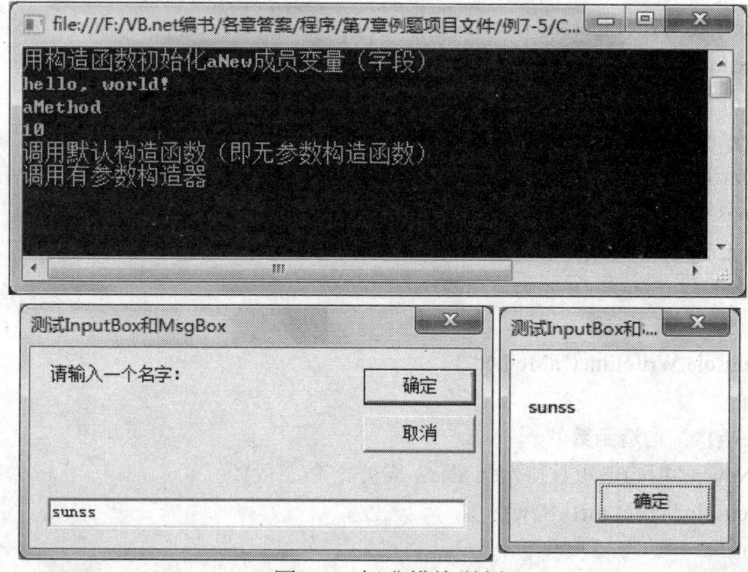

图 7-3　标准模块举例

7.2.3　变量的生存期与作用域

1. 生存期与作用域

一个变量保留其值的这段时间，称为该变量的生存期。一个变量的值在整个生存期内都可以改变。当变量的生存期结束后，其值也随之丢失。

一个变量的作用域是指哪些语句可以访问到该变量。变量的生存期与作用域不同。即使某个变量的值仍保留，但不代表任何语句都可以使用该变量。后面介绍的 Static 变量就存在这种情况。

当过程开始运行时，所有的变量都会被初始化。一个数值变量会被初始化成 0，变长字符串被初始化成零长度的字符串("")，而定长字符串会被填满 ASCII 字符码 0 所表示的字符或是 Chr(0)，Object 变量会被初始化成 Empty。

声明一个变量时使用的关键字不同决定了它的生存期也不同。通常有三个不同的生存期：过程级别的变量、私有模块级别的变量和全局变量。

2. 过程级别的变量

过程级别的变量只在该过程内有效，过程结束后变量的值即丢失。下次再次进入该过程时重新为其赋值。

(1) 用 Dim 语句声明的过程级别变量将保留一个值，直到该过程退出为止。如果该过程中又调用了其他的过程，则在其他过程运行的同时，属于调用者过程的变量也保留它的值。

(2) 用 Static 关键字声明的变量称为静态变量。静态的过程级别变量存活期为整个程序的运行期。无论当前正在运行哪一模块或过程，此变量仍会保留它的值，但其他过程不能访问该变量，也就是说它的作用域仅限于该过程内。下一次调用该过程时，所有静态变量的值都是上次该过程结束时这些变量的值。

如果在定义 Sub 或 Function 过程时前面加上 Static 关键字，则在此过程中所有过程级别的变量都被认为是静态变量。

3. 私有模块级别的变量

私有模块级别的变量是定义在一个窗体模块或标准模块中的变量，但同时要定义在过程之外，即在模块的“通用”及“声明”中以 Dim 或 Private 定义的变量。这种变量可以被同一模块中的所有过程所引用，但不能被其他模块所引用。

只要将该模块加载至内存中，则所有该模块级别的变量会一直占用内存资源，因此应尽量使用过程级别的变量。

【例 7-6】下面的程序演示了过程级别变量及模块级别变量的用法。其中 *i* 是模块级的变量，而过程 aaa 和 bbb 只相差了一个 Static 关键字。过程 aaa 被定义成了静态过程，因此其中的所有过程级变量也默认是静态变量。如图 7-4 所示是单击命令按钮 3 次后的运行结果。

```
Public Class Form1
    Dim i As Integer
    Private Sub aaa()
        Static Dim a As Integer
        Static Dim b As Integer
        a = a + 1
        b = b + 1
        MessageBox.Show("aaa:" + a.ToString() + b.ToString())
    End Sub
    Private Sub bbb()
        Dim a As Integer
        Dim b As Integer
```

```
        a = a + 1
        b = b + 1
        MessageBox.Show("bbb:" + a.ToString() + b.ToString())
    End Sub
    Private Sub Button1_Click(sender As Object, e As EventArgs) Handles Button1.Click
        i = i + 1
        MessageBox.Show("第" + i.ToString() + "次调用：")
        Call aaa()
        Call bbb()
    End Sub
End Class
```

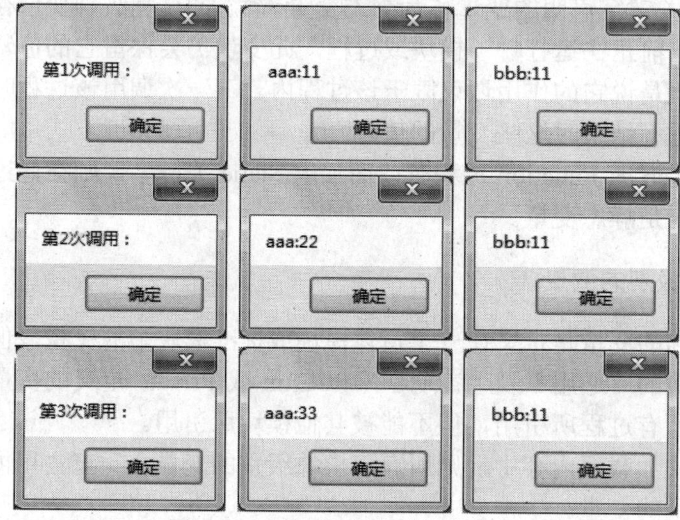

图 7-4　过程级变量与模块级变量

4. 定义全局变量

全局变量也就是工程级的变量。这种变量可以定义在窗体模块或标准模块中，必须用Public声明，它们在整个工程的运行期内始终存在，并且可以被任何模块中的任何过程所引用。

如下语句声明了一个全局整型变量 m。

```
Public m As Integer
```

定义在窗体模块与标准模块中的全局变量在使用时有所区别，这与定义在上述两种模块中的公有过程在使用上的区别是类似的。

还可以在各个级别的声明中定义常数。如果程序中某条语句试图修改一个常量，则编译系统会提示相应的信息。

如下语句声明了一个双精度型全局常量 PI，其值为 3.1415926。

```
Public Const PI As Double = 3.1415926
```

7.3　实训练习

【例 7-7】编写程序，在文本框中输入工资数(整数)，计算需要面值为 100、50、20、10、5、1 元的钞票各多少张，要求用 Sub 过程实现。

在 Text1 文本框中输入工资数，单击“确定”按钮后执行计算过程，在相应的文本框(Text2~Text7)中显示各面值钞票需多少张。运行结果如图 7-5 所示。

```
Public Class Form1
    Private Sub jisuan(wage As Integer)
        TextBox2.Text = wage \ 100
        wage = wage - 100 * Val(TextBox2.Text)
        TextBox3.Text = wage \ 50
        wage = wage - 50 * Val(TextBox3.Text)
        TextBox4.Text = wage \ 20
        wage = wage - 20 * Val(TextBox4.Text)
        TextBox5.Text = wage \ 10
        wage = wage - 10 * Val(TextBox5.Text)
        TextBox6.Text = wage \ 5
        wage = wage - 5 * Val(TextBox6.Text)
        TextBox7.Text = wage
    End Sub
    Private Sub Button1_Click(sender As Object, e As EventArgs) Handles Button1.Click
        Dim x As Integer
        x = TextBox1.Text()
        Call jisuan(x)
    End Sub
End Class
```

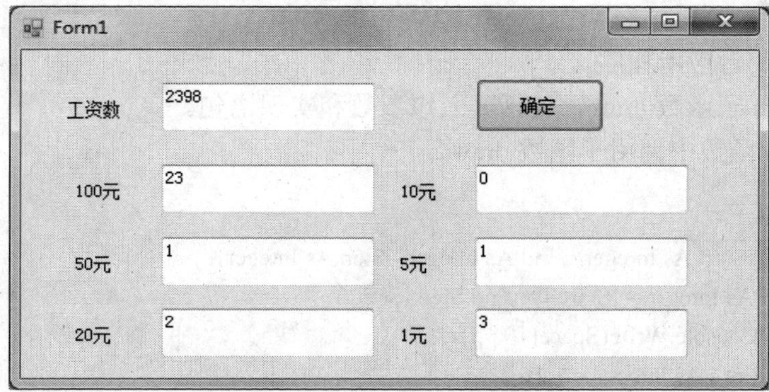

图 7-5　用 Sub 过程计算

7.4 上机实验

【实验 7-1】Sub 子函数的定义与调用。

1. 实验目的

(1) 掌握 Sub 子函数的定义。

(2) 掌握 Sub 子函数的调用。

(3) 掌握使用集成开发环境开发 VB.NET 控制台应用程序的步骤。

2. 实验内容

在屏幕上用“*”绘制三角形，定义并调用绘制函数，绘制函数的入口参数为其起点、终点及步长。运行结果如图 7-6 所示。

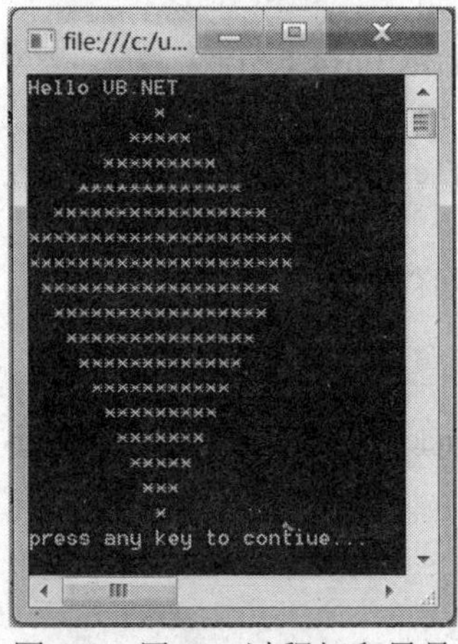

图 7-6 用 Sub 过程打印星号

3. 实验步骤

(1) 新建控制台应用程序。

(2) 定义 Sub 子函数 draw，包括其入口参数和实现语句。

(3) 在 Main 函数中调用子函数 draw。

```
Module Module1
    Sub draw(iStart As Integer, iEnd As Integer, iStep As Integer)
        For i As Integer = iStart To iEnd Step iStep
            Console.Write(Space(10 - i))
            For j As Integer = 1 To 2 * i + 1
                Console.Write("*")
            Next
            Console.WriteLine(Space(10 - i))
        Next
    End Sub
```

```
    Sub Main()
        Console.WriteLine("Hello VB.NET")
        draw(0, 10, 2)
        draw(10, 0, -1)
        Console.Write("press any key to contiue...")
        Console.ReadKey(True)
    End Sub
End Module
```

【实验 7-2】Sub 子函数的定义与调用。

1. 实验目的

(1) 掌握 Function 过程的定义。
(2) 掌握 Function 过程的调用。

2. 实验内容

编写程序，用 InputBox 函数输入 x 值，用 Function 函数计算并返回 1+2+3+…+x 的值。

3. 实验步骤

(1) 新建 Windows 窗体应用程序。
(2) 定义 Function 过程 cal_sum，包括其入口参数和实现语句。
(3) 在 Main 函数中调用 cal_sum。
编写代码如下。

```
Public Class Form1
    Private Function cal_sum(k As Integer)
        Dim i As Integer
        Dim s As Integer
        For i = 1 To k
            s = s + i
        Next i
        cal_sum = s
    End Function
Private Sub Button1_Click(sender As Object, e As EventArgs) Handles Button1.Click
        Dim x As Integer
        Dim Sum As Integer
        x = InputBox("请输入 x 值：")
        Sum = cal_sum(x)
        MessageBox.Show("x="+x.ToString()+"sum="+Sum.ToString())
    End Sub
End Class
```

习题

1. 选择题

若要声明一个全局变量，应使用(　)来声明。

A. Static　　B. Dim　　C. Public　　D. Private

2. 编程题

(1) 如图 7-7 所示，在窗体上添加 4 个文本框 TextBox1~TextBox4 及一个命令按钮。在 TextBox1 和 TextBox2 中各输入一个正整数，单击命令按钮时，在 TextBox3 中显示前面两个数的最大公约数，在 Text4 中显示它们的最小公倍数。通过过程实现上述要求。

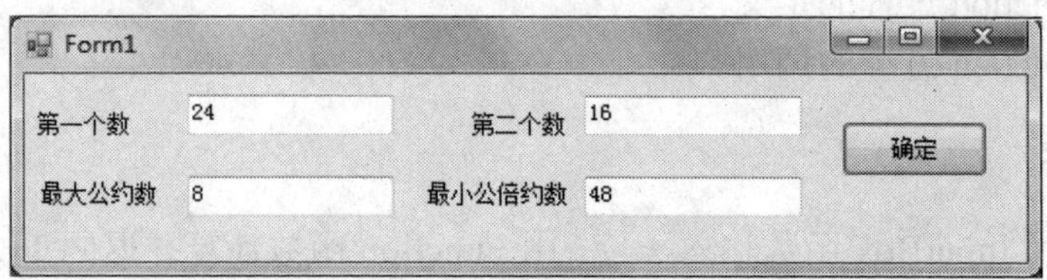

图 7-7　求最大公约数和最小公倍数

(2) 用 InputBox 函数输入值 *n*，编写一个递归函数，计算 *S*=1+2+3+…+*n* 并显示在一个文本框中。

(3) 计算 *S*=1+(1+2)+(1+2+3)+…+(1+2+3+…+*n*)，其中 *n* 用 InputBox 函数输入，并将计算(1+2+…+*i*) (其中 *i*=1,2,…,*n*)的过程定义成一个静态过程。

(4) 求一个 *n* 阶方阵的所有元素之和，其中 *n* 由 InputBox 函数给出，求和过程中将数组名和 *n* 作为参数。

(5) 求一个 *m* × *n* 矩阵中的最大值、最小值及其所在的行、列。*m* 和 *n* 由 InputBox 函数给出，矩阵中的元素值随机生成，界面自行设计。

第 8 章

图形应用程序设计

在计算机应用程序中，适当地使用图形可极大地提高界面的生动性，不仅操作方便而且更易于吸引人们的注意力。VB.NET 提供了用于显示各种图片的控件 PictureBox，还提供了一个升级版的图形设备接口 GDI+，使设计人员可以很方便地编写图形应用程序。

8.1 GDI+基础

GDI+(Graphics Device Interface Plus，图形设备接口加)是 Windows XP 和 Windows Server 2003 操作系统的子系统，也是.NET 框架的重要组成部分，负责在屏幕和打印机上绘制图形图像和显示信息。GDI+具有设备无关性。应用程序的程序员可利用 GDI+这样的图形设备接口在屏幕或打印机上显示信息，而不需要考虑特定显示设备的具体情况。只要调用 GDI+类提供的方法，这些方法又反过来相应地调用特定的设备驱动程序。

使用 GDI+方法可以绘制图形，而不必考虑这些图形发送到的具体设备，所以无论图形显示在屏幕上还是绘制在打印机页面上，其绘制过程完全相同。

GDI+不但在功能上比 GDI 要强大很多，在代码编写方面也更简单，为图形函数提供了一个新的 API，使用户可以很方便地利用 Windows 图形库。

8.1.1 GDI+的组成

GDI+ 包含在 System.Drawing.Dll 集合中，共有 54 个类，隶属于 System.Drawing、System.Text、System.Drawing.Drawing2D 等 6 个命名空间，见表 8-1。

表 8-1 GDI+的命名空间

命名空间	说 明
System.Drawing	包括基本的图形功能，如绘图、画笔、颜色、画刷、字体
System.Text	高级字体功能
System.Drawing.Drawing2D	包括高级矢量图和光栅功能

(续表)

命名空间	说　明
System.Drawing.Imaging	包括高级图像功能
System.Drawing.Printing	包括打印和打印预览功能
System.Drawing.Design	包括自定义控件扩展设计时用户界面 (UI) 逻辑和绘制的类

在这些命名空间中，包含了绘图所用的各种工具所属的类的定义。使用 GDI+提供的类和函数，可以方便地绘制各种图形。其中，最常用的图形处理类见表 8-2。

表 8-2　GDI+常用图形处理类

类　名	说　明
Graphics 类	用于绘制直线、矩形、路径和其他图形的方法(类似于 GDI 中的 CDC 类)
Pen 类	存储有关线条颜色、线条粗细和线型的信息
Brush 类	存储有关如何使用颜色或图案来填充封闭图形和路径的信息
Font 类	存储有关文本字体样式、旋转等信息
Icon 类	处理图形的各种结构，如 Point 结构、Rectangle 结构

这些类中最核心的是画布类 Graphics，它是实际用于绘制直线、曲线、图形、图像和文本的类。许多其他 GDI+类必须与 Graphics 类一起使用。例如，DrawLine 方法接收 Pen 类的对象，该对象中存有所要绘制的线条的属性(颜色、宽度、虚线线型等)。Font 类的对象与 Graphics 对象结合起来才能绘制文本。

此外，GDI+还提供了 Metafile 类，可用于记录、显示和保存图元文件。MetafileHeader 和 MetaHeader 类允许用户检查图元文件头中存储的数据。GDI+提供了 Image、Bitmap 和 Metafile 类，可用于显示、操作和保存位图。GDI+支持众多的图像文件格式，可以进行多种图像处理的操作。

8.1.2　GDI+的功能与特性

1. GDI+的功能

GDI+主要提供了以下三种功能。

1) 二维矢量图形

矢量图形包括坐标系统中的系列点指定的绘图基元(如直线、曲线和图形)。例如，线段可通过它的两个端点来指定，而矩形可通过确定其左上角位置的点并给出其宽度和高度的一组数字来指定。简单路径可由通过直线连接的点的数组来指定。GDI+提供了存储基元自身相关信息的类(结构)、存储基元绘制方式相关信息的类，以及实际进行绘制的类。

2) 图像处理

某些种类的图片很难或者根本无法用矢量图形技术来显示。例如，工具栏按钮上的图片和显示为图标的图片就难以指定为直线和曲线的集合。这种类型的图像可存储为位图，即代表屏幕上单个点颜色的数字数组。

3) 文字显示版式

就是使用各种字体、字号和样式来显示文本。GDI+为这种复杂任务提供了大量的支持。GDI+中的新功能之一是子像素消除锯齿，它可以使文本在 LCD 屏幕上呈现时显得比较平滑。

2. GDI+新增特性

(1) 渐变画刷。渐变画刷(Gradient Brush)通过提供用于填充图形、路径和区域的线性渐变画刷和路径渐变画刷，GDI+扩展了 GDI 的功能。线性渐变画刷可用于使用颜色来填充图形，画刷在图形中移动时，颜色会逐渐改变。路径渐变画刷还可用于绘制直线、曲线和路径。

(2) 基数样条函数。GDI+支持在 GDI 中不支持的基数样条(Cardinal Spines)。基数样条是一连串单独的曲线，这些曲线连接起来形成一条较长的光滑曲线。样条由点的数组指定，并通过该数组中的每一个点。由于基数样条平滑地(没有锐角)通过数组中的每一个点，因此比通过连接直线创建的路径更光滑精准。

(3) 持久路径对象。在 GDI 中，路径属于设备上下文，并且会在绘制时被毁坏。利用 GDI +，绘图由 Graphics 对象执行，可以创建并维护几个与 Graphics 对象分开的持久的路径对象(Persistent Path Object)—— GraphicsPath 对象。绘图操作不会破坏 GraphicsPath 对象，因此可以多次使用同一个 GraphicsPath 对象来绘制路径。

(4) 变换和矩阵对象。GDI+提供了Matrix(矩阵)对象，它是一种可以使缩放、旋转和平移等变换更简易灵活的强大工具。矩阵对象一般与变换对象联合使用。

(5) 可伸缩区域。GDI+通过对可伸缩区域(Scalable Regions)的支持极大地扩展了 GDI。在 GDI 中，区域被存储在设备坐标中，而且可应用于区域的唯一变换是平移。而 GDI+在全局坐标中存储区域，并且允许区域发生任何可存储在变换矩阵中的变换，如缩放和旋转。

(6) α 混色。GDI+支持 α 混色(Alpha Blending，透明混合)，使用 α 混色，可以指定填充颜色的透明度。

(7) 丰富的图像格式支持。

3. 创建图形应用程序

在 VB.NET 中，绘制图形需要指定绘图表面，例如，窗体、PictureBox 控件等。实际上，所有具有 Text 属性的控件都可以作为绘图表面。

使用 GDI+绘制图形的一般过程如下。

(1) 选择绘图表面，创建画布对象 Graphics。

(2) 建立绘图工具，指定绘图所用画笔、画刷等。

(3) 调用绘图方法绘制图形。

(4) 调用 Dispose 方法释放绘图对象。

【例 8-1】在窗体和按钮上分别画两个圆形，结果如图 8-1 所示。

分析：首先创建窗体应用程序，在窗体上添加按钮，删除 Text 属性默认值，分别编写窗体和按钮的 Click 事件代码。

```
Private Sub Button1_Click(sender As Object, e As EventArgs) Handles Button1.Click
    Dim g As Graphics = Button1.CreateGraphics
    Dim mypen As Pen = New Pen(Color.Red, 2)
    g.DrawEllipse(mypen, 20, 20, 50, 50)
    g.Dispose()
End Sub
Private Sub Form1_Click(sender As Object, e As EventArgs) Handles MyBase.Click
    Dim g As Graphics = Me.CreateGraphics
    Dim mypen As Pen = New Pen(Color.Red, 2)
    g.DrawEllipse(mypen, 15, 15, 50, 50)
    g.Dispose()
End Sub
```

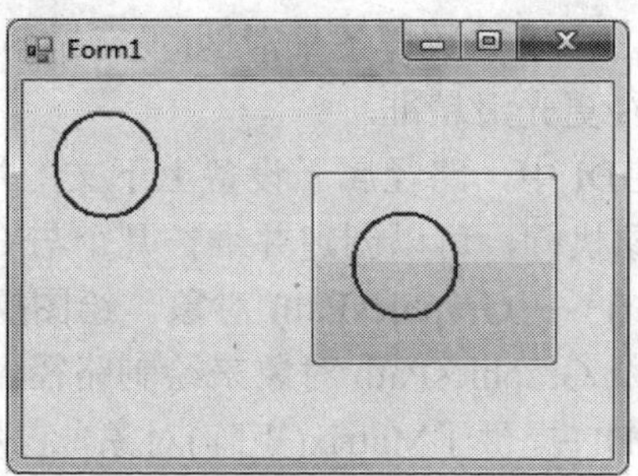

图 8-1　在窗体和按钮上画圆

8.1.3　画布对象 Graphics

Graphics是命名空间System.Drawing中的一个类，封装了一个GDI+绘图表面，相当于一个画布。Graphics类是绘图操作的重点，具有各种内置方法，如绘制矩形的DrawRectangle和绘制椭圆的DrawEllipse等。使用这些方法绘制图形时，首先要创建一个Graphics类的实例，即创建Graphics对象。

1. 创建画布对象

创建 Graphics 对象有以下几种方法。

1) 使用窗体或控件的 CreateGraphics 方法创建 Graphics 对象

其格式为：Dim　对象名　As Graphics

　　　　　对象名=窗体名(或控件名).CreateGraphics

例如，在窗体上添加按钮 Button1，单击按钮时在窗体上画一条红色直线，代码如下。

```
Private Sub Button1_Click(sender As Object, e As EventArgs) Handles Button1.Click
    Dim g As Graphics = Me.CreateGraphics
```

```
        '利用窗体的 CreateGraphics 方法创建 Graphics 对象
        Dim mypen As Pen = New Pen(Color.Red, 2)
        g.DrawLine(mypen, 100, 100, 10, 10)
    End Sub
```

如果在窗体上再添加 PictureBox 控件，单击按钮时在控件上画一条红色直线，代码如下。

```
    Private Sub Button1_Click(sender As Object, e As EventArgs) Handles Button1.Click
        Dim g As Graphics = Me.PictureBox1.CreateGraphics
        '利用控件 PictureBox1 的 CreateGraphics 方法创建 Graphics 对象
        Dim mypen As Pen = New Pen(Color.Red, 2)
        g.DrawLine(mypen, 100, 100, 10, 10)
    End Sub
```

2) 利用 PaintEventArgs 参数传递 Graphics 对象

在为窗体或控件编写 Paint 事件处理程序时，参数 PaintEventArgs 中包含了 Graphics 对象，可以通过窗体或控件的 Paint 事件直接完成图形绘制。例如，下列代码是通过窗体的 Paint 事件处理程序中的参数来创建 Graphics 对象的。

```
    Private Sub Form1_Paint(sender As Object, e As PaintEventArgs) Handles MyBase.Paint
        Dim g As Graphics = e.Graphics        '通过 PaintEventArgs 参数提供 Graphics 对象
        Dim mypen As Pen = New Pen(Color.Red, 2)
        g.DrawLine(mypen, 100, 100, 10, 10)
    End Sub
```

在 VB.NET 中，标签、按钮、图片框等控件都具有 Paint 事件，通过这些控件的 Paint 事件处理程序中的参数也可以创建 Graphics 对象。例如，下列代码是通过标签的 Paint 事件处理程序中的参数来创建 Graphics 对象的。

```
    Private Sub Label1_Paint(sender As Object, e As PaintEventArgs) Handles MyBase.Paint
        Dim g As Graphics = e.Graphics
        Dim mypen As Pen = New Pen(Color.Red, 2)
        g.DrawLine(mypen, 0, 000, 100, 100)
    End Sub
```

3) 利用 Image 的派生类创建 Graphics 对象

如果程序中已经创建了 Image 对象，还可以使用 Image 对象来创建 Graphics 对象，这时要使用 Graphics.FromImage 方法。而 Image 对象(Image 变量)则作为该方法的参数。例如，下列代码中 myBitmap 是一个位图对象，在创建 Graphics 对象的语句中，它是 FromImage 方法的参数。

```
    Dim myBitmap as New Bitmap("E:\VB\aa.bmp")
    Dim g as Graphics = Graphics.FromImage(myBitmap)
```

2. Graphics 对象的方法

创建 Graphics 对象后，就可以利用该对象的成员进行各种图形的绘制，Graphics 类的常用方法及作用见表 8-3。

表 8-3　Graphics 类的常用方法及作用

名　称	说　明	名　称	说　明
DrawArc	画弧	DrawBezier	画立体的贝尔塞曲线
DrawBeziers	画连续立体的贝尔塞曲线	DrawClosedCurve	画闭合曲线
DrawCurve	画曲线	DrawEllipse	画椭圆
DrawImage	画图像	DrawLine	画线
DrawPath	通过路径画线和曲线	DrawPie	画饼形
DrawPolygon	画多边形	DrawRectangle	画矩形
DrawString	绘制文字	FillEllipse	填充椭圆
FillPath	填充路径	FillPie	填充饼图
FillPolygon	填充多边形	FillRectangle	填充矩形
FillRectangles	填充矩形组	FillRegion	填充区域

使用 Graphics 对象绘图，要先指定所用的 Pen 对象，再调用具体绘图方法绘制图形。例如，要绘制矩形，可以调用 DrawRectangle 方法，格式如下。

```
Graphics 对象名.DrawRectangle(Pen, Rectangle)
```

其中 Pen 是 Pen 类的对象，它用于指定画笔的样式；Rectangle 指定要绘制的矩形。若要绘制线段，格式如下。

```
Graphics 对象名.DrawLine(Pen,pt2,pt1)
```

其中 pt1 和 pt2 分别是线段的起点和终点。

8.1.4　几种常用画图对象

当 Graphics 对象创建后，我们可用它绘制线条和形状、呈现文本或显示与操作图像。与 Graphics 对象一起使用的主体对象有以下几种。

1. Color(颜色)结构

在 GDI+中，通过 Color 结构封装对颜色的定义，在 Color 结构中，除了提供颜色透明度、红、绿、蓝(A，R，G，B)颜色参数外，还提供了许多系统定义的颜色，这些颜色直接用相应的英文单词表示，如 Pink(粉色)、Blue(蓝色)等，可以通过如下方式来获取系统颜色。

```
Dim myColor As Color
myColor = Color.Red
```

```
myColor = Color.Aquamarine
myColor = Color.LightGoldenrodYellow
myColor = Color.PapayaWhip
myColor = Color.Tomato
```

Color 结构的基本属性见表 8-4。

表 8-4　颜色的基本属性

名　称	说　明
A	获取此 Color 结构的 Alpha 分量值，取值 0~255
R	获取此 Color 结构的红色分量值，取值 0~255
G	获取此 Color 结构的绿色分量值，取值 0~255
B	获取此 Color 结构的蓝色分量值，取值 0~255
Name	获取此 Color 结构的名称，这将返回用户定义的颜色的名称或已知颜色的名称(如果该颜色是从某个名称创建的) 对于自定义的颜色，将返回 RGB 值

Color 结构的基本(静态)方法见表 8-5。

表 8-5　颜色的基本(静态)方法

名　称	说　明
FromArgb	从 4 个 8 位的 ARGB(Alpha、红色、绿色和蓝色)分量值创建 Color 结构
FromKnowColor	从指定的预定义颜色创建一个 Color 结构
FromName	从预定义颜色的指定名称创建一个 Color 结构

除了系统颜色外，用户还可以自定义颜色，即使用 Color 结构的 FromArgb 方法定义所需要的颜色，例如：

```
Color color1 = Color.FromArgb(96, 06, 25);
```

使用 Color.FromArgb 方法时，三个参数依次指定颜色中红色、绿色和蓝色各部分的强度，每个数字均必须是 0~255 的一个整数，其中 0 表示没有使用该颜色，而 255 则为所指定颜色的完整饱和度；因此，Color.FromArgb(0,0,0)为黑色，而 Color.FromArgb(255,255,255)为白色。实际上 Color.FromArgb 方法还有一个 Alpha 参数，Alpha 表示图形后面的对象的透明度，该参数取值范围也是 0~255 的任一整数，数值越大透明度越高。

2. 画笔 Pen 对象

画笔通常用来绘制线条、曲线以及勾勒形状轮廓。它是 Pen 类的实例，下面的示例说明如何创建一支红色的笔。

```
Dim myPen As New Pen(Color.Red)
```

一个实例化后的画笔就具有了宽度、样式、颜色等属性，在创建画笔对象之后也可以对画笔的属性重新进行设置。Pen 常用的属性见表 8-6。

表 8-6 Pen 常用属性

名　称	说　明
Alignment	画笔的对齐方式
Color	画笔的颜色
Brush	获得或者设置画笔的属性
Width	画笔的宽度
DashStyle	画笔的线型，包括实线、虚线、点线等
SetDashPattern	可以使用一个预定义的数组来描述画笔的虚实，这个数组的格式如下。 [画线部分长度，间隔部分长度，画线部分长度，间隔部分长度……]

其中，线型 DashStyle 是用一个枚举类型数据定义的，具体定义如下。

```
enum DashStyle
{
        DashStyleSolid = 0,          '实线
        DashStyleDash = 1,           '虚线
        DashStyleDot = 2,            '点线
        DashStyleDashDot = 3,        '点划线
        DashStyleDashDotDot = 4,     '双点划线
        DashStyleCustom = 5          '自定义线型
};
```

此外，在导入命名空间 System.Drawing.Drawing2D 后，可以设置线条首尾的样式，而不是一律采用默认的方形。对于起点，使用 SetStartCap 设置，对于终点，可以使用 SetEndCap 来完成。

3. 画刷

由于 Brush 类是一个抽象的基类，因此它不能被实例化。要实例化一个画刷对象，只能用它的派生类进行，画刷一般用于对图形内部进行填充操作。画刷也要与 Graphics 对象一起使用。具体有几种不同类型的画刷，见表 8-7。

表 8-7 画刷类型

名　称	说　明
SolidBrush	画刷的最简单形式，它用纯色进行绘制
HatchBrush	类似于 SolidBrush，但是该类使开发人员可以从大量预设的图案中选择绘制时要使用的图案，而不是纯色
TextureBrush	使用纹理(如图像)进行绘制

(续表)

名　称	说　明
LinearGradientBrush	使用沿渐变混合的两种颜色进行绘制
PathGradientBrush	基于开发人员定义的唯一路径，使用复杂的混合色渐变进行绘制

【例 8-2】用 4 种不同的画刷在窗体上绘制 4 个圆形。程序运行结果如图 8-2 所示。

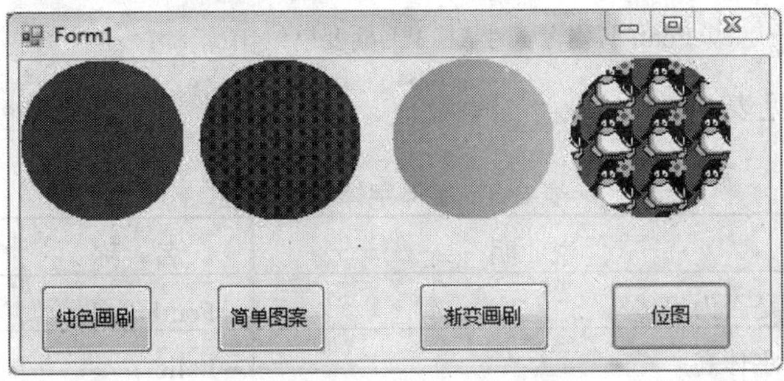

图 8-2　4 种画刷绘制的圆形

分析：首先创建窗体应用程序，在窗体上添加 4 个按钮，修改 Text 属性值，分别编写按钮的 Click 事件代码。

```
Private Sub Button1_Click(sender As Object, e As EventArgs) Handles Button1.Click
        Dim g As Graphics = Me.CreateGraphics
        Dim myBrush As New SolidBrush(Color.Green)
        g.FillEllipse(myBrush, New RectangleF(0, 0, 100, 100))
End Sub
Private Sub Button2_Click(sender As Object, e As EventArgs) Handles Button2.Click
        Dim g As Graphics = Me.CreateGraphics
        Dim myBrush As New
System.Drawing.Drawing2D.HatchBrush(System.Drawing.Drawing2D.HatchStyle.Plaid, Color.Red,
Color.Blue)
        g.FillEllipse(myBrush, New RectangleF(110, 0, 100, 100))
End Sub
Private Sub Button3_Click(sender As Object, e As EventArgs) Handles Button3.Click
        Dim g As Graphics = Me.CreateGraphics
        Dim myBrush As New System.Drawing.Drawing2D.LinearGradientBrush(ClientRectangle,
Color.Red, Color.LightYellow, System.Drawing.Drawing2D.LinearGradientMode.Horizontal)
        g.FillEllipse(myBrush, New RectangleF(230, 0, 100, 100))
End Sub
Private Sub Button4_Click(sender As Object, e As EventArgs) Handles Button4.Click
        Dim g As Graphics = Me.CreateGraphics
        Dim myBrush As New TextureBrush(New Bitmap("E:\vb\例题\aa.bmp"))
        g.FillEllipse(myBrush, New RectangleF(340, 0, 100, 100))
End Sub
```

4. Font 类

Font 类用于定义文本的格式，包括字体、字号和字形属性。Font 类的常用构造函数如下。

```
Public Font(String 字体名, Float 字号, FontStyle 字形){ }
```

其中字号和字体为可选项。具体应用时，可以按下列格式进行实例化。

```
Dim 字体对象 As New Font(名称，大小[,样式[,量度单位]])
```

字体常用属性见表 8-8。

表 8-8　字体字体常用属性

名　称	说　明	名　称	说　明
Bold	是否为粗体	FontFamily	字体成员
Height	字体高	Italic	是否为斜体
Name	字体名称	Size	字体尺寸
SizeInPoints	获取此 Font 对象的字号，以磅为单位	Strikeout	是否有删除线
Style	字体类型	Underline	是否有下划线
Unit	字体尺寸单位		

其中 Unit 是表示字体大小的单位，包括以下几种。

- Display：1/75 英寸。
- Document：文档单位(1/300 英寸)。
- Inch：英寸。
- Millimeter：毫米。
- Pixel：像素。
- Point：打印机点(1/75 英寸)。

例如，下面这段代码可以创建一个 Font 对象，该字体为宋体，大小为 20，粗体、斜体，加删除线。

```
Dim g As Graphics = Me.CreateGraphics
Dim mBrush As New SolidBrush(Color.Red)
Dim mFont As Font = New Font(New FontFamily("宋体"), 20, FontStyle.Bold Or FontStyle.Italic Or
FontStyle.Strikeout)
```

一般 Font 对象是用在 Graphics 对象的 DrawString 方法中，在对象表面绘制文字。

8.2 VB.NET 中的坐标系统

不论在视图还是在窗口中绘图，都需要在一个二维坐标系中进行定位。

8.2.1　GDI+三种坐标系统

GDI+使用三种坐标系统，包括世界坐标系、页面坐标系和设备坐标系。

- 世界坐标 (World Coordinate)：用来制作特定绘图自然模型的坐标。
- 页面坐标 (Page Coordinate)：在窗体或控件等绘图接口上使用的坐标系。
- 设备坐标 (Device Coordinate)：显示设备或打印设备坐标系下的坐标，如绘图所用屏幕或纸张的坐标系。

坐标系统的默认度量单位是像素，如果屏幕分辨率为 1024×768，则每行为 1024 个像素点，每列为 768 个像素点，每个像素用一个点的坐标(x,y)表示。在 GDI+中，默认的坐标系统的原点是在左上角，X 轴指向右边，Y 轴指向下边。如图 8-3 所示，左上角的坐标系就是在窗体 Form1 的控件 PictureBox1 的页面坐标系统。

默认情况下，设备坐标和页面坐标是一致的，坐标原点位于工作区的左上角。如果将度量单位设为像素以外的单位 (例如英寸)，则设备坐标便与页面坐标是不同的。

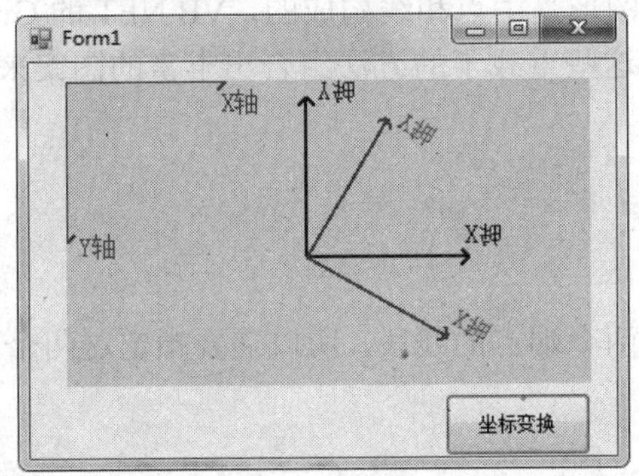

图 8-3　坐标系统与坐标变换

8.2.2　坐标变换

GDI+默认的坐标系统与我们习惯的一般坐标系不同，所以在屏幕上绘图之前，需要先进行一系列坐标变换。画布对象 Graphics 提供了以下三种常用的坐标变换方法，可以很方便地进行坐标变换。

(1) 改变坐标原点位置：

```
.TranslateTransform(x, y)   '坐标原点移到点(x,y)处
```

(2) 改变坐标系的 X、Y 轴方向：

```
.ScaleTransform(1, -1)    'X 轴方向不变，Y 轴反向
```

如果参数绝对值不取 1，还可以根据所取数值进行相应坐标的放大或缩小处理。

(3) 旋转坐标系的角度：

```
.RotateTransform(-30)   '原坐标系顺时针旋转 30°
```

若参数为负，表示顺时针旋转；参数为正，表示逆时针旋转。

【例 8-3】坐标变换，效果如图 8-3 所示。

图 8-3 中坐标轴倾斜的坐标系，是将原页面坐标系的原点平移到点(150,110)处，再将 Y 轴变为相反方向，最后再绕着原点顺时针旋转了 30°，坐标变换代码如下。

```
g.TranslateTransform(150, 110)
g.ScaleTransform(1, -1)
g.RotateTransform(-30)
```

为了在图 8-3 中输出坐标轴，需要画直线，而且要定义线型。具体画线方法在下节讲述。

8.3 基本绘图方法

在实际应用中，很多图形是由点和线构成的，VB.NET 的 Graphics 类提供了很多画线图的方法，用户可以使用这些重载了的方法组合出丰富的图案来。

8.3.1 画直线

1. DrawLine 方法

该方法绘制的是已知两个端点的线段，所以需要指定这两个点的坐标(x1,y1)，(x2,y2)，具体形式如下。

```
DrawLine(pen,x1,y1,x2,y2)
```

如果两个点用 Point 结构表示，则使用格式如下。

```
DrawLine(pen,Point1, Point2)
```

例如，要在 PictureBox 控件表面绘制一条蓝色直线，代码如下。

```
Dim g As Graphics = Me.PictureBox1.CreateGraphics
Dim mpen As New Pen(Color.Blue)
g.DrawLine(mpen, 0, 0, 100, 200)
```

其中，最后一条语句也可以使用如下代码替换。

```
Dim p1 As Point = New Point(0, 0)
Dim p2 As Point = New Point(100, 200)
g.DrawLine(mpen, p1, p2)
```

2. DrawLines 方法

该方法可以绘制由若干条线段连接起来的折线，DrawLines 的形式如下。

```
DrawLines(Pen, Point())
```

Point()参数就是一个由一系列的点构成的数组。

例如，下列代码将在 PictureBox 控件中绘制一条由 4 个不同的坐标点依次连线构成的图形，代码如下。

```
Dim g As Graphics = Me.PictureBox1.CreateGraphics
Dim mpen As New Pen(Color.Red)
Dim Points As Point() = {New Point(0, 0), New Point (80, 50), New Point(120, 30), New Point(60, 100)} '定义数组 Points，用于保存 4 个点
g.DrawLines(mpen, points)    '画折线
```

运行结果如图 8-4 所示。

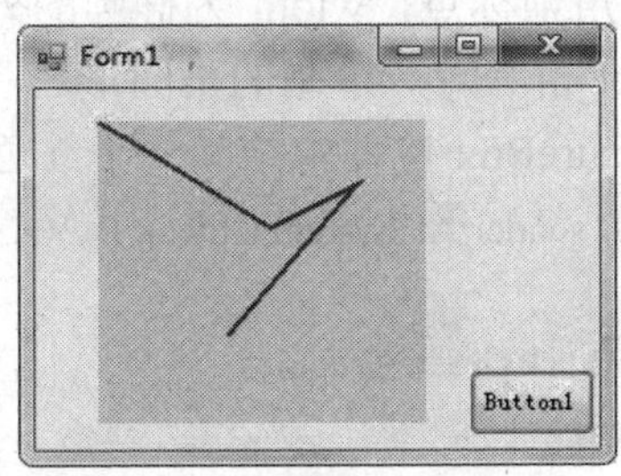

图 8-4　画折线

8.3.2　画弧线

用 DrawArc 方法可以画一段椭圆弧，具体格式如下。

```
DrawArc(Pen, x, y, Swidth, height, StartAngle, SweepAngle)
```

其中 x, y, Swidth, height 这 4 个参数指定了椭圆的结构。

StartAngle 为椭圆弧的起始角度，该角度是指在以椭圆的中心为坐标原点、X 轴向右为正方向的坐标系中，圆弧起点与 X 轴的夹角。

SweepAngle 为椭圆弧扫过的角度值，指以 StartAngle 参数所指定的起点沿顺时针方向扫过的度数。

例如，以下代码可以画一个度数为 30°~120°的弧线。

```
Dim g As Graphics = Me.PictureBox1.CreateGraphics
Dim mpen As New Pen(Color.Red)
g.DrawArc(mpen, 0.0F, 0.0F, 100.0F, 100.0F, 30.0F, 120.0F)
```

运行效果如图 8-5 所示。

图 8-5　画弧线

8.3.3 画椭圆

1. DrawEllipse 方法

使用 DrawEllipse 方法可以绘制一个由矩形边框定义的椭圆，该边框是由椭圆的左上角坐标、高度以及宽度决定的。

DrawEllipse 方法的常用形式如下。

```
DrawEllipse(x,y,width,height)
```

其中，x、y 为椭圆的左上角坐标点，width 为椭圆的外接矩形的宽，height 为椭圆的外接矩形的高。当 width、height 相等时，绘制的是圆形。

例如，下列代码可以在 PictureBox 控件中绘制一个红色的椭圆。

```
Private Sub Button1_Click(ByVal sender As System.Object, ByVal e As System.EventArgs) Handles Button1.Click
    Dim g As Graphics = Me.PictureBox1.CreateGraphics
    Dim mpen As New Pen(Color.Red)
    g.DrawEllipse(mpen, 0, 0, 180, 150)
    End Sub
```

2. FillEllipse 方法画填充椭圆

如果绘图工具选用画刷，使用 FillEllipse 方法可以画填充椭圆。例如，下列代码可以绘制一个红色填充椭圆，结果如图 8-6 所示。

```
Private Sub Form1_Paint(sender As Object, e As PaintEventArgs) Handles MyBase.Paint
        Dim g As Graphics = Me.CreateGraphics
        Dim mybrush As New SolidBrush(Color.Red)
        g.FillEllipse(mybrush, 20, 20, 180, 120)
End Sub
```

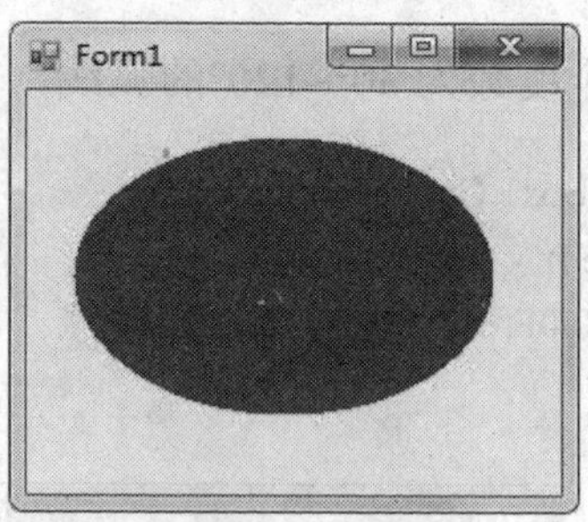

图 8-6 画填充椭圆

8.3.4 画矩形

1. DrawRectangle 方法

使用 DrawRectangle 方法可以绘制一个由左上角(x1,y1)和右下角(x2,y2)两个点确定的矩形。

DrawRectangle 方法的常用形式如下。

```
DrawRectangle (x1,y1,x2,y2)
```

当然，参数中的 4 个坐标可以用 Point 类的对象表示。例如，下列代码可以在窗体中绘制一个红色的矩形。

```
Dim g As Graphics = Me.CreateGraphics
Dim mpen As New Pen(Color.Red)
g.DrawRectangle(mpen, 0, 0, 250, 150)
```

2. DrawRectangles 方法

使用 DrawRectangles 方法可以绘制一组矩形，具体格式如下。

```
DrawRectangles (pen As Pen, rects As Rectangle())
```

Rectangle 为结构数组，这些结构数组元素表示要绘制的矩形。

3. FillRectangle 方法画填充矩形

使用 FillRectangle 方法可以绘制填充矩形，画填充矩形首先要选画刷类型。例如：

```
Dim mybrush As New HatchBrush(HatchStyle.DiagonalCross, Color.Red, Color.Blue)
 g.FillRectangle(mybrush, 0, 0, 250, 150)
```

4. FillRectangles 方法画填充矩形组

选择画刷样式，用 FillRectangles 方法画填充矩形组。例如，下列代码可以画三个矩形。运行结果如图 8-7 所示。

```
Dim rects As Rectangle() = {New Rectangle(0, 0, 50, 100), New Rectangle(50, 100, 100, 50), New
Rectangle(150, 40, 100, 80)}
Dim mybrush As New HatchBrush(HatchStyle.DiagonalCross, Color.Red, Color.Blue)
g.FillRectangles(mybrush, rects)
```

图 8-7　画填充矩形组

8.3.5 画扇形

1. DrawPie 方法

使用 DrawPie 方法可以绘制一个由左上角(x1,y1)和右下角(x2,y2)两个点确定的矩形。DrawPie 方法的常用形式如下。

```
DrawPie(0, 0, 100, 100, 30, 120)
```

例如，下面的代码可以在窗体中绘制一个红色的扇形。

```
Dim g As Graphics = Me.CreateGraphics
Dim mpen As New Pen(Color.Red, 3)
g.DrawPie(mpen, 0, 0, 100, 100, 30, 120)
```

2. FillPie 方法

使用 FillPie 方法可以绘制填充扇形。例如，下面的代码可以在窗体中绘制一个红色的填充扇形。

```
Dim mybrush As New SolidBrush(Color.Red)
g.FillPie(mybrush, 0, 0, 100, 100, 30, 120)
```

8.3.6 绘制文字

DrawString 属于 System.Drawing.Drawing2D 命名空间，用 GDI+ 绘制文本时首先要导入该命名空间，即在窗体代码前面要加以下代码。

```
Imports System.Drawing.Drawing2D
```

在绘制文字时，DrawString 方法不仅要与 Graphics 对象一起使用，还要在创建用于绘制文字的 Brush 对象后才能使用相应的字体对象绘制文本。格式如下。

```
g.DrawString("文本内容", Font f, 画刷对象,位置)
```

例如，下列代码可以在指定位置绘制一行带阴影效果的文字。显示效果如图 8-8 所示。

```
Dim g As Graphics
g = Me.CreateGraphics
Dim f As New Font("宋体", 30, FontStyle.Bold)
Dim sb1 As SolidBrush = New SolidBrush(Color.Black)
Dim sb2 As SolidBrush = New SolidBrush(Color.FromArgb(100, Color.Black))
g.DrawString("VB.NET 程序设计", f, sb2, 33, 43)
g.DrawString("VB.NET 程序设计", f, sb1, 30, 40)
```

图 8-8 阴影效果文字

8.4 图像处理

8.4.1 利用 PictureBox 控件显示图像

在 VB.NET 中，PictureBox 控件是用来显示图形的，它可以作为其他控件的容器显示各种格式的图片，包括位图.BMP、图标.ICO、图元.WMF 或图像.EMF、.JPG、.JPEG、.GIF、.PNG 等。该控件提供了一些属性和方法，利用它们可以很方便地进行图形编辑。

1. PictureBox 控件的常用属性

PictureBox 控件的常用属性见表 8-9。

表 8-9 PictureBox 控件的常用属性与作用

属 性	作 用
BackColor	获取或设置 PictureBox 控件的背景色
BackgroundImage	获取或设置 PictureBox 控件显示的背景图像
BorderStyle	指示控件的边框样式，默认为 None
Image	获取或设置 PictureBox 显示的图像
SizeMode	指示如何显示图像。默认值为 Normal

其中 SizeMode 属性的取值及意义如下。

(1) PictureBoxSizeMode.Normal 模式中，图像置于 PictureBox 的左上角，如果图像过大，超出 PictureBox 的部分都将被剪裁掉。

(2) PictureBoxSizeMode.StretchImage 模式中，将加载的图像进行拉伸，以便适合 PictureBox 的大小。

(3) PictureBoxSizeMode.AutoSize 模式中，将调整控件大小，以便总是适合图像的大小。

(4) PictureBoxSizeMode.CenterImage 模式中，将图像置于工作区的中心。

(5) PictureBoxSizeMode.Zoom 模式中，将图像按比例放大，以便适合 PictureBox 的大小。

2. 为 PictureBox 控件加载和删除图片

1) 加载图片

首先在窗体上添加一个 PictureBox 控件，在属性窗口选择它的 Image 属性，单击右侧的省略号按钮，将打开“选择资源”对话框，如图 8-9 所示。如果选择本地资源中的图片，则单击“导入”按钮，在弹出的“打开”对话框中选择图像文件，单击“确定”按钮即可。

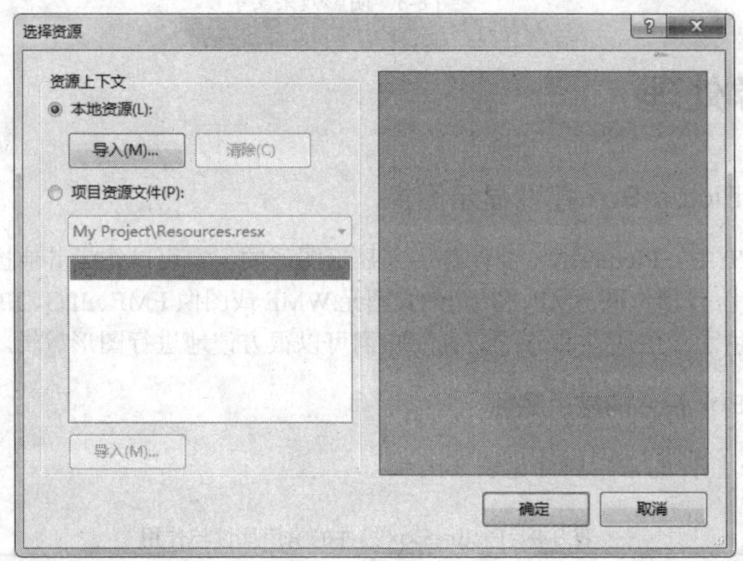

图 8-9　“选择资源”对话框

如果要在编程时加载图片，可以使用 Image 类的 FromFile 方法来设置 PictureBox 控件的 Image 属性，格式如下。

```
PictureBox1.Image = Image.FromFile(FilePath)
```

其中 FilePath 要包含加载的图片文件及其完整路径。

2) 删除图片

如果要删除 PictureBox 控件中加载的图片，可以用以下几种方法。

(1) 选中 PictureBox 控件的 Image 属性，单击右键，在弹出的快捷菜单中选择“重置”命令，即可删除控件中的图片。

(2) 将光标放到 Image 属性后的图片路径框中，使用键盘上的 Delete 键也可删除图片。

(3) 用代码来删除图片，即：

```
PictureBox1.Image = Nothing
```

8.4.2 利用 DrawImage 方法编辑图像

1. 显示图像

在 GDI+绘图时，如果要调用图像文件中的图形，需要将 Bitmap 对象和 Graphics 对象结合使用。一般是在创建 Bitmap 对象后，使用 Graphics 对象的 DrawImage 方法将文件中的图像显示出来。DrawImage 是 GDI+的 Graphics 类显示图像的核心方法，它的重载函数有许多个，一般常用的有如下几个。

```
Status DrawImage( Image* image, INT x, INT y);
Status DrawImage( Image* image, const Rect& rect);
Status DrawImage( Image* image, const Point* destPoints, INT count);
Status DrawImage( Image* image, INT x, INT y, INT srcx, INT srcy, INT  srcwidth, INT srcheight, Unit s
rcUnit);
```

Bitmap 类是抽象类 Image 的派生类，可以用来创建对象，进行位图文件操作，既可以显示图像，也可以编辑图像。Bitmap 类提供了用于加载、保存和处理光栅图像的更多方法，因而扩展了 Image 类的功能。例如，下列代码可以将 jpg 文件显示到图片框中。

```
Private Sub Button1_Click(sender As Object, e As EventArgs) Handles Button1.Click
    Dim pic As New Bitmap("e:\vb\\bb.jpg")
    Dim g As Graphics = Me.PictureBox1.CreateGraphics()
    g.DrawImage(pic, 0, 0, 320, 300)
End Sub
```

2. 缩放图像

用 DrawImage 方法可以对图像进行放大或缩小，格式如下。

```
DrawImage(Image img,Rectange rect)
```

例如，原始图像大小为(0,0,300,300)，则 g.DrawImage(pic, 0, 0, 200, 200)会缩小图像，而 g.DrawImage(pic, New Rectangle(0, 0, 400, 400))则可以放大图像。原始图像宽度和高度可以用 Bitmap 对象的 Weight、Height 属性表示，则 g.DrawImage(pic, New Rectangle(0, 0, pic.Width*2, pic.Height*3)) 将会按比例放大图像。如果所乘系数小于 1，则会缩小图像。

3. 旋转、反射和扭曲图像

用 DrawImage 还可以对图像进行旋转、反射和扭曲操作，格式如下。

```
DrawImage(Image img, Point destPoints())
```

destPoints 包含对新坐标系定义所需点的数据。destPoints 中的第一个点是用来定义坐标原点的，第二点用来定义 X 轴的方法和图像在 X 方向的大小，第三个点是用来定义 Y 轴的方法和图像在 Y 方向的大小。若 destPoints 定义的新坐标系中两轴方向点不垂直，就能达到图像拉伸的效果。

【例 8-4】位图的显示、旋转与拉伸。

```
Private Sub Button1_Click(sender As Object, e As EventArgs) Handles Button1.Click
    Dim pic As New Bitmap("e:\vb\第 8 章\aa.bmp")
    Dim g As Graphics = Me.PictureBox1.CreateGraphics()
```

```
        Dim points() As Point = {New Point(5, 5), New Point(pic.Width * 3, 25), New Point(5, pic.Height * 6)}
        'g.DrawImage(pic, 0, 0)        '原位显示位图
        g.DrawImage(pic, points)       '旋转与扭曲
    End Sub
```

该例中位图原图显示效果如图 8-10 所示，拉伸和扭曲操作后显示效果如图 8-11 所示。

图 8-10 显示原图

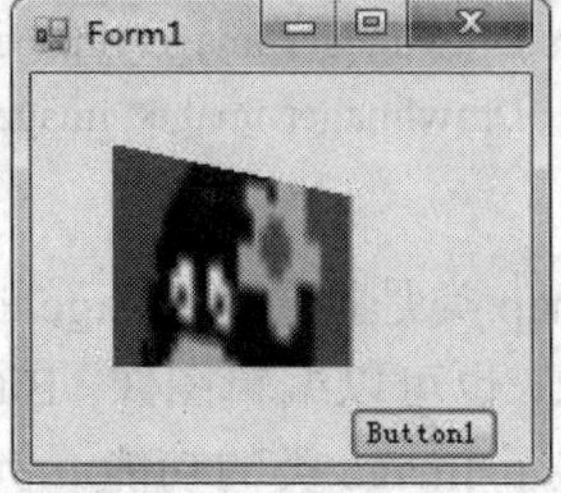

图 8-11 拉伸和扭曲的图

8.5 实训练习

【例8-5】学生成绩分析。输入学生成绩，统计各分数段人数，并画出成绩分布直方图。具体统计时，成绩分为以下5个分数段：100~90、89~80、79~70、69~60以及60以下(不含60)。要求学生人数和成绩用 InputBox()函数输入。

程序运行界面如图 8-12 所示。

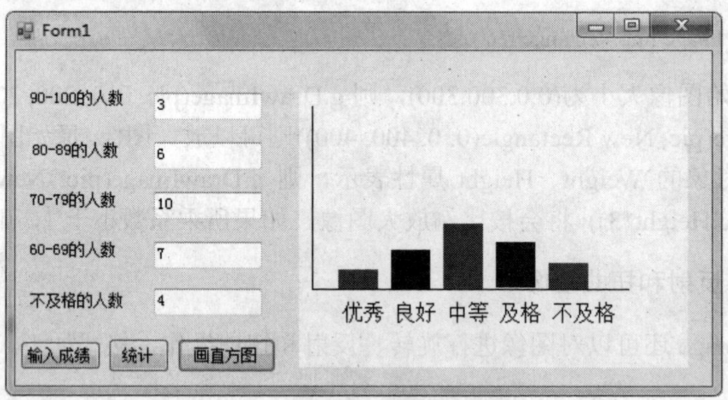

图 8-12 成绩分布直方图

分析：

该例是数组和绘图知识的综合应用。题目要求学生人数和分数都用 InputBox()函数输入，使程序更具有通用性。在本例中，学生人数用一个模块级变量 M 表示，学生成绩用一个一维数组 score()表示。统计了各分数段人数后，用 Graphics 对象的 FillRectangle()方法画出矩形，矩形的高与相应分数段人数成正比。具体实现步骤如下。

(1) 启动 VS2013，新建一个窗体应用程序。

(2) 按照图 8-12 所示界面，在窗体左侧添加 5 个标签控件和 5 个文本框控件，在其底部添加三个按钮控件并修改按钮的 Text 属性，再将一个图片框控件添加到窗体右侧。

(3) 定义模块级变量和数组。

```
Dim M As Integer
Dim Score() As Integer
Dim mypen As New Pen(Color.Black, 1)
Dim brush1 As New SolidBrush(Color.Red)
Dim brush2 As New SolidBrush(Color.Blue)
Dim brush3 As New SolidBrush(Color.Green)
```

(4) 编写窗体的 Load 事件过程代码，输入学生人数。

```
Private Sub Form1_Load(sender As Object, e As EventArgs) Handles MyBase.Load
    M = Val(InputBox("请输入人数", "", , ))
End Sub
```

(5) 编写窗体的“输入成绩”按钮的 Click 事件过程代码，输入成绩。

```
Private Sub Button3_Click(sender As Object, e As EventArgs) Handles Button3.Click
    Dim i, j As Integer
    Dim str, ss(M) As String
    ReDim Score(M - 1)
    str = ""
    str = InputBox("请输入" & M & "个 人的成绩，用逗空格分隔", " ", , )
    ss = Split(Trim(str), " ")
    For i = 0 To M - 1
        Score(i) = ss(i)
    Next
End Sub
```

(6) 编写窗体的“统计”按钮的 Click 事件过程代码，统计各分数段学生人数。

```
Private Sub Button1_Click(sender As Object, e As EventArgs) Handles Button1.Click
    Dim i As Integer
    dim s1,s2,s3,s4,s5
    s1 = 0 : s2 = 0 : s3 = 0 : s4 = 0 : s5 = 0
    For i = 0 To M - 1
        If Score(i) >= 90 Then s1 = s1 + 1
        If Score(i) >= 80 And Score(i) < 90 Then s2 = s2 + 1
        If Score(i) >= 70 And Score(i) < 80 Then s3 = s3 + 1
        If Score(i) >= 60 And Score(i) < 70 Then s4 = s4 + 1
        If Score(i) < 60 Then s5 = s5 + 1
    Next
    TextBox1.Text = s1 : TextBox2.Text = s2
    TextBox3.Text = s3 : TextBox4.Text = s4
    TextBox5.Text = s5
End Sub
```

(7) 编写窗体的“画直方图”按钮的 Click 事件过程代码，画出图形。

```
Private Sub Button2_Click(sender As Object, e As EventArgs) Handles Button2.Click
        Dim g As Graphics = Me.PictureBox1.CreateGraphics
        Me.PictureBox1.BackColor = Color.LightYellow
        Dim a1, a2, a3, a4, a5, b1, b2, b3, b4, b5 As Integer
        a1 = Int((1 - s1 / M) * 150):   b1 = Int(s1 / M * 150)
        a2 = Int((1 - s2 / M) * 150):   b2 = Int(s2 / M * 150)
        a3 = Int((1 - s3 / M) * 150):   b3 = Int(s3 / M * 150)
        a4 = Int((1 - s4 / M) * 150):   b4 = Int(s4 / M * 150)
        a5 = Int((1 - s5 / M) * 150):   b5 = Int(s5 / M * 150)
        g.DrawLine(mypen, 10, 10, 10, 150)
        g.DrawLine(mypen, 10, 150, 250, 150)
        g.DrawString("优秀  良好中等  及格  不及格", New Font("宋体", 12), Brushes.Black, 30, 160)
        g.FillRectangle(brush1, 30, a1, 30, b1)
        g.FillRectangle(brush2, 70, a2, 30, b2)
        g.FillRectangle(brush3, 110, a3, 30, b3)
        g.FillRectangle(brush2, 150, a4, 30, b4)
        g.FillRectangle(brush1, 190, a5, 30, b5)
End Sub
```

(8) 运行程序。

8.6 上机实验

【实验 8-1】绘制图形。

1. 实验目的

(1) 掌握 Graphics 对象的创建方法。
(2) 掌握画笔对象、画刷对象的使用方法。
(3) 掌握 Graphics 对象的绘图方法。

2. 实验内容

绘制圆形、实心椭圆、矩形和填充矩形，要求分别在窗体和图片框上绘制图形。画图时画笔对象设置为不同颜色、粗细、线型；画刷的填充样式分别采用 4 种不同类型样式，如图 8-13 所示。

3. 实验步骤

(1) 打开 VS2013，在“文件”菜单中选择“新建项目”命令，并选择其中的“Windows 窗体应用程序”命令。

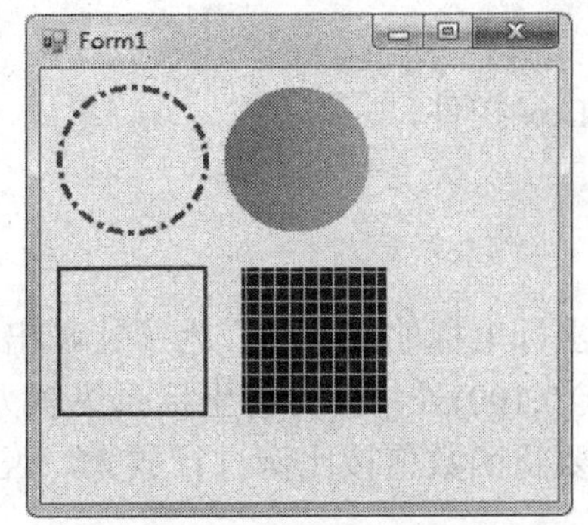

图 8-13　实验 8-1 运行结果

(2) 编写窗体 Form1 的 Paint 事件代码进行绘图。

```
Private Sub Form1_Paint(sender As Object, e As PaintEventArgs) Handles MyBase.Paint
        Dim myPen1 As New Pen(Color.Red, 3)
        myPen1.DashStyle = Drawing2D.DashStyle.DashDot
        Dim myPen2 As New Pen(Color.DarkGreen, 2)
        Dim g As Graphics = Me.CreateGraphics
        Dim myBrush2 As New
System.Drawing.Drawing2D.HatchBrush(System.Drawing.Drawing2D.HatchStyle.Cross, Color.Pink,
Color.Blue)
        Dim myBrush3 As New System.Drawing.Drawing2D .LinearGradientBrush(ClientRectangle,
Color.Green, Color.LightYellow, System.Drawing.Drawing2D.LinearGradientMode.Horizontal)
       g.DrawEllipse(myPen1, 10, 10, 80, 80)
        g.DrawEllipse(myPen1, 10, 10, 80, 80)
        g.DrawRectangle(myPen2, 10, 110, 80, 80)
        g.FillEllipse(myBrush3, New RectangleF(100, 10, 80, 80))
        g.FillRectangle(myBrush2, New RectangleF(110, 110, 80, 80))
End Sub
```

(3) 修改上述代码中的画笔、画刷属性，观察图形效果。

(4) 上述代码是在窗体上画图，在窗体上添加 PictureBox 控件，并在该控件上画图。

【实验 8-2】绘制 Sin(x)函数图像。

1. 实验目的

(1) 掌握 Graphics 对象的坐标变换方法。

(2) 掌握利用 Graphics 对象绘制函数图像的方法。

2. 实验内容

编写程序，在 PictureBox 控件上绘制正弦函数图像的一个周期，要求画出坐标轴。

3. 实验步骤

(1) 打开 VS2013，在“文件”菜单中选择“新建项目”命令，并选择其中的“Windows

窗体应用程序”命令。

(2) 在窗体上添加 PictureBox 控件。

(3) 编写程序代码。

提示：

(1) 在绘制坐标轴时，纵坐标上标明坐标值，为了让画出的图形位于 PictureBox1 中间位置，将其坐标原点平移到点(0,100)处，同时将坐标系纵轴方向反向。

(2) 在绘制函数图像时，要将函数值按比例进行放大，否则函数最大值为1，画出的图像太小，参考代码如下。

```
For x = 0 To 360 Step 0.1
        y = 80 * Math.Sin(x * Math.PI / 180)
        g.FillEllipse(Brushes.Blue, x, y, 3, 3)
Next
```

【实验 8-3】绘制饼图。

1. 实验目的

(1) 掌握根据数据绘制图形的方法。

(2) 掌握在控件上显示文本的方法。

2. 实验内容

输入一组数据表示学生成绩，统计优秀、良好、中等、及格和不及格的人数，并用饼图表示出来。统计时优秀、良好、中等、及格和不及格的对应分数段分别为 100~90、89~80、79~70、69~60 以及 60 以下(不含 60)。要求如下。

(1) 学生人数和学生分数由 InputBox()函数输入。

(2) 在图上标出各个等级人数所占的百分比。

(3) 应用界面参照图 8-12 设计。

3. 实验步骤

参考例 8-5 的步骤和算法完成本实验。

习题

1. 选择题

(1) 利用 PictureBox1 控件显示位图，设计时用(   )属性指定要显示的图片。

A. Imaget　　　　B. SizeMode

C. Anchor　　　　D. Namer

(2) Graphics 对象的方法中，用于画弧线的是(   )。

A. DrawLine　　　　B. DrawString

C. DrawArc D. DrawPie

(3) 用 Graphics 对象的 FillEllipse 可以画的图形是( )。

A. 椭圆 B. 实心椭圆

C. 矩形 D. 实心矩形

(4) 在Graphics对象的有关坐标变换的方法中，( )方法是将坐标系的角度进行旋转的。

A. TranslateTransform B. ScaleTransform(1, -1)

C. .RotateTransform(-30) D. 实心矩形

(5) 如果要画一条弧线，下列语句中( )是正确的，其中 g 是 Graphics 对象。

A. g.DrawArc(mpen, 0.0F, 0.0F, 100.0F)

B. g.DrawArc(mpen, 0.0F, 0.0F, 100.0F, 100.0F)

C. g.DrawArc(mpen, 0.0F, 0.0F, 100.0F, 100.0F, 30.0F)

D. g.DrawArc(mpen, 0.0F, 0.0F, 100.0F, 100.0F, 30.0F, 120.0F)

2. 填空题

(1) 在 GDI+中，色彩是通过__________类来描述的，GDI+中的色彩信息值是由一个 32 位的数据来表示的，它包括 8 位 Alpha 值和各 8 位的 R、G、B 值，对于 Alpha 值是用来表示透明度的，完全透明取值为__________，不透明时取值为__________。

(2) PictureBox1 控件的 SizeMode 属性用来设置所加载的图片的位置，默认的方式是 Normal，表示__________，如果设置为图片的大小随控件大小进行调整，则应该设置为__________。

(3) 在 GDI+中，画实心图形应该选用的绘图工具是__________，画空心图形，应该选用的绘图工具是__________。

(4) 在下列画矩形的语句中，Dim g As Graphics = Me.CreateGraphics g.DrawRectangle (mypen, 10,20, 250, 150)，mypen 后的 4 个整型数据分别代表__________。

(5) 在VB.NET中，在窗口或其他空间中显示文字，都是通过Graphics 对象的 DrawString方法实现的，例如g.DrawString ("VB.NET程序设计", f, sb2, 34, 44)其中"VB.NET程序设计"是要显示的字符串，f表示字体实例，sb2 表示是画刷，34 和 44 表示的是__________。

3. 编程题

(1) 编写程序，在窗体上绘制三条相交的直线，一条为红色实线，一条为蓝色点划线，一条为紫色虚线。

(2) 编写程序，在窗体上用不同类型画刷绘制圆形、矩形、多边形，要求每种图形的边框与填充颜色不同。

(3) 编写程序，在窗体上画出余弦函数的图像。

(4) 编写程序，在窗体上显示任意文字，并做文字特效。

(5) 编写程序，在窗体上显示一个位图文件，并将其缩放和扭曲。

第 9 章

文件及相关控件

在本章中，主要介绍文件及相关控件的操作。在 VB.NET 中提供了三种文件访问的方法，在此主要介绍通过.NET 的 System.IO 模型以流的方式对各种数据文件进行访问，为了和以前的 VB6.0 相兼容，使用 VB 传统语句访问文件，包括文件流中文件的访问和传统文件的访问，实例通俗易懂，方便学习使用。

9.1 文件与流

1. 文件

文件是由一些具有永久存储及特定顺序的字节组成的一个有序的具有名称的集合。

VB.NET提供了两种用于文件操作的方式：使用.NET的System.IO模型和使用VB.NET的运行时函数。

2. 流

其实，在.NET 里面，微软用丰富的“流”对象取代了传统的文件操作，而“流”是一个在 Unix 里面经常使用的对象，可以把流当作一个通道，程序的数据可以沿着这个通道“流”到各种数据存储机构(例如文件、字符串、数组，或者其他形式的流等)。

为什么我们会摒弃用了那么久的 I/O 操作，而代之为流呢?其中很重要的一个原因就是并不是所有的数据都存在于文件中。现在的程序，从各种类型的数据存储中获取数据，例如可以是一个文件、内存中的缓冲区或是 Internet 上的信息。而流技术使得应用程序能够基于一个编程模型，获取各种数据，只需要在应用程序和 Web 服务器之间创建一个流，然后读取服务器发送的数据就可以了。

3. 文件的访问

文件访问主要是对文件的读写操作，读文件是将文件中的数据读入计算机内存，就是向计算机输入数据；写文件是将计算机内存中的数据写入文件中。

VB.NET 中提供了三种文件访问的方法。

(1) VB 传统语句访问文件。

(2) 通过.NET 的 System.IO 模型以流的方式对各种数据文件进行访问。

(3) 通过文件系统对象模型(FSO)访问文件。

9.2 文件流的操作

流对象封装了读写数据源的各种操作，最大的优点就是方便学习。只要学好操作某一个数据源，就可以把这种技术扩展到其他形形色色的数据源。

VB.NET 将文件看成是顺序的字节流，文件流是字节序列的抽象概念，将文件视为存储在磁盘上的一系列二进制字节信息。在 System.IO 模型下读写文件时，不是直接操作文件，而是通过文件流的某些方法来实现对文件的读写。

System.IO 模型的实现包含在 System.IO 命名空间中，该模型是一个文件操作类库，包含的类可以进行文件的创建、读写、复制、移动和删除等操作。

9.2.1 System.IO 模型

System.IO 模型提供了一个面向对象的方法访问文件系统，该模型提供了许多针对文件、文件夹的操作功能，是以流的方式对各种数据进行访问，不仅灵活，而且可以保证编码接口的统一。

1. System.IO 中的类名称

在 VB.NET 中，文件流的访问操作都是通过 System.IO 来实现的，有许多以 File 开头的类名，见表 9-1。

表 9-1 System.IO 中的类名称

类名称	说 明
Directory; File; FileInfo; FileStream; Path	用于创建、移动和删除目录和文件，通过属性获取目录和文件的相关信息
BinaryReader;BinaryWriter	读写二进制数据
MemoryStream	访问存储在内存中的数据
FileStream	与 Stream 对象配合，完成更多的文件操作
StreamWriter;StreamReader	读写文本数据
StringReader;StringWriter	运用字符串缓冲读写文件数据

2. System.IO 操作的分类

System.IO 命名空间包含一个便于进行字符串、字符和文件操作的类库，用来创建、复制和删除文件的属性、事件和方法。

(1) 操作流的类，包括操作文件流、内存流、读写这些流的相关类。

(2) 操作文件夹的类，包括文件夹创建、移动和删除文件夹信息。

(3) 操作文件的类，包括文件创建、删除、移动以及获取文件信息。

9.2.2　流的种类

流是一个抽象类，不能在程序中声明 Stream 的一个实例。在.NET 里由 Stream 派生出 5 种具体的流，见表 9-2。

表 9-2　Stream 类的 5 种具体的流

流名称	说　明
FileStream	支持对文件的顺序和随机读写操作
MemoryStream	支持对内存缓冲区的顺序和随机读写操作
NETworkStream	支持对 Internet 网络资源的顺序和随机读写操作
CryptoStream	支持数据的编码和解码
BufferedStream	支持缓冲式的数据的读取操作

9.2.3　FileStream 类

进行本地文件操作时可以采用 FileSteam 类，可以很简单地读写为字节数组(Arrays of Bytes)。对于简单数据类型的数据读写，可以采用 BinaryReader、BinaryWriter StreamReader、StreamWriter 类。

(1) BinaryReader 用特定的编码将基元数据类型读作二进制值。BinaryWriter 以二进制形式将基元类型写入流，并支持用特定的编码写入字符串。

(2) StreamReader/Writer 则是把数据存储为 XML 格式。在 VB.NET 里采用哪个区别不大，因为所用的类都应用这两种格式。

VB.NET 创建新的应用程序，不需要考虑版本的兼容问题，建议采用.NET 的新特性。使用 Stream 类，必须创建一个 FileStream 对象。

1. 指定文件路径

指定文件路径最简单的方式，语法格式如下。

```
Dim fStream As FileStream(path,fileMode,fileAccess)
```

其中，path 要包含文件的路径以及文件名；fileMode 是枚举类型，其成员见表 9-3；fileAccess 是枚举类型，包含的属性有 Read (只读)、ReadWrite(读写)和 Write(写)操作。

表 9-3　fileMode 的成员

成员名称	说　明
Append	打开现有文件并查找到文件尾，或创建新文件
Create	指定操作系统应创建新文件。如果文件已存在，它将被改写
CreateNew	指定操作系统应创建新文件
Open	指定操作系统应打开现有文件
OpenOrCreate	指定操作系统应打开文件(如果文件存在)；否则，应创建新文件
Truncate	指定操作系统应打开现有文件。文件一旦打开，就将被截断为 0 零字节大小

2. 使用 OpenWrite 创建 FileStream

语法格式如下。

```
Dim FS As FileStream = IO.File.OpenWrite("d:\StreamOpen.txt")
```

另外一种打开文件方式是，可以用 OpenFileDialog 和 SaveFileDialog 控件的 OpenFile 方法，不需要指定任何参数。

(1) OpenFileDialog 的 OpenFile 方法以只读方式打开文件，语法格式如下。

```
Dim FS As FileStream =OpenFileDialog1.OpenFile
```

(2) SaveFileDialog 的 OpenFile 方法以读写方式打开文件，语法格式如下。

```
Dim FS As FileStream = SaveFileDialog1.OpenFile
```

3. FileStream 类的常用方法和属性

在创建文件后，需要对文件进行读写等操作，FileStream 类的方法见表 9-4。

表 9-4　FileStream 类的常用方法和属性

成员名称	说　明
Read	从流中读取字节块并将该数据写入缓存区中
Write	从缓存区读取的数据写入该流
Seek	将该流的读写位置设置为定值
Flush	清除该流的所有缓存区，将所有缓存区的数据写入设备中
Close	关闭文件并释放与该文件流相关的任何资源

4. 创建并关闭流文件

【例 9-1】创建一个流文件，然后关闭这个流对象。

```
'先引入命名空间
```

```
Import System.IO
'创建一个流文件
Dim fs As new System.IO.FileStream("d:\file\lihuafile.txt",FileMode.OpenOrCreate,FileAccess.ReadWrite)
'关闭这个流对象
fs.Close()
```

9.2.4　StreamReader 类和 StreamWriter 类

FileStream 本身提供了对文件字节格式的读写功能，但它要配合.NET 提供的流读写器 StreamReader 和 StreamWriter 一起工作。

StreamReader 用来读任何输入流；FileStream 是文件流，可以被读，被写；StreamWriter 用来写任何输出流。

这两个类在内部使用特定的编码在字符和字节间进行转换。

1. StreamReader 类的方法和属性

StreamReader 类用来读取文件流，其常用的方法和属性见表 9-5。

表 9-5　StreamReader 类常用的方法和属性

成员名称	说　明
Read	从输入流中读取数据
Close	关闭文件并释放与该读取器相关的任何资源

2. StreamWriter 类的方法和属性

StreamWriter 类可以写入任何流，其常用的属性和方法见表 9-6。

表 9-6　StreamWriter 类的属性和方法

成员名称	说　明
WriteLine	写入指定的数据，后跟行结束符
Flush	清除该流的所有缓存区，将所有缓存区的数据写入基础流
Close	关闭当前的 StreamWriter 和基础流

3. StreamReader 和 StreamWriter 类的简单应用

【例 9-2】利用 StreamReader 和 StreamWriter 类，简单实现对文件的读取操作。

先定义一个 FileStream，利用 StreamReader 和 StreamWriter 类，简单实现对文件的操作，代码如下。

```
'先引入命名空间
Import System.IO
Private Sub Button1_Click(sender As Object, e As EventArgs) Handles Button1.Click
```

```
        '实例化一个 FileStream 对象
        Dim fs As New System.IO.FileStream("d:\file\lihuafile.txt", FileMode.OpenOrCreate)
        '定义一个 StreamWrite
        Dim sw As New StreamWriter(fs)
        '在文件中写入一些数据
        sw.WriteLine("Welcome to VB.NET")
        sw.WriteLine("find it ,use it, it's useful for you ")
        sw.WriteLine(23)
        '清除该流的所有缓存区，将所有缓存区的数据写入基础流
        sw.Flush()
        '定义一个 StreamReader
        Dim sr As New StreamReader(fs)
        Dim s As String
        '设置当前流的位置，流的开始位置(SeekOrigin.Begin)偏移零位
        sr.BaseStream.Seek(0, SeekOrigin.Begin)
        '读出数据
        s = sr.ReadLine
        MessageBox.Show(s)
        s = sr.ReadLine
        MessageBox.Show(s)
        s = sr.ReadLine
        MessageBox.Show(s)
        fs.Close()
    End Sub
```

9.2.5 Directory 类

Directory 类中提供了一系列的用于对文件系统的目录进行操作的静态方法，这些方法可用于一些典型的操作，如复制、移动、重命名、创建和删除目录。

1. Directory 类常用的方法

也可将 Directory 类用于获取和设置对目录的创建、访问及写入操作，见表 9-7。

表 9-7 Directory 类常用的方法

成员名称	说 明
CreateDirectory	按路径指定创建目录和子目录
Delete	删除目录及其内容
Exists	判断目录是否存在
GetFileSystemEntries	返回指定目录中所有文件和子目录的名称
GetLogicalDrive	检索计算机的逻辑驱动器的名称

2. Directory 类的简单程序

【例 9-3】判断指定的目录是否存在，若存在则提示，否则创建该目录。

```
'引入 System.IO 命名空间
Imports System.IO
Private Sub Button1_Click(sender As Object, e As EventArgs) Handles Button1.Click
        '定义一个 String 变量指定目录
        Dim path As String
        path = "d:\file"
        '判断目录是否存在，存在则提示
        If Directory.Exists(path) Then
            MessageBox.Show("目录文件已经存在")
            Exit Sub
        End If
        '不存在，创建一个新的目录
        Directory.CreateDirectory(path)
        MessageBox.Show("目录文件已经成功创建")
    End Sub
```

9.2.6　File 类

对流的操作有三种方法：从流中读取数据；向流中写入数据；在流中实现数据的查询和修改。

1. File 类中常用的方法

VB.NET 具有强大的文件处理功能，在 System.IO.File 类中常用的方法见表 9-8。

表 9-8　System.IO.File 类中常用的方法

函数名称	说　明
Create	创建文件
Exists	判断文件是否存在
Copy	复制文件
CreateText	创建或打开文本文件
Delete	删除文件
Move	移动文件
Open	打开文件
OpenRead	打开现有文件以进行读取
OpenText	打开现有 UTF-8 编码文本文件以进行读取
OpenWriter	打开一个现有文件或创建一个新文件以进行写入

2. File 类的简单应用

【例 9-4】实现文件的简单创建和删除，没有进行判断，仅仅是简单应用。

```
'引入 System.IO 命名空间
Imports System.IO
Private Sub Button1_Click(sender As Object, e As EventArgs) Handles Button1.Click
        '定义目录 文件名
        Dim path As String = "d:\file"
        Dim path1 As String = path + "\" + "lihuafile1.txt"
        Dim path2 As String = path + "\" + "lihuafile2.txt"
        '定义一个 FileStream 类，创建一个新文件
        Dim fs As FileStream = IO.File.Create(path1)

        fs.Close()
        '运用 File.Copy 方法，复制文件
        IO.File.Copy(path1, path2)
        IO.File.Delete(path1)   '删除文件
        MessageBox.Show(path1 & "复制到" & path2)
    End Sub
```

9.3 文件处理

为了保持 VB.NET 与以前 VB6.0 对文件操作的兼容性，在 VB.NET 中保留了使用运行时的 I/O 函数来执行文件的操作。

VB.NET 运行时函数允许三种类型的文件：顺序访问文件、随机访问文件和二进制方式访问文件。

1) 顺序访问文件

这种文件访问以顺序的、连续块的方式读写文本文件，只能是文本文件。

2) 随机访问文件

可以在任何时候读写文件的任何位置，文件必须由同样长度的记录组成。

3) 二进制方式访问文件

可以通过直接指定读写的开始位置及读写的长度来读写文件数据。

9.3.1 顺序文件

在 VB.NET 文件中，其文件处理一般需要三个步骤，首先打开文件，然后进行文件的读写操作，最后关闭文件。

一个文件必须打开后才能进行读/写操作，把内存中的数据输出到外部存储设备的操作称为写操作，把文件中的数据传输到内存的操作称为读操作。文件处理后要关闭文件，防

止因误操作而丢失文件数据。

下面列出一些常用函数。

1. FileOpen 函数

以指定的方式打开文件。使用格式如下。

```
FileOpen(FileNumber,FileName,OpenMode)
```

其中，FileNumber 为打开文件的编号，它由 FreeFile()获取；FileName 为打开文件的名称；OpenMode 为打开方式，有以下 3 种方式。

- OpenMode.Append：打开文件并以追加的形式写入。
- OpenMode.Input：打开文件用于读取数据。
- OpenMode.Output：打开文件并以覆盖的形式写入。

例如：

```
FileOpen(1,"e:\fileopen.txt",OpenMode.Input)
```

该语句是以顺序方式打开 E 盘下的文本文件 fileopen.txt，如果文件打开成功，就可以从该文件中按照顺序方式读取数据。

2. FileClose 函数

关闭与文件号对应的文件。如果省略文件号，则关闭所有已打开的文件指定的文件。使用格式如下。

```
FileClose (FileNumber)
```

其中，FileNumber 为打开文件的编号，它由 FreeFile()获取。

例如：

```
FileOpen(1, "e:\fileopen1.txt",OpenMode.Input)
FileOpen(2, "e:\fileopen2.txt",OpenMode. Append)
FileClose (1)      '关闭文件 e:\fileopen1.txt
FileClose ()       '关闭所有已打开的文件
```

3. FileGet 函数

从打开的文件中读取信息。使用格式如下。

```
FileGet(FileNumber,Value[,RecordNumber ]])
```

其中，FileNumber 为打开文件的编号；Value 为变量，从文件中读取的内容存入该变量；RecordNumber 为可选，指定要写的随机文件中的记录数或二进制文件的字节数。

4. FilePut 函数

将函数指定的变量写入文件中。使用格式如下。

```
FilePut (FileNumber,Value[,RecordNumber ]])
```

其中，FileNumber为打开文件的编号；Value为变量，将变量的内容写入文件中；RecordNumber为可选，指定要写的随机文件中的记录数或二进制文件的字节数。

5. Seek 函数

文件指定的指针通过该函数来实现。使用格式如下。

```
Seek (FileNumber)
```

其中，FileNumber 为打开文件的编号。

6. Input 函数

从文件中读取数据，把数据赋给变量。使用格式如下。

```
Input((FileNumber,value)
```

其中，FileNumber 为打开文件的编号；Value 为变量，读出数据，赋给该变量。

7. Print 和 PrintLine 函数

将格式化的文件写入文件中，Print 不在行尾包含换行，PrintLine 在行尾包含换行。使用格式如下。

```
Print (FileNumber[,[Spc(n)|Tab(n)[vary table]]])
PrintLine (FileNumber[,[Spc(n)|Tab(n)[vary table]]])
```

其中，FileNumber 为打开文件的编号；Spc(n)|Tab(n)[vary table]]为可选项；Spc(n)表示相邻的数据间隔的空格数。

例如：

```
Print(1,28,Spc(8), "VB.NET", Spc(8),#2/14/2016#, Spc(8),False)
```

该函数把 4 个表达式的值写入了文件号位 1 的文件中，两个相邻的数据之间存在 8 个空格，写入的形式如下。

```
28        VB.NET        2016-2-14        False
```

8. Write 和 WriteLine 函数

将文件写入文件中，这两个函数与 Print 和 PrintLine 函数的功能基本相同，主要区别是：当把数据项写入文件中，Write 和 WriteLine 函数会自动为字符数据加入双引号，为日期型数据和逻辑型数据加上“#”号，还会在两个写入项之间添加逗号。

【例 9-5】将 4 个表达式写入文本文件中。

```
FileOpen(1, "d:\file\fileopen1.txt",OpenMode.Output)
Print(1,28, "VB.NET", #2/14/2016#,False)
```

```
Write (1,28, "VB.NET" )
Write (1, #2/14/2016#,False )
FileClose ()
```

9.3.2 随机文件

随机文件中的一行数据称为一条记录，记录的长度是固定的，以方便用记录号来定位，随机文件的读写速度较快，占用的空间较大。

随机文件的操作包括建立、打开、关闭、读写及删除和添加记录等。

1. 对随机文件的打开和关闭

(1) 用 FileOpen 函数打开，其格式如下。

```
FileOpen(文件号,文件名.OpenMode.Random[.访问类型][.共享类型].记录长度)
```

其中，记录长度为各字段长度之和，以字符为单位。

(2) 关闭随机文件用 FileClose 语句。

```
FileClose ()
```

2. 随机文件的读写操作

打开随机文件名，可以进行读写操作，其格式如下。

```
FilePut(文件名,变量[,记录号])
```

3. 随机文件的简单应用

【例 9-6】利用随机文件实现对数据的读写。

```
Private Sub Button1_Click(sender As Object, e As EventArgs) Handles Button1.Click
        Dim fn As Integer
        fn = FreeFile()      '生产文件号
        '以随机文件的形式打开文件
        FileOpen(fn, "d:\file\fileopen1.txt", OpenMode.Random, OpenAccess.ReadWrite)
        '数据写入文件
        FilePut(fn, "VB.NET")
        FilePut(fn, "is")
        FilePut(fn, "very good")
        Dim str As String
        str = ""
        '文件指针的定位
        Seek(fn, 1)
        '判断文件是否到尾
        Do While Not EOF(fn)
            FileGet(fn, str)
```

```
            MessageBox.Show(str)
        Loop
        '关闭文件
        FileClose(fn)
    End Sub
```

9.4 实训练习

【例 9-7】文件的综合应用。

以文本框为编辑器，完成文本文件的打开、保存及文字格式设置操作。此外也可以加上文字内容的编辑处理(复制、剪切、粘贴)、文字格式(字体、字号、颜色)设置，如图 9-1 所示。

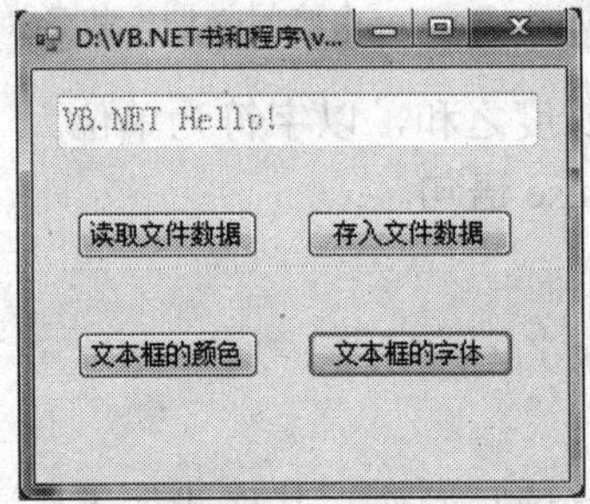

图 9-1　文件的综合应用

步骤如下。

(1) 建立项目 FileComprehensive。

(2) 创建 Form 窗口，放置相应的控件，如文本框、命令按钮、OpenFileDialog 和 SaveFileDialog，如图 9-2 所示。

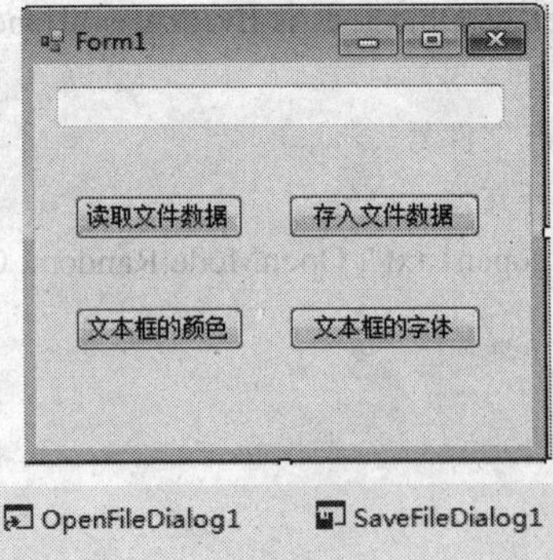

图 9-2　文件读写的设计界面

(3) 编写窗体 Form1 的代码。

```
OpenFileDialog1.Filter = "text file(*.txt)|*.txt|all file(*.*)|*.*"
SaveFileDialog1.Filter = "text file(*.txt)|*.txt|all file(*.*)|*.*"
SaveFileDialog1.DefaultExt = "txt"
```

(4) 编写按钮“读取文件数据”的代码。

```
Dim fn As Integer
Dim s As String = ""
OpenFileDialog1.FileName = ""
If OpenFileDialog1.ShowDialog() = Windows.Forms.DialogResult.OK Then
fn = FreeFile()
FileOpen(fn, OpenFileDialog1.FileName, OpenMode.Input)
Do While Not EOF(fn)
s = s + LineInput(fn) + vbCrLf
Loop
FileClose(fn)
TextBox1.Text = s
Me.Text = OpenFileDialog1.FileName
```

(5) 编写按钮“存入文件数据”的代码。

```
Dim fn As Integer
Dim s As String = ""
SaveFileDialog1.FileName = ""
If SaveFileDialog1.ShowDialog = Windows.Forms.DialogResult.OK Then
fn = FreeFile()
FileOpen(fn, SaveFileDialog1.FileName, OpenMode.Output)
Print(fn, TextBox1.Text)
FileClose(fn)
Me.Text = SaveFileDialog1.FileName
End If
```

(6) 编写“文件框的颜色”的代码。

```
'自定义一个颜色对话框
Dim ColorDialog1 As ColorDialog = New ColorDialog()
ColorDialog1.ShowDialog()
TextBox1.ForeColor = ColorDialog1.Color
```

(7) 编写“文件框的字体”的代码。

```
'自定义一个字体对话框
Dim FontDialog1 As FontDialog = New FontDialog()
FontDialog1.ShowDialog()
TextBox1.Font = FontDialog1.Font
```

(8) 保存并运行项目。

【例 9-8】随机文件的综合应用。

在窗体上放置文本框，两个 Button 按钮——Button1(读入文本文件)和 Button2(文本文件写出)，实现对随机文件的读写操作，如图 9-3 所示。

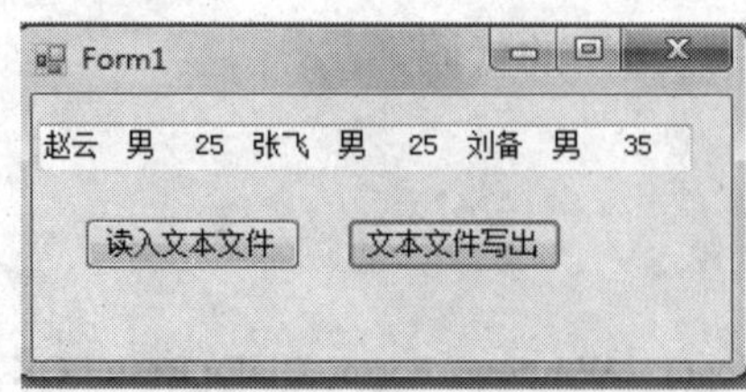

图 9-3 随机文件应用的运行界面

步骤如下。

(1) 建立项目 FileRandomGet。

(2) 创建 Form 窗口，放置相应的控件，如文本框和命令按钮，如图 9-4 所示。

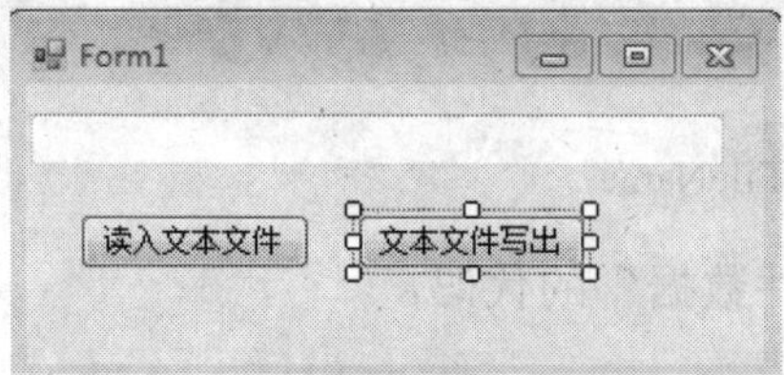

图 9-4 随机文件设计界面

(3) 定义一个 Student 的结构。

```
Structure Student      '定义一个 Student 的结构
        Dim name As String
        Dim age As Integer
        Dim sex As String
  End Structure
```

(4) 编写窗体的 Load 事件的代码。

```
'找到项目所在文件夹的 Debug 目录
        DataFile = Application.StartupPath
        If Microsoft.VisualBasic.Right(DataFile, 1) <> "\" Then
            DataFile = DataFile + "\"
        End If
        ' file.txt 在 FileRandomGet\bin\Debug 的目录下
        DataFile = DataFile + "file.txt"
```

(5) 编写按钮“读入文本文件”的代码。

```
'将数据读入文本文件
        Dim fn As Integer
        Dim Stud As Student       '定义 Stud 为 Student 结构
        fn = FreeFile()
 FileOpen(fn, DataFile, OpenMode.Random)        '以随机文件的形式打开指定的文件
        '给文件赋值
    Stud.name = "赵云" : Stud.age = 25 : Stud.sex = "男" : FilePut(fn, Stud)
```

```
Stud.name = "张飞" : Stud.age = 25 : Stud.sex = "男" : FilePut(fn, Stud)
Stud.name = "刘备" : Stud.age = 35 : Stud.sex = "男" : FilePut(fn, Stud)
    FileClose()
```

(6) 编写按钮“文本文件写出”的代码。

```
'将文本文件的数据输出到 TextBox 控件中
        Dim fn As Integer
        Dim Stud As New Student
        Dim s As String = ""
        fn = FreeFile()
        FileOpen(fn, DataFile, OpenMode.Random)
        Do While Not EOF(fn)
            FileGet(fn, Stud)
    s = s + Stud.name + "   " + Stud.sex + "   " + Str(Stud.age) + "   " + vbCrLf
        Loop
        FileClose()
        TextBox1.Text = s
```

(7) 保存并运行项目。

9.5　上机实验

【实验 9-1】用控件实现数据的读取。

1. 实验目的

通过简单程序设计，学习应用 OpenFileDialog 和 SaveFileDialog 对话框控件。

2. 实验内容

编制窗体，实现对文本文件的读取。

3. 实验步骤

(1) 打开 VS2013，在“文件”菜单中选择“新建项目”命令，并选择其中的“Windows 窗体应用程序”命令，建立一个项目 FileReadWriter。

(2) 在窗体 Form1 上放置两个文本控件、两个按钮控件和两个对话框控件，如图 9-5 所示。

(3) 在声明中引用 System.IO 命名空间。

```
Imports System.IO
```

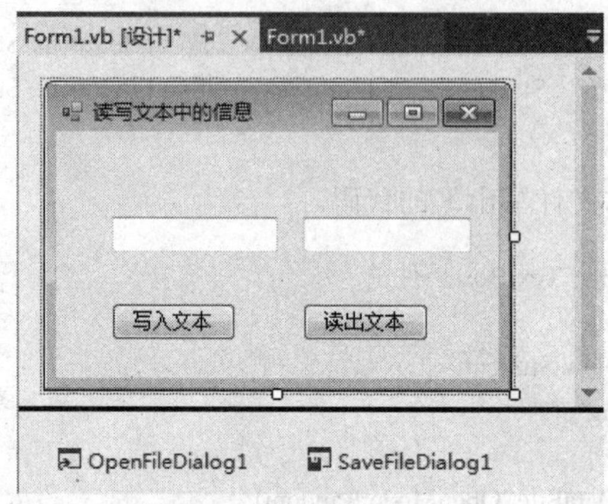

图 9-5　设计文本读取界面

(4) 编写“写入文本”命令的代码。

```
SaveFileDialog1.Filter = "Text Files|*.txt|All Files|*.*"
        SaveFileDialog1.FilterIndex = 0
        If SaveFileDialog1.ShowDialog = DialogResult.OK Then
            Dim FS As FileStream = SaveFileDialog1.OpenFile
            If Not (FS Is Nothing) Then

                Dim SW As New StreamWriter(FS)
                SW.Write(TextBox1.Text)
                SW.Flush()
                SW.Close()
            End If
            FS.Close()
        End If
```

(5) 编写“读出文本”命令的代码。

```
OpenFileDialog1.Filter = "Text Files|*.txt|All Files|*.*"
        OpenFileDialog1.FilterIndex = 0
        If OpenFileDialog1.ShowDialog = DialogResult.OK Then
            Dim FS As FileStream
            FS = OpenFileDialog1.OpenFile
            Dim SR As New StreamReader(FS)
            TextBox1.Text = SR.ReadToEnd
            SR.Close()
            FS.Close()
        End If
```

(6) 保存并运行项目，结果如图 9-6 所示。

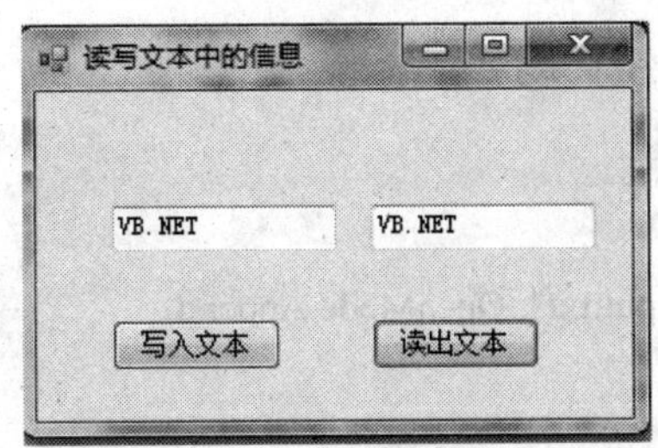

图 9-6　对话框的应用

【实验 9-2】顺序文件的读取。

在处理传统文件 IO 时，一般常用一些函数来实现对文件的读、写和打开等。文件操作的步骤如下。

(1) 为文件取得一个序号：fn=FreeFile()

(2) 打开文件：FileOpen

(3) 读写操作：Print/PrintLine/Write/WriteLine/ Input/LineInput/FileGet/FilePut

(4) 关闭文件：FileClose(fn)

1. 实验目的

从文本文件中读出数据，用 Write 写入然后用 Input 读出。

Input 在读文件时一个数据项一个数据项地读取，用 Write 语句写入的数据可以用 Input 来读取；在对文件进行读取时，常用一个函数 EOF(n)来检测文件是否结束；函数 LOF(n)则是测量文件的长度，单位是字节。

2. 实验内容

在记事本中写入 10 个数字，从记事本中读到文本框中，实现对数据的写入和读取。

3. 实验步骤

(1) 打开 VS2013，在“文件”菜单中选择“新建项目”命令，并选择其中的“Windows 窗体应用程序”命令，建立一个项目 FileInputWrite。

(2) 在窗体 Form1 上放置两个标签控件、两个按钮控件和一个文本控件，如图 9-7 所示。

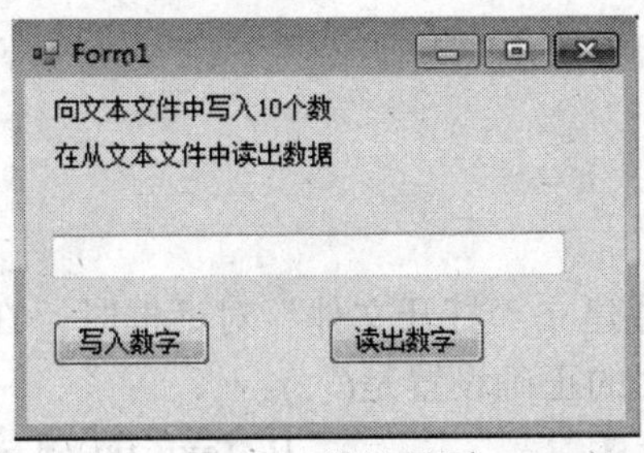

图 9-7　设计界面

(3) “写入数字”命令按钮代码如下。

```
Dim i, j As Integer
        i = FreeFile()
        FileOpen(i, "d:\fileinput.txt", OpenMode.Append)
        For j = 1 To 10
            Write(i, j)
        Next
        FileClose(i)
```

(4) “读出数字”命令按钮代码如下。

```
Dim n, x As Integer
        Dim s As String = ""
        n = FreeFile()
        FileOpen(n, "d:\fileinput.txt", OpenMode.Input)
        TextBox1.Text = ""
        Do While Not EOF(n)
            Input(n, x)
            s = s + Str(x) + " "
        Loop
        FileClose(n)
        TextBox1.Text = s
```

(5) 保存并运行项目，如图 9-8 所示。

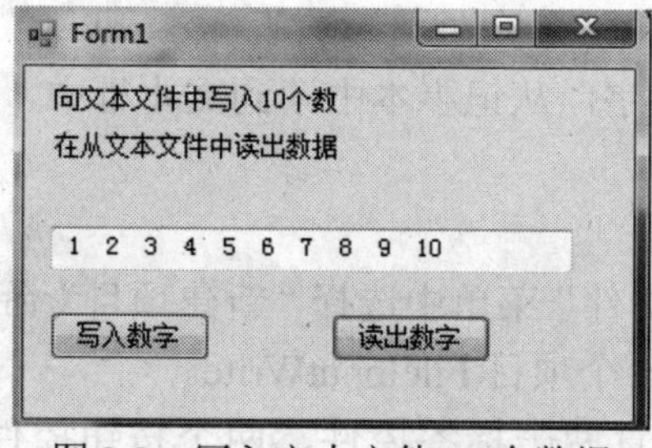

图 9-8　写入文本文件 10 个数据

习题

1. 选择题

(1) 在用通用对话框控件建立“打开文件”对话框时，在文件列表框中只允许显示文本类型的文件，则 Filter 属性的正确设置是(　)。

A. Text(.txt)||*.txt　　　　B. Text(.txt)(*.txt)

C. 文本文件|(.txt)　　　　D. Text(.txt)|*.txt

(2) 随机文件使用下述(　)语句读数据。

A. Write　　　　B. FilePut

C. Input　　　　D. FileGet

(3) 在下面关于顺序文件的描述中，正确的是(　)。

A. 每条记录的长度必须相同

B. 可通过编程方式随机地修改文件中的某条记录

C. 数据是以 ASCII 码字符的形式存放在顺序文件中，所以可通过 Windows 的程序编辑

D. 文件的组织结果复杂

(4) 随机文件之所以被称为随机文件，是因为(　)。

A. 文件中记录按记录从小到大排列

B. ASCII 文件和二进制文件

C. 程序文件和数据文件

D. 可对文件中的记录根据记录号随机地读/写

(5) 下列关于通用对话框的说法错误的是(　)。

A. 可以用 ShowDialog 方法打开

B. 可以用 Show 方法打开

C. 当选择了“取消”按钮后，ShowDialog 方法的返回值是 DialogResult.Cancel

D. 通用对话框是非用户界面控件

2. 填空题

(1) 文件的分类标准很多，根据文件的存储和访问形式分为__________、__________和__________。

(2) VB.NET 对文件的操作就是利用流来完成的。流的输入/输出是通过__________来实现的。

(3) 读文件 Reader 对象有两种：__________，__________。类似地，写文件 Writer 对象也有两种：__________和__________。

3. 编程题

在窗体上添加三个文本框、三个标签和一个按钮，将输入的内容写入文本文件中，界面设计如图 9-9 所示。

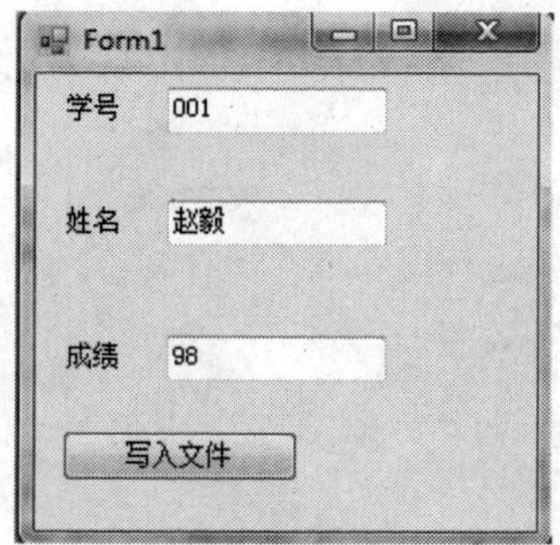

图 9-9　写入文件

第 10 章

菜　单

本章主要介绍菜单的概念、创建，以及菜单用到的菜单控件、工具栏控件、状态栏控件及其他控件，用简单的实例、易懂的代码实现对菜单的具体操作。

在 VB.NET 设计中，编写大型的程序需要用到菜单选项，利用菜单可实现不同窗口的切换，菜单是界面设计中的重要组成部分，“简单、直观、一致、有效”是菜单设计的原则。

10.1　菜单的设计

菜单是用户获取应用程序中主要功能和实用程序的主要途径，如新建文件、打开文件等，这就需要用到菜单控件(MenuStrip)。工具栏比起菜单要直观，同样需要用到工具栏控件(ToolStrip)。状态栏用于显示用户状态的简短信息，此时需要用到状态栏控件(StatusStrip)。

菜单一般分为两项：下拉菜单和弹出菜单。

在 VB.NET 设计菜单中，常常用到菜单的一些控件，菜单控件在工具箱的“菜单和工具栏”中，常用的控件如图 10-1 所示，各个菜单控件的说明见表 10-1。

▲ 菜单和工具栏
指针
ContextMenuStrip
MenuStrip
StatusStrip
ToolStrip
ToolStripContainer

图 10-1　常用的菜单控件

表 10-1　各个菜单控件的详细说明

控件名称	说　明	备　注
ContextMenuStrip	创建上下文菜单	弹出式菜单
MenuStrip	下拉式菜单	主菜单
StatusStrip	状态栏	提示一些信息
ToolStrip	工具栏	提供一些按钮
ToolStripContainer	包含其他控件的容器	控件的容器

10.1.1 MenuStrip 控件

MenuStrip控件是由System.Windows.Forms.MenuStrip类提供的，取代了以前的MainMenu控件，是应用程序菜单的容器。在建立菜单时，要给MenuStrip控件添加ToolStripMenu对象，这个操作可在设置时完成，也可以在代码中完成。

1. 创建 MenuStrip 控件的步骤

(1) 在窗体上创建 MenuStrip 控件。
(2) 在 MenuStrip 控件上添加菜单项。
(3) 编写菜单项事件的代码。

2. MenuStrip 控件的常用属性

- Text：设置菜单项名称，其后可带(&f)以指明热键为 F(即按下 Alt+F 激活菜单)。
- ShortcutKeys：快捷键，可以从右边选择修饰符(Ctrl,Alt,Shift)与键，也可以直接输入。
- Image：与菜单项对应的图标。加载图片时，选择资源时从本地资源导入。
- Namc：菜单名称。
- 菜单项之间加分割线：“ –”设置分割线。

下面设计一个简单的菜单，说明如何创建菜单并使用。

【例 10-1】设计一个简单的菜单，如图 10-2 所示。

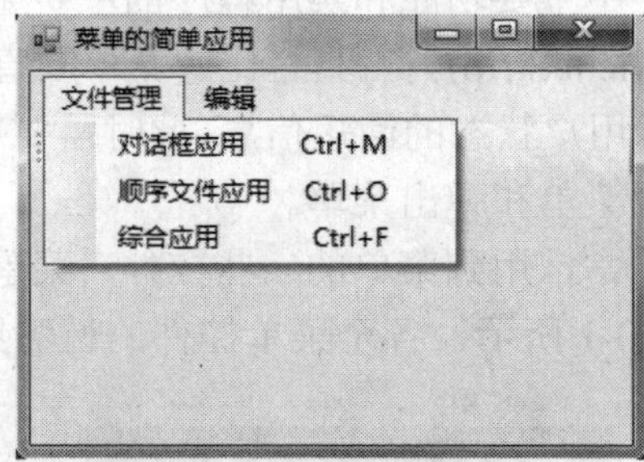

图 10-2 简单菜单的应用

(1) 创建一个项目 MenuFile。

(2) 在窗体中，选择工具箱的“菜单和工具栏”中的 MenuStrip 控件，在窗体中添加MenuStrip1 控件，建立各个不同的菜单项(见表 10-2)。

表 10-2 各个菜单项的应用

菜单项	标题(Text)	名称(Name)	快捷键(ShortcutKeys)
主菜单项	文件管理	MenuFile	
子菜单项 1	对话框应用	FileMage	Ctrl+M
子菜单项 2	顺序文件应用	FileOrder	Ctrl+O
子菜单项 3	综合应用	FileCom	Ctrl+F
主菜单项	编辑	FileEdit	

(续表)

菜单项	标题(Text)	名称(Name)	快捷键(ShortcutKeys)
子菜单项 1	剪切	FileCut	Ctrl+X
子菜单项 2	复制	FileCopy	Ctrl+C
子菜单项 3	粘贴	FilePaste	Ctrl+V

(3) 设计菜单如图 10-3 所示。

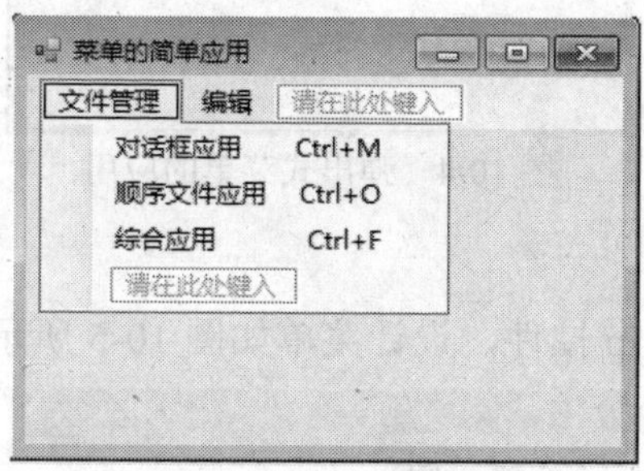

图 10-3　设计菜单项

(4) 保存并运行项目。

10.1.2　ContextMenuStrip 控件

ContextMenuStrip 控件是由 System.Windows.Forms.ToolMenuStrip 类提供的，它和 MenuStrip 控件一样，也是 ToolStripMenu 对象的容器，用来创建窗体的右击显示的菜单。它和 MenuStrip 控件的主要事件就是响应 Click 事件。

弹出式菜单是独立于主菜单、显示于窗体任何位置上的浮动菜单，一般通过鼠标右键单击弹出，又称上下文菜单。弹出式菜单既可以和窗体相关联，又可以和控件相关联，只要设置它们的 ContextMenuStrip 属性为弹出式菜单即可。

1. 与 MenuStrip 控件的不同之处

ContextMenuStrip 控件与 MenuStrip 控件的属性完全相同，不同之处有以下几点。

(1) 一个窗体只需要一个 MenuStrip 控件，但可以有多个 ContextMenuStrip 控件。

(2) 用 MenuStrip 控件建立的菜单位置固定于窗体的顶部，而用 ContextMenuStrip 控件建立的菜单位置不固定。

(3) 用 MenuStrip 控件可以建立多个主菜单项，而用 ContextMenuStrip 控件建立的菜单只有一个主菜单项。

2. 创建 ContextMenuStrip 控件的步骤

(1) 在窗体上添加 ContextMenuStrip 控件。

(2) 在控件上定义菜单项和相应的属性。

(3) 编写菜单项相关事件的代码。

3. 设计一个弹出式菜单

【例 10-2】在例 10-1 的基础上，增加弹出式菜单，如图 10-4 所示。

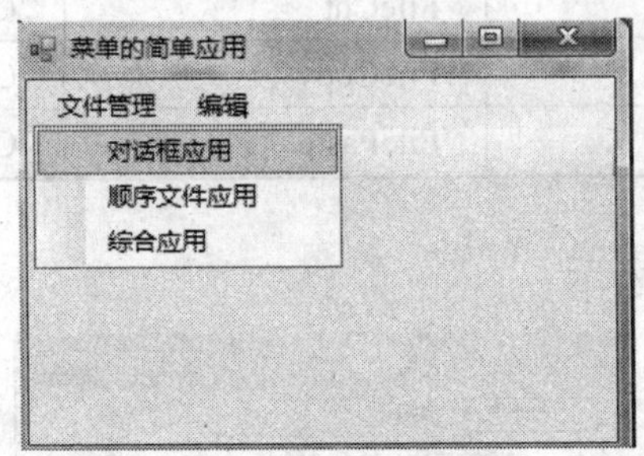

图 10-4　弹出式菜单的应用

(1) 打开项目 MenuFile。

(2) 添加 ContextMenuStrip 控件，设计菜单如图 10-5 所示。

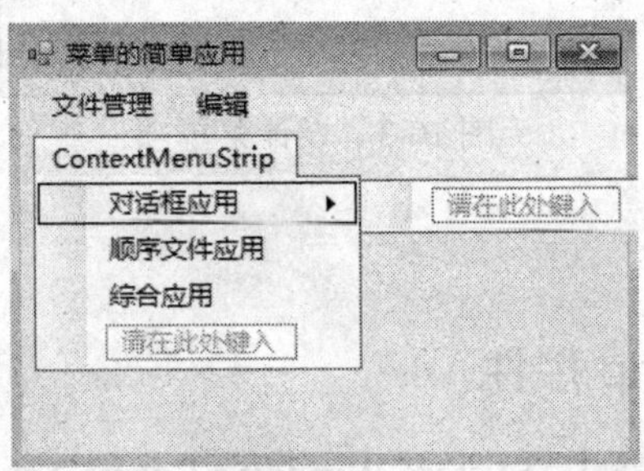

图 10-5　设计弹出式菜单

(3) 将弹出式菜单与 Form1 窗体建立关联，将 Form1 窗体的 ContextMenuStrip 属性设置为添加的 ContextMenuStrip1 控件即可。

10.2　多重窗体与多文档界面

在 VB.NET 的菜单设计中，常常用到多重窗体和多文档界面，在菜单中打开不同的窗体。

进行.NET 窗体编程时应该牢牢把握下列原则：在访问窗体前，必须进行窗体实例化；如果在项目中有多处代码访问同一窗体，则必须把它的同一实例指针传递给这些代码。

.NET 提供了两个方法：把窗体实例指针保存在全局变量中；把窗体实例指针传递给任何需要访问它的窗体、类、模块或者过程。

10.2.1　多重窗体

在 VB.NET 中常常需要窗体间互相调用，并传递参数，这就需要使用多重窗体的设计。

在一个项目中实现多个窗体的访问，采用了定义属性或模块的方法，这种间接的窗体访问方式能够带来很多好处，其中最重要的一点就在于它实现了更高的抽象性，代码实现复用。

1. 在当前项目中添加窗体

(1) 添加新的窗体：选择菜单“项目”|“添加”|“Windows 窗体”命令，或在解决方案资源管理器中单击“项目”，选择添加“Windows 窗体”。

(2) 添加已经存在的窗体：选择菜单“项目”|“添加”|“现有项”命令，或在解决方案资源管理器中单击“项目”，选择添加“现有项”。

2. 显示、隐藏或关闭窗体

(1) 显示指定窗体。格式如下。

```
窗体对象名.Show()
窗体对象名.ShowDialog()
```

(2) 隐藏指定窗体。格式如下。

```
窗体对象名.Hide()
```

(3) 关闭指定窗体。格式如下。

```
窗体对象名.Close()
```

3. 设置启动窗体

一般情况下，程序运行时首先出现的窗体为启动窗体，如果改变启动窗体，选择“项目”菜单下的“属性”命令，如图 10-6 所示。

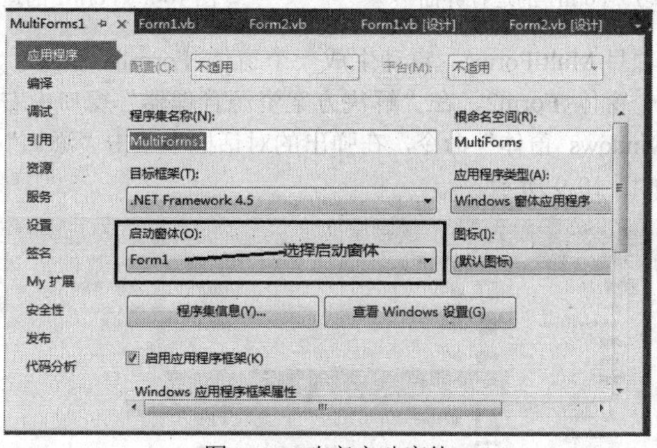

图 10-6　改变启动窗体

4. 窗体的实例化

在项目中，每个添加的窗体实际上都是类(Class)，要实现窗体间的调用，需要以下步骤。

(1) 需要将窗体类实例化。

```
Dim 窗体对象名 As New 窗体类
```

```
或
Dim 窗体对象名 As Form
窗体对象名=New 窗体类()
```

(2) 调用窗体。

```
Form1.Show()
```

(3) 以 Me 为窗体的默认实例名。

```
Me.Close()
```

5. 设计多重窗体

采用定义属性的方法，不但比直接访问窗体的编程模式来得更专业，而且也让整个项目的代码清晰易读。

【例 10-3】设计多重窗体，创建新的项目，设计两个窗体，实现对其他窗体的访问，运行界面如图 10-7 和图 10-8 所示。

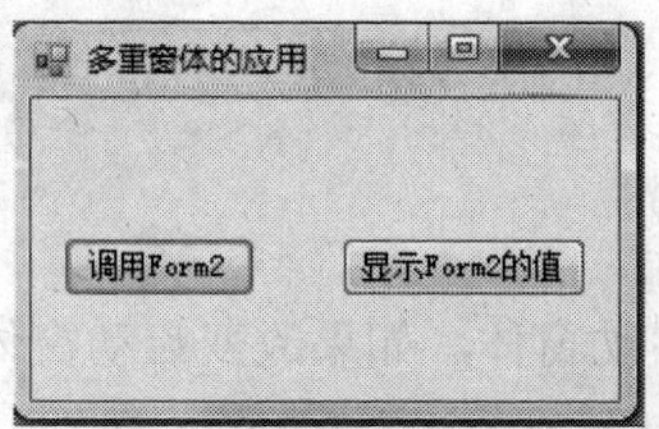

图 10-7　Form1 的运行界面

图 10-8　Form2 的运行界面

(1) 创建新的项目 MultiForms，自动生成一个窗体 Form1。

(2) 添加另一个窗体 Form2，在“解决方案资源管理器”窗口中右击，在快捷菜单中选择“添加”|“Windows 窗体”命令，在弹出的对话框中单击“添加”按钮以接受默认名称“Form2.vb”，如图 10-9 所示。

图 10-9　添加新的窗体

(3) 在Form1中添加两个按钮，分别按照默认值命名为Button1和Button2，并且调整它们在窗体中的位置以免重叠；在Form2中添加一个简单文本框，按照默认值命名为TextBox1，窗体设计如图10-10和图10-11所示。

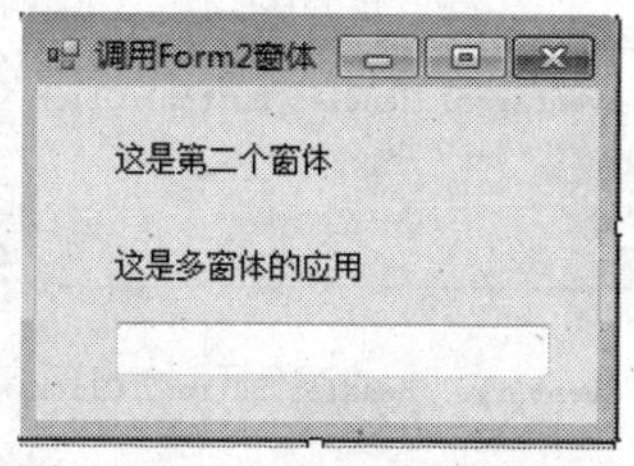

图10-10 Form1的设计界面

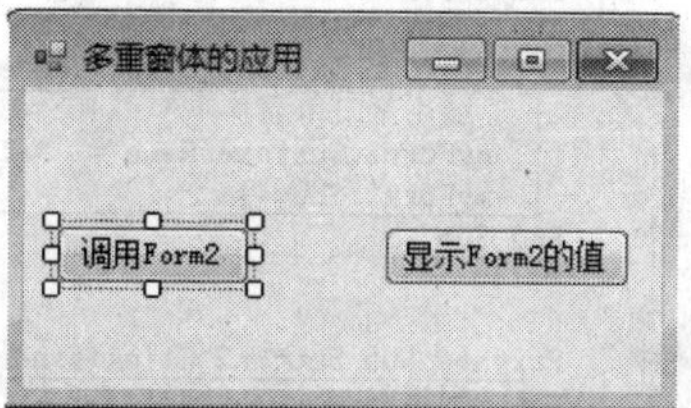

图10-11 Form2的设计界面

(4) 编写一个公共属性的代码，添加到Form2的"End Class"前面。在"解决方案资源管理器"窗口中右击"Form2"，选择"查看代码"，如图10-12所示。

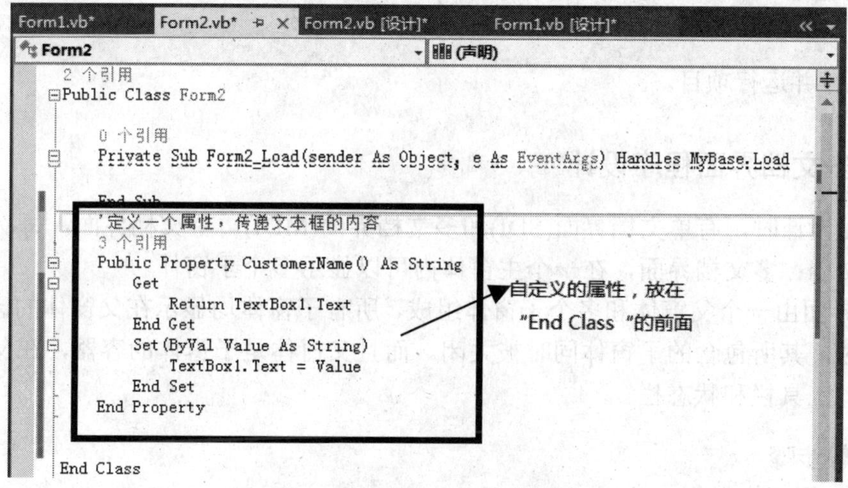

图10-12 设计一个公共属性

(5) 切换到Form1的代码，在"Inherits System.Windows.Forms.Form"后面增加如下一行代码。

```
Dim myForm2 As New Form2()
```

(6) Form1中的Button1按钮Click事件代码如下。

```
myForm2.CustomerName =" Welcome to VB.NET"
myForm2.Show()
```

(7) Form1中的Button2按钮Click事件代码如下。

```
myForm2.CustomerName =" VB.NET"
MessageBox.Show (myForm2.CustomerName)
```

(8) Form1中的代码如图10-13所示。

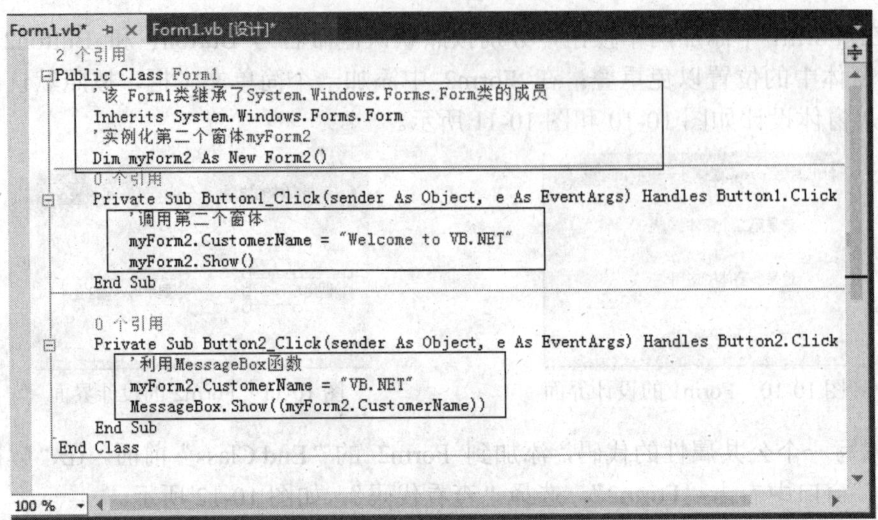

图 10-13　Form1 中的代码

(9) 保存并运行项目。

10.2.2　多文档界面程序设计

在界面设计时，有单文档界面(SDI)和多文档界面(MDI)。单文档界面，每次最多只能打开一个文档；多文档界面，在一个主窗体内可以显示多个子窗体。

MDI 界面由一个父窗体和多个子窗体组成，所有子窗体均显示在父窗体的区域中，关闭父窗体时，其所包含的子窗体同时被关闭。而且父窗体是子窗体的容器，在父窗体上设计有菜单、工具栏和状态栏。

1. 一般步骤

(1) 将主窗体的 IsMdiContainer 属性修改为 True。

(2) 在项目中添加多个子窗体。

(3) 在主窗体中创建菜单，编写不同菜单项，其代码如下。

```
Dim 子窗体对象名 As New 窗体类
子窗体对象名.MdiParent=父窗体对象名
```

(4) 如果打开多个子窗体，可调用父窗体的 LayoutMdi 方法对子窗体进行排列。

2. 设计多文档界面

【例10-4】多文档界面的设计，在例10-3的基础上，添加一个新窗体，配合菜单，打开不同的窗体，如图10-14所示。

(1) 打开项目 MultiForms。

(2) 添加新的窗体 MainForm，设置其 IsMdiContainer 属性为 True。

(3) 在窗体 MainForm 上，拖曳 MenuStrip 控件，设计界面如图 10-15 所示。

图 10-14 多文档界面的运行

图 10-15 主菜单设计

(4) 编写菜单代码。

```
Private Sub Form1Open_Click(sender As Object, e As EventArgs) Handles Form1Open.Click
        '打开 Form1Open 窗体
        Dim Form1Open As New Form1
        Form1Open.MdiParent = Me
        Form1Open.Show()
    End Sub
    Private Sub Form2Open_Click(sender As Object, e As EventArgs) Handles Form2Open.Click
        '打开 Form2Open 窗体
        Dim Form2Open As New Form2
        Form2Open.MdiParent = Me
        Form2Open.Show()
End Sub
```

(5) 保存并运行项目。

10.3 工具栏及状态栏

在设计菜单时，常常需要使用工具栏及状态栏为菜单增加可操作性。

10.3.1 ToolStrip 控件

ToolStrip 控件是由 System.Windows.Forms.ToolStrip 类提供的，作用是创建自定义的常用工具栏，让这些工具栏支持高级用户界面和布局功能，如停靠、漂浮、带文本和图像的按钮及下拉按钮等。

创建工具栏步骤如下。

(1) 在窗体上添加工具栏 ToolStrip 控件。

(2) 在 ToolStrip 控件中添加所需的按钮，设置 Image 等相关属性。

(3) 编写工具栏的各个按钮的 Click 事件。

1. 在窗体上添加 ToolStrip 控件

ToolStrip 控件的属性管理着控件的显示位置和显示方式，是 MenuStrip 控件的基础，

ToolStrip 控件常用的属性见表 10-3。

表 10-3　ToolStrip 控件的常用属性

属　性	属性说明
GripStyle	4 个垂直排列的点是否显示在工具栏的最左边
LayoutStyle	控制工具栏上的项如何显示，默认为水平显示
Items	包含工具栏所有项的集合
ShowItemToolTip	是否允许显示工具栏上的工具提示
Raft	指定包含 ToolStrip 的容器，它可以在对话框中定位 ToolStrip
Stretch	默认情况下，工具栏比包含在其中的项略高或略宽

2. 在 ToolStrip 控件中添加按钮

在窗体上添加一个 ToolStrip 控件，单击图标后面的下拉箭头，选择 Button，将在 ToolStrip 控件上添加一个 ToolStripButton。控件的其他按钮如图 10-16 所示，按钮说明见表 10-4。

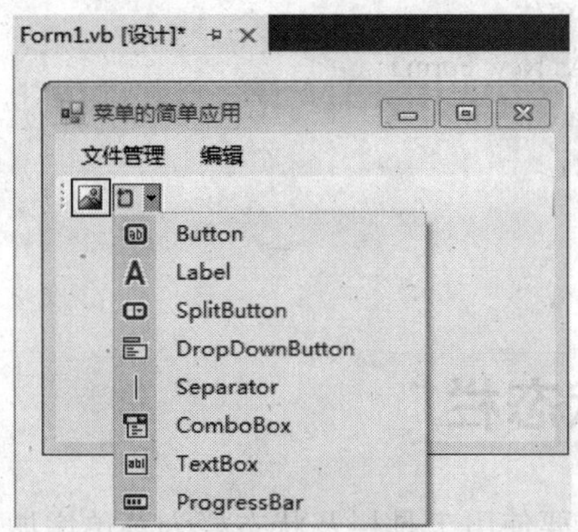

图 10-16　ToolStrip 控件的按钮名称

表 10-4　ToolStrip 的按钮说明

名　称	说　明
ToolStripButton	带文本或不带文本的按键
ToolStripLabel	这个控件可以显示图像
ToolStripSplitButton	显示一个右端带有下拉按钮的按钮
ToolStripDropDownButton	显示一个右端带有下拉数组图像的按钮
ToolStripComboBox	显示一个组合框
ToolStripProgressBar	嵌入一个进度条
ToolStripTextBox	显示一个文本框
ToolStripSeparator	水平或垂直分隔符

3. 工具栏上按钮的常用属性

- Image：设置显示在按钮上的图像。
- Text：设置显示在按钮上的文本。
- DisplayStyle：设置按钮上是否显示图像和文本。
- TextImageRation：设置按钮上图像与文本的相应位置。
- ToolTipText：设置程序运行时鼠标指向该按钮的提示文本。

4. 编写工具栏各按钮的 Click 事件的代码

实际上是调用当前窗体相应菜单项的 Click 事件过程。

```
Me.菜单项名称_Click(sender,e)
```

例如，在“剪切”按钮的 Click 事件过程中添加代码，就是相当于调用当前窗体名称为“FileCut”的菜单项的 Click 事件。

```
Me. FileCut_Click(sender, e)
```

5. 设计工具栏在菜单中的应用

【例 10-5】在例 10-2 的基础上增加 ToolStrip 控件，如图 10-17 所示。

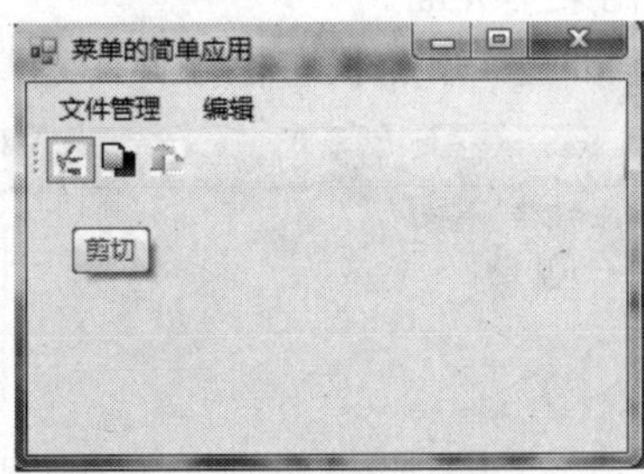

图 10-17　ToolStrip 控件的应用

其步骤如下。

(1) 打开项目 MenuFile。
(2) 将 ToolStrip 控件拖放到窗体上，添加三个按钮。
(3) 设置按钮的属性。
(4) 编写工具栏各按钮的 Click 事件的代码。

```
FileCut_Click(sender, e)
FileCopy_Click(sender, e)
FilePaste_Click(sender, e)
```

(5) 保存并运行项目。

10.3.2　StatusStrip 控件

StatusStrip 控件是由 System.Windows.Forms.StatusStrip 类提供的，位于窗体的底部，

通常用于显示应用程序当前状态的简单信息。

1. 创建 StatusStrip 控件的步骤

(1) 在窗体上添加状态栏控件 StatusStrip 控件。
(2) 在 StatusStrip 控件中添加需要的子控件。
(3) 根据需要，编写相应的代码。

2. 在窗体上添加 StatusStrip 控件

StatusStrip 控件添加到窗体上时，自动在窗体底部出现空白的状态栏，同时在窗体下面出现该控件的图标。在 StatusStrip 中可以使用在 ToolStrip 中介绍的 ToolStripDropDownButton、ToolStripProgressBar 和 ToolStripSplitButton 三个控件，还有一个控件是 StatusStrip 专用的，即 ToolStripStatusLabel，作用就是向用户显示应用程序当前状态的信息，如图 10-18 所示。

图 10-18　StatusStrip 控件

下面来设计状态栏，以美化菜单界面。

【例 10-6】在例 10-5 的基础上，添加状态栏控件，运行界面如图 10-19 所示。

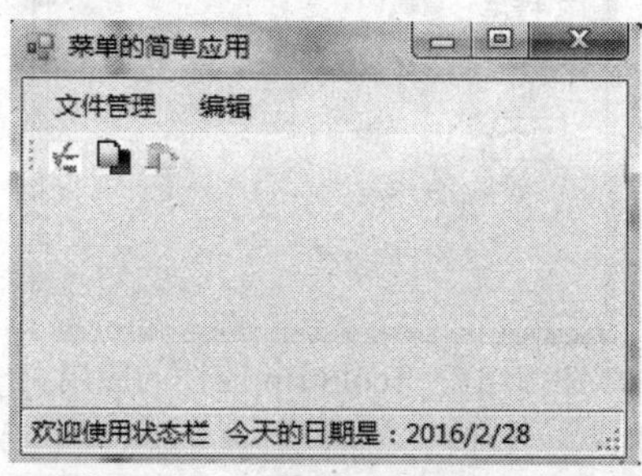

图 10-19　添加状态栏运行界面

步骤如下。

(1) 打开项目 MenuFile。

(2) 在窗体上添加 StatusStrip 控件，放置两个 ToolStripStatusLabel 控件，如图 10-20 所示。

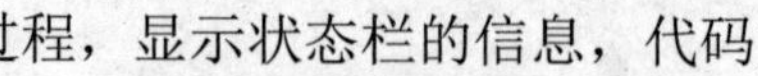

欢迎使用状态栏 | ToolStripStatusLabel2

图 10-20　StatusStrip 控件的应用

(3) 自定义 ShowStatus()过程，显示状态栏的信息，代码如下。

```
Private Sub ShowStatus() '定义显示状态栏信息的过程
        Me.ToolStripStatusLabel2.Text = "今天的日期是：" & Today()
    End Sub
```

(4) 在窗体的 Load 事件中调用 ShowStatus()过程，代码如下。

```
ShowStatus()
```

(5) 保存并运行项目。

10.3.3 ToolStripContainer 控件

ToolStripContainer 控件是一个容器，可放置其他控件，来完成某种功能，例如工具栏可以放置在窗体的任意位置，下拉式菜单位置可以任意调整。

创建 ToolStripContainer 控件的步骤如下。

(1) 在窗体上添加状态栏控件 ToolStripContainer 控件。

(2) 在 ToolStripContainer 控件中添加需要的子控件。

(3) 根据需要，编写相应的代码。

下面设计 ToolStripContainer 控件，完善菜单，美化界面。

【例 10-7】在例 10-6 的基础上，放置 ToolStripContainer 控件，如图 10-21 所示。

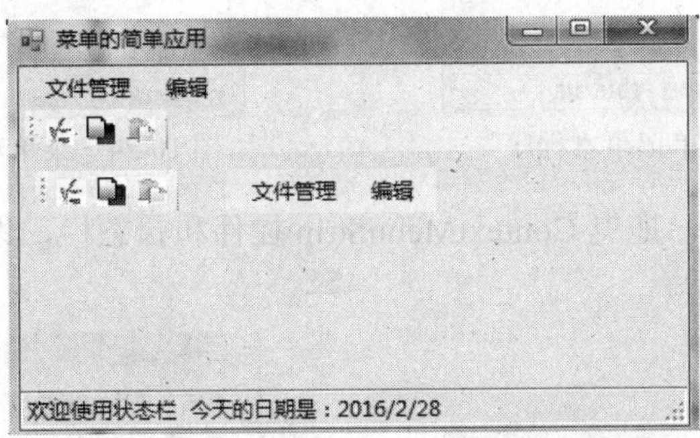

图 10-21 ToolStripContainer 控件的运行界面

设计步骤如下。

(1) 打开项目 MenuFile。

(2) 在窗体上放置ToolStripContainer控件，在ToolStripContainer的左侧、右侧、顶部和底部都有用来放置和漂浮ToolStrip、MenuStrip和StatusStrip控件的面板。拖曳ToolStrip控件及MenuStrip控件到任意位置，如图 10-22 所示。

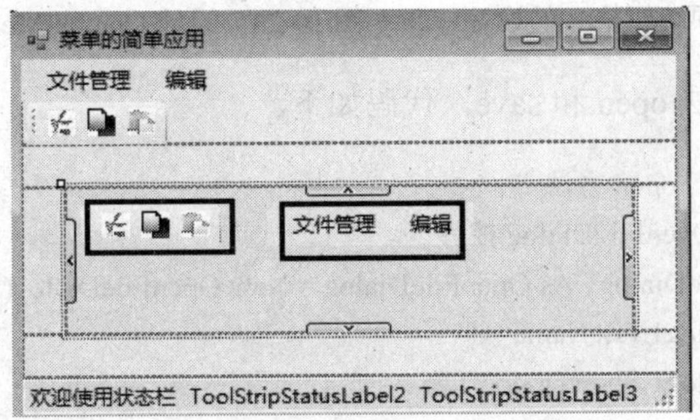

图 10-22 ToolStripContainer 控件的应用

10.4 实训练习

【例 10-8】利用菜单，设计一个简单的记事本程序，程序运行结果如图 10-23 所示。设计步骤如下。

(1) 创建一个项目 MenuTest。

(2) 在 Form 窗体上添加 RichTextBox 控件，拖曳 MenuStrip 控件，设计下拉式菜单，设计界面如图 10-24 和图 10-25 所示。

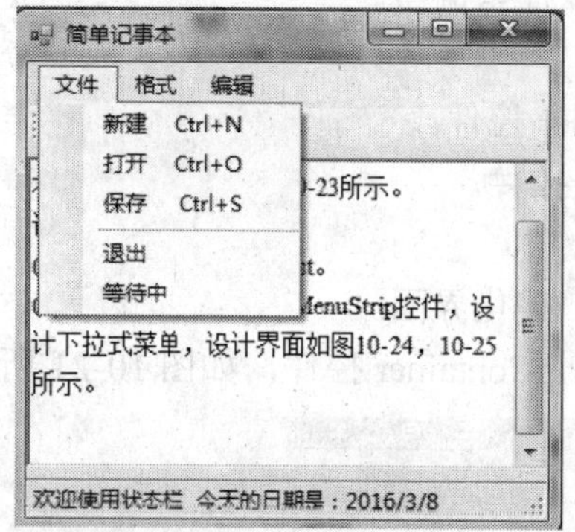

图 10-23 简单记事本程序

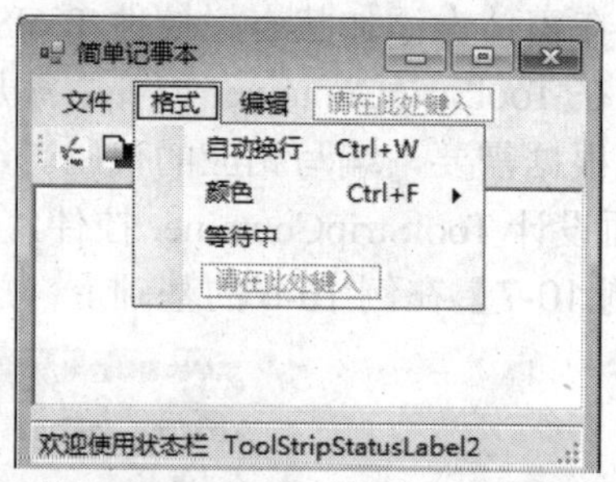

图 10-24 菜单项格式文件的设计

(3) 在 Form 窗体上，拖曳 ContextMenuStrip 控件和状态栏，设计它们的属性和方法，设计界面如图 10-26 所示。

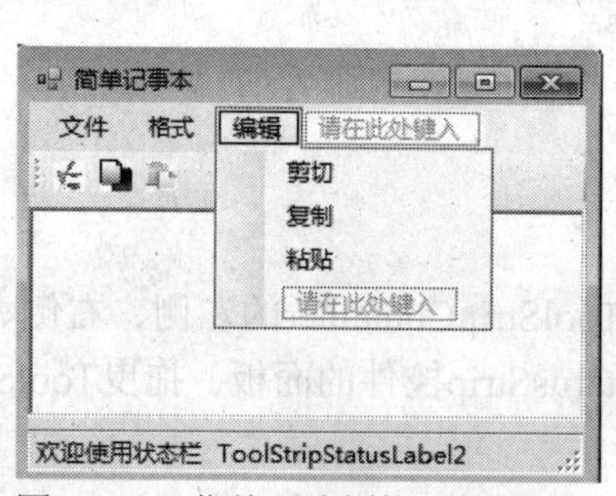

图 10-25 菜单项编辑格式的设计

图 10-26 设计 ContextMenuStrip 控件等属性与方法

(4) 自定义两个方法 open 和 save，代码如下。

```
Sub open()  '定义一个 open 方法
    '自定义一个 OpenFileDialog 控件
    Dim OpenFileDialog1 As OpenFileDialog = New OpenFileDialog()
    OpenFileDialog1.FileName = ""
    OpenFileDialog1.ShowDialog()
    If OpenFileDialog1.FileName <> "" Then
        RichTextBox1.LoadFile(OpenFileDialog1.FileName, RichTextBoxStreamType.PlainText)
    End If
```

```
    End Sub
    Sub save()  '定义一个 save 方法
        '自定义一个  SaveFileDialog 控件
        Dim SaveFileDialog1 As SaveFileDialog = New SaveFileDialog()
        SaveFileDialog1.ShowDialog()
        If SaveFileDialog1.FileName <> "" Then
            RichTextBox1.SaveFile(SaveFileDialog1.FileName, RichTextBoxStreamType.PlainText)
        End If
    End Sub
```

(5) 菜单项“打开”代码如下。

```
If RichTextBox1.TextLength > 0 Then
            a = MsgBox("是否保存文档?", 3, "提示")
            If a = 6 Then
                save()
                open()
            End If
            If a = 7 Then open()
        End If
        If RichTextBox1.TextLength = 0 Then open()
```

(6) 菜单项“保存”代码如下。

```
If RichTextBox1.TextLength > 0 Then
            save()
End If
```

(7) 菜单项“剪切”代码如下。

```
RichTextBox1.Cut()
```

(8) 其他代码详见项目设计。保存并运行项目。

【例 10-9】多个窗体之间互相调用，运行如图 10-27 和图 10-28 所示。

在访问窗体之前，必须进行窗体实例化；如果在项目中有多处代码访问同一窗体，则必须把它的同一实例指针传递给这些代码，否则新创建的窗体实例就不再是原先的窗体了。

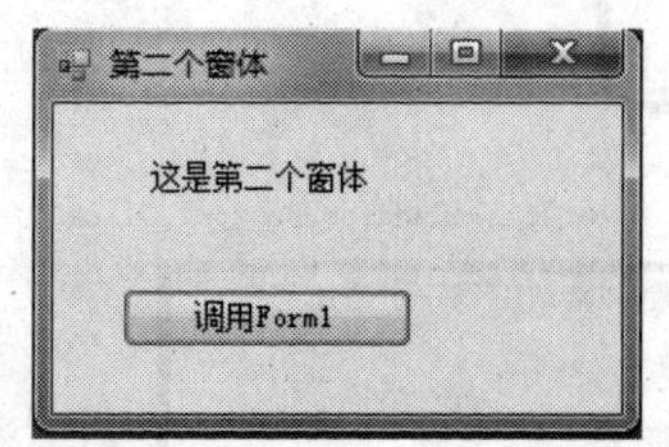

图 10-27 主窗体 Form1 的运行界面

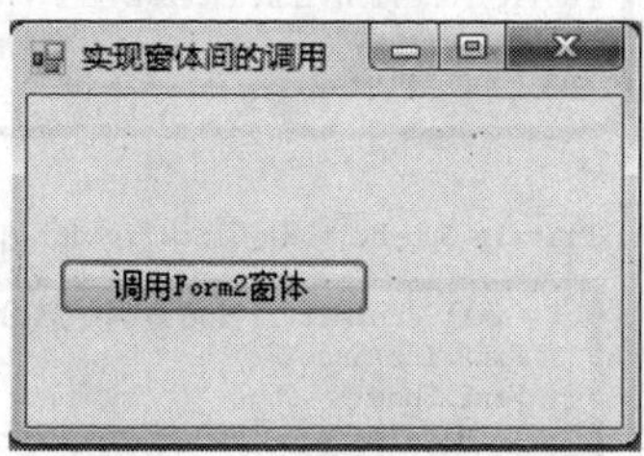

图 10-28 调用 Form2 窗体

步骤如下。

(1) 创建新的项目 MultiFormsApp，已经自动生成了一个窗体 Form1，并且设为主窗体。

(2) 添加另一个窗体 Form2，在“解决方案资源管理器”窗口中右击，在快捷菜单中选择“添加”|“Windows 窗体”命令，在弹出的对话框中单击“添加”按钮以接受默认名称“Form2.vb”。

在 Form1 中添加一个按钮，默认值命名为 Button1；在 Form2 中添加一个按钮，默认值命名为 Button1，再添加一个标签，默认值命名为 Label，窗体设计如图 10-29 和图 10-30 所示。

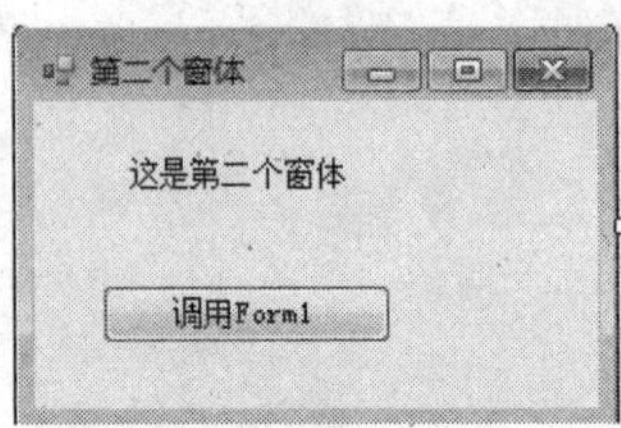

图 10-29　Form1 的设计界面

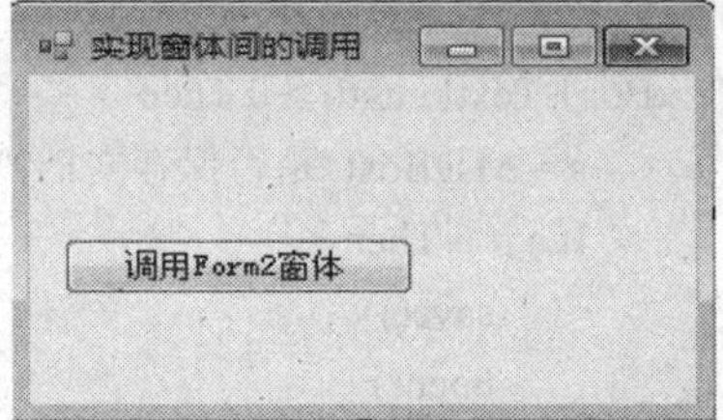

图 10-30　Form2 的设计界面

(3) 在 Form1 中定义一个过程，其代码如下。

```
'定义一个用返回值的函数，参数是窗体
    Public Function Instance2(ByVal frm As Form2)
        Frm2 = frm
    End Function
```

(4) 在 Form1 中编写 Button1 按钮的代码，其代码如图 10-31 所示。

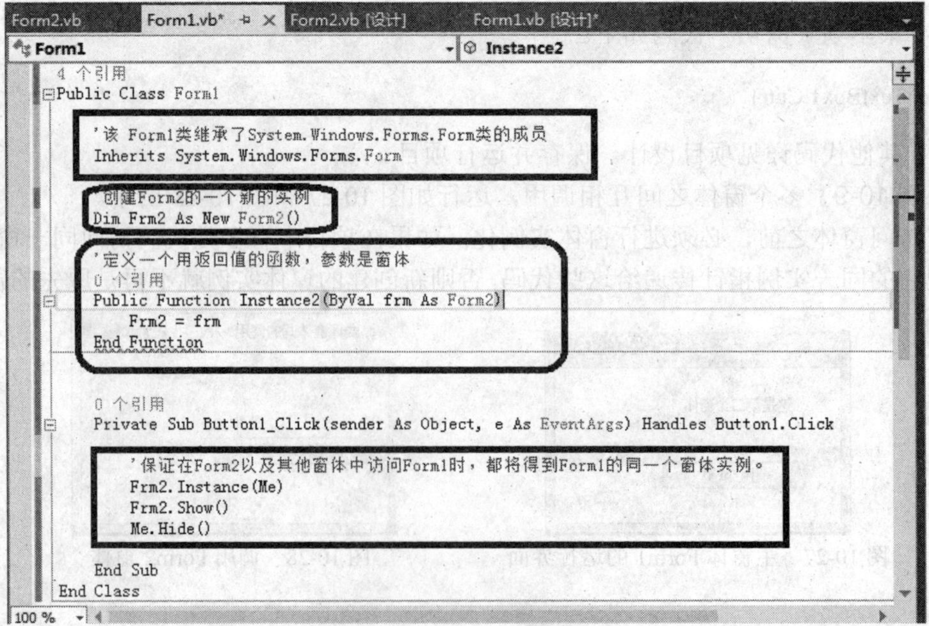

图 10-31　Form1 窗体中的代码

(5) 在 Form2 中编写程序，其代码如图 10-32 所示。

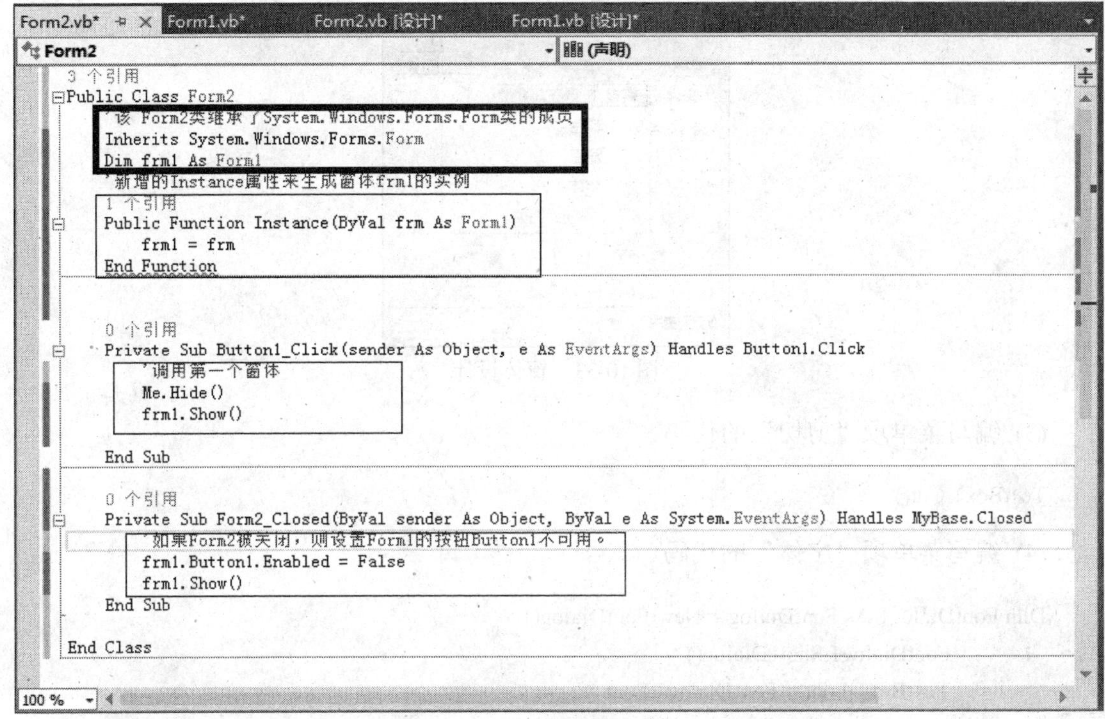

图 10-32　Form2 窗体中的代码

(6) 保存并运行项目。

10.5　上机实验

【实验 10-1】设计菜单实现对文本框的操作。

1. 实验目的

通过简单程序设计，学习菜单的操作。

2. 实验内容

设计一个菜单，顶级菜单包括“文件”和“编辑”两项。其中“文件”菜单项的下拉菜单中包括“剪切”、“复制”和“粘贴”，而“编辑”菜单项的下拉菜单中包括“颜色”、“清空”和“字体”。在“颜色”菜单项中还包括子菜单“字体颜色”和“背景颜色”。编写代码执行相应的操作。

3. 实验步骤

(1) 打开 VS2013，在“文件”菜单中选择“新建项目”命令，并选择其中的“Windows 窗体应用程序”命令，建立一个项目 MenuManage。

(2) 在窗体 Form1 中放置下拉菜单、弹出式菜单、一个文本框控件、一个工具栏控件和一个状态栏，如图 10-33 所示。

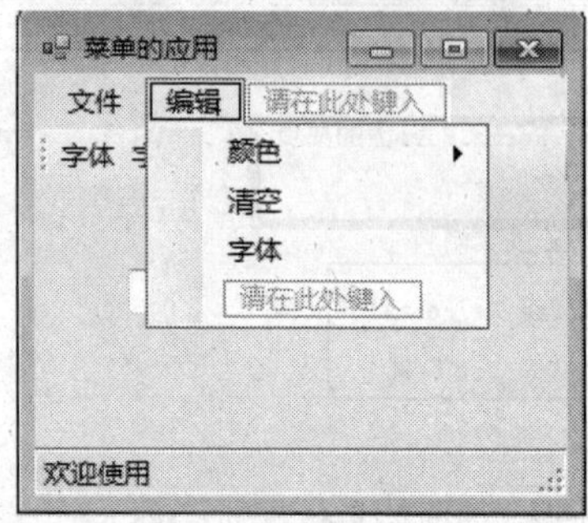

图 10-33　窗体设计

(3) 编写菜单项“剪切”的代码。

```
TextBox1.Cut()
```

(4) 编写菜单项“字体”的代码。

```
Dim FontDialog1 As FontDialog = New FontDialog()
        FontDialog1.ShowDialog()
        TextBox1.Font = FontDialog1.Font
```

(5) 编写菜单项“字体颜色”的代码。

```
Dim ColorDialog1 As ColorDialog = New ColorDialog()
        ColorDialog1.ShowDialog()
        TextBox1.ForeColor = ColorDialog1.Color
```

(6) 编写菜单项“背景颜色”的代码。

```
Dim ColorDialog1 As ColorDialog = New ColorDialog()
        ColorDialog1.ShowDialog()
        TextBox1.BackColor = ColorDialog1.Color
```

(7) 保存并运行项目，结果如图 10-34 所示。

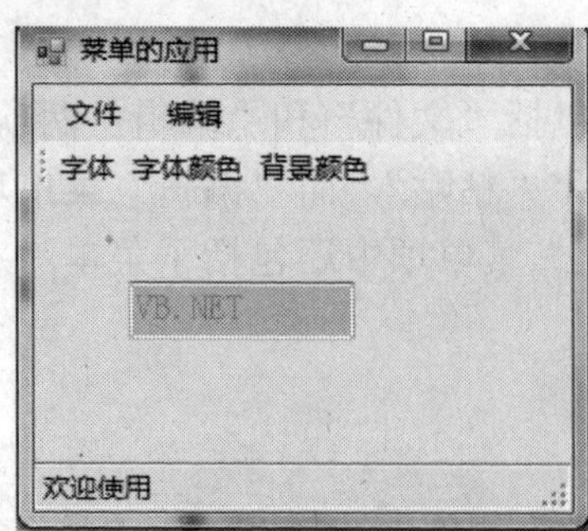

图 10-34　菜单的应用

习题

1. 选择题

(1) 假定有一个窗体类Form2，则将它实例化并显示的正确语句为( )。

A. Form2.Show　　B. Form2.ShowDialog

C. Dim f2 As Form2
f2.Show　　D. Dim f2 As New Form2
f2.Show

(2) 在下列属性和事件中，滚动条和进度条共有的是( )。

A. Scroll　　B. ValueChanged

C. LargeChange　　D. Maximum

(3) 在创建菜单时，可在菜单标题中某字母前插入( )符号，那么在运行程序时按Alt键和该字母键就可打开该命令菜单。

A. 下划线　　B. &&

C. 减号　　D. @

(4) 以下叙述正确的是( )。

A. 窗体的Name属性指定窗体的名称，用来标识一个窗体

B. 窗体的Name属性的值是显示在窗体标题栏中的文本

C. 可以在运行期间改变对象的Name属性的值

D. 对象的Name属性值可以为空

(5) 以下叙述错误的是( )。

A. 下拉式菜单和弹出式菜单都用菜单设计器建立

B. 在多窗体中，每个窗体可都可以建立自己的菜单系统

C. 除分隔符外，所有菜单项都能接收Click事件

D. 如果把一个菜单项的Enabled属性设置为False，则该菜单项不可见

2. 填空题

(1) 若菜单项中的某个字符之前加一个__________，则该字符称为热键。

(2) 在菜单项中Text中，若输入__________，则菜单项成了分隔符。

(3) 弹出式菜单是通过__________控件创建的。

(4) 可通过设置控件的__________属性将控件与一个弹出菜单建立关联。

(5) 隐藏窗体的方法是__________。

3. 编程题

创建一个项目，建立三个新的窗体，设置第一个窗体为主窗体，在主窗体上添加下拉式菜单、弹出式菜单、工具栏和状态栏，菜单栏包括：“打开窗体”(“第一个窗体”、“第二个窗体”)，界面设计如图10-35所示。

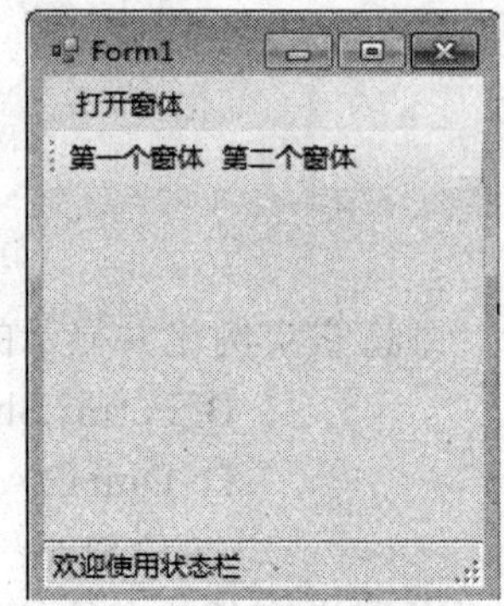

图 10-35　菜单设计

第 11 章

数据库及应用

本章将介绍数据库系统和 VB.NET 访问数据库的相关概念和方法，包括 Access 2010 和 SQL Server 2005 建立数据库、建表的方法。考虑到 SQL Server 数据库自身的优势，以 SQL Server 2005 数据库为例，理论与实践相结合地讲解了 VB.NET 中使用 ADO.NET 数据访问接口和使用数据绑定控件访问数据库的方法，同时对 VB.NET 访问 Access 2010 的方法也做了简要介绍；最后通过一个应用实例使读者了解实际项目开发的设计思路和编程方法。

11.1 数据库系统简介

随着信息社会的发展，现在的数据库技术不仅能够存储传统的文字数据，还可以存储图像、声音、视频等数据。数据是一个广义的概念，包含现实社会的一切信息。

1. 数据库

数据库(Database，DB)是指存放在计算机的外存储器中的相关数据的集合，可以形象地看作数据的“仓库”，它是通过文件或类似于文件的数据单位组织起来的。

2. 数据库系统

数据库系统是指实际可运行的，按照数据库方式存储、维护和向应用系统提供数据或信息支持的计算机系统。一个完整的数据库系统由数据库、数据库管理系统、数据库应用程序、计算机软件和硬件系统以及数据库管理员(Database Management Administrator，DBA)组成。

3. 数据模型

数据库中的数据是按照一定的数据模型组织的。数据模型是把现实世界转换为计算机能够处理的数据世界的桥梁。常用的数据模型有 4 种，分别是层次模型、网状模型、关系模型和面向对象模型，目前最常用的数据模型是关系模型。

4. 关系数据库

关系数据库中涉及的主要概念如图 11-1 所示。

工号	姓名	性别	身份证号	部门编号	工作时间	员工级别
001026	王雪	女	123456197208033236	001	1998.10	高级
002039	李莉	女	522569190012221388	002	2015.9	初级
003062	赵斌	男	210364197803128251	003	2002.12	中级
004028	刘强	男	398042197110055343	004	1995.8	高级
005018	栾浩	男	123156197904085455	005	2003.6	中级

图 11-1　关系数据库中的表举例——员工信息表

- 关系：一个关系在逻辑上对应一个按行、列排列的二维表。
- 属性：属性也称为字段，表中的一列称为一个属性，其反映的是研究对象的某一方面的特性。
- 元组：又称为记录，是表中的每一行。
- 主键：在表中能唯一地标识元组的一个属性或属性的集合。例如上表中的“工号”列。
- 外键：表 A 中的某一字段，在该表中虽然不是主键，或是作为主键的一部分，但该字段在表 B 中是主键，那么这个字段在表 A 中称为外键。例如以上“员工表”中的“部门编号”字段在“员工表”中不是主键，但如果在“部门表”中是主键，那么“部门编号”字段在“员工表”中称为外键。

5. 数据库管理系统

数据库只是数据的集合，为了对数据进行存取，必须使用数据库管理系统(DBMS)。数据库管理系统是对数据进行管理的软件，是一个数据库系统的核心，数据库的一切操作，例如数据库的建立，数据的检索、修改、删除等，都是通过 DBMS 来实现的。本书中使用的数据库软件为 Access 2010 和 SQL Server 2005。

6. 数据库应用程序

DBMS 只提供对数据的基本管理功能，为了实现某种具体的功能，必须要有相应的数据库应用程序，必须使用开发工具开发应用程序，并通过数据库引擎来访问对应的数据库。本书中的数据库应用程序开发工具为 Visual Studio 2013，使用的语言为 VB.NET。

11.1.1　Access 数据库简介

Access 2010 作为 Microsoft Office 2010 软件系列中的一员，是美国 Microsoft 公司推出的微机数据库管理系统。它具有界面友好、易学易用、开发简单、接口灵活等特点，是典型的桌面数据库管理系统。

1. 创建一个空数据库

不使用任何模板，创建一个空数据库，过程如下。

(1) 启动 Access 2010。

(2) 在“文件”选项卡上，选择“新建”|“空数据库”命令。

(3) 在右窗格中“空数据库”下的“文件名”框中键入文件名，例如 teacher.accdb。其中.accdb 是 Access 2010 数据库的扩展名。若要更改文件的默认位置，则单击“文件名”框右侧的“浏览”图标，在弹出的窗口中选择一个新位置来存放数据库，单击“确定”按钮。

(4) 单击“创建”按钮，Access 2010 将创建一个空数据库，同时打开一个已建立的空表，表名默认为“表 1”。

2. 创建数据库中的表

这里说的数据表指的是数据库中的基本表，是数据库中存储数据的对象，也是所有查询、窗体、报表最根本的数据源。创建基本表，实际上就是创建每个字段的信息，并为这些字段逐行添加数据的过程。在 Access 中使用“设计视图”创建表是最灵活、最常用的方法。

(1) 右击选择“表 1”的“设计视图”。这时会弹出修改表名对话框，在对话框中输入更改后的表名“教师”。

(2) 按照表设计的要求在“字段名称”和“数据类型”对应列中输入表中第一个字段名称和对应的数据类型，在“常规”选项卡中指定字段长度。

(3) 重复以上操作，继续添加其他字段，直到所有要添加的字段添加完毕。

(4) 此表中默认第一个字段名“教师编号”为主键。

(5) 建立的教师表表结构如图 11-2 所示，单击“关闭”按钮，退出表的“设计视图”。

教师

字段名称	数据类型
教师编号	文本
姓名	文本
性别	文本
参加工作时间	日期/时间
政治面貌	文本
学历	文本
职称	文本
系别	文本
联系电话	文本

图 11-2　教师表“表结构”设计

重复以上过程可以在数据库中创建多个数据表。

3. 向表中添加数据

在 Access 打开的数据库中双击任意一个表名或者右击该表，选择快捷菜单中的“打开”命令，即可打开该表，随后可向表中添加数据。双击“教师”表，表窗口界面如图 11-3 所示。在此窗口中可以对表中的数据进行增、删、改等操作。

图 11-3　教师表窗口

11.1.2　SQL Server 数据库简介

SQL Server 是一个全面的、集成的、端到端的数据解决方案，它为企业中的用户提供了一个安全、可靠和高效的平台，用于企业数据管理和商业智能应用。SQL Server 2005 中的 SQL Server Management Studio (SSMS)是主要用于开发数据库解决方案的工具。目前建立 SQL Server 数据库和表的方法主要有两种：一是使用 SSMS 资源管理器创建数据库和表；二是使用 T-SQL 语句创建数据库和表。下面详细介绍这两种方法。

1. 使用 SSMS 资源管理器创建数据库

(1) 按照安装数据库软件时输入的密码进入 SSMS 图形用户界面。右击对象资源管理器中的“数据库”，选择快捷菜单中的“新建数据库”命令，如图 11-4 所示。

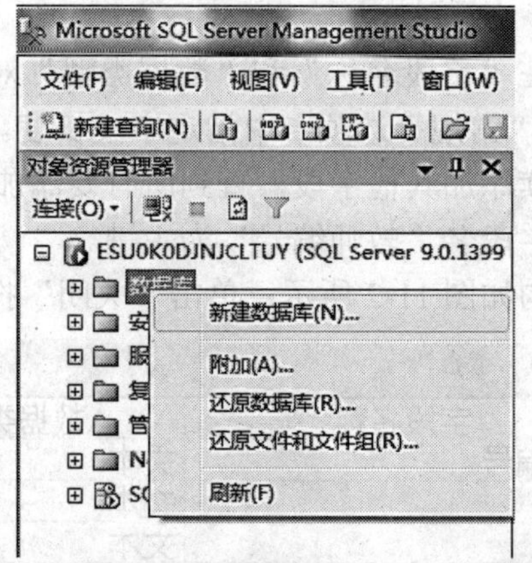

图 11-4　SQL Server 中使用 SSMS 新建数据库

(2) 在弹出的“新建数据库”对话框中，输入要新建的数据库名称“student”，SQL Server 环境将自动生成同名的数据库和日志，用户可以在“自动增长”选项中选择不同的选项，设置数据库文件和数据库日志文件的大小和增长方式，也可使用默认值。最后单击右下角的“确定”按钮，完成操作。

2. 使用 SSMS 资源管理器创建数据库表

(1) 在 SSMS 的对象资源管理器中展开“数据库”文件夹，再展开要在其中创建表的数据库，例如新建的“student”数据库。

(2) 右击“表”目录，在弹出的快捷菜单中选择“新建表”命令，打开“新建表”窗口。

(3) 输入列名。对于数据表中所添加的每一列，均可以编辑列名、数据类型、长度、空否等列的基本属性。可以在表设计器的“列属性”中编辑列的其他属性。建立的各列属性如图 11-5 所示。右击“学号”左侧的按钮，从弹出的快捷菜单中选择“设置主键”命令，将学号列设置为表的主键列。

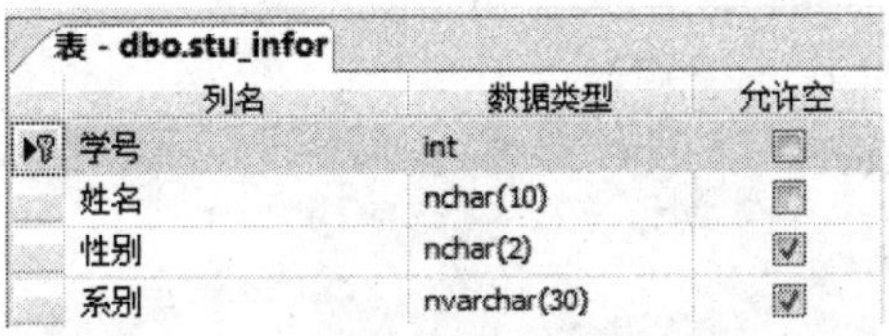

表 - dbo.stu_infor

列名	数据类型	允许空
学号	int	☐
姓名	nchar(10)	☐
性别	nchar(2)	☑
系别	nvarchar(30)	☑

图 11-5 SQL Server 中使用 SSMS 新建数据库表

(4) 输入完成后，单击工具栏上的“保存”按钮，将弹出“输入表名”对话框。将表名设定为 stu_infor，然后单击“确定”按钮。

(5) 关闭“新建表”窗口，可以看到 stu_infor 表已经出现在 student 数据库中。

重复以上过程，可以在数据库中创建多个数据表。

3. 使用 SSMS 资源管理器向表中添加数据

(1) 在 SSMS 的对象资源管理器中右击新建的表“dbo.stu_infor”，在弹出的快捷菜单中选择“打开”命令。

(2) 在打开的空表中输入数据，如图11-6所示。

(3) 可以在表中完成对特定数据的增、改、删等操作。

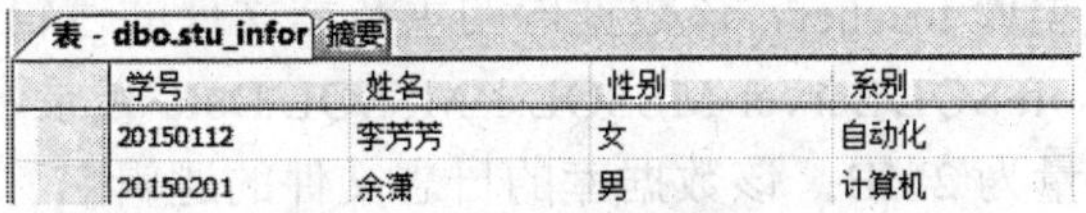

表 - dbo.stu_infor 摘要

学号	姓名	性别	系别
20150112	李芳芳	女	自动化
20150201	余潇	男	计算机

图 11-6 使用 SSMS 资源管理器向表中添加数据

4. SQL 语句与 T-SQL 语句的关系

SQL 是 Structured Query Language 的缩写，即结构化查询语言。它是负责与 ANSI(美国国家标准学会)维护的数据库交互的标准。作为关系数据库的标准语言，SQL 已被众多商用 DBMS 产品所采用，使得它已成为关系数据库领域中的一门主流语言，SQL 不仅包含数据查询功能，还包括插入、删除、更新和数据定义功能。

T-SQL 是 Transact Structured Query Language 的缩写。它是 SQL 语言的一种版本，且只能在 SQL Server 上使用。它是 ANSI SQL 的加强版语言，提供了标准的 SQL 命令。另外，T-SQL 还对 SQL 做了许多补充，提供了数据库脚本语言，即类似 C、Basic 和 Pascal 的基本功能，如变量说明、流控制语言、功能函数等。

5. 使用 T-SQL 语句创建数据库

(1) 进入 SSMS 图形用户界面。选择“数据库”，单击工具栏上的“新建查询”按钮，会自动打开“查询窗口”，如图 11-7 所示。

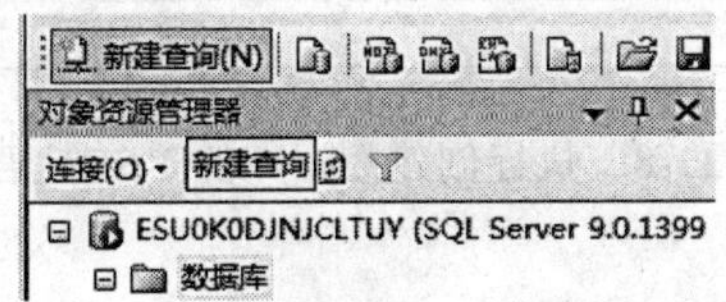

图 11-7 使用 SSMS 中新建查询窗口

(2) 在查询窗口内输入如下 T-SQL 语句，新建一个数据库 teacher，并包含一个数据文件、一个日志文件。

```
CREATE DATABASE teacher
ON
(NAME=teacher,
FILENAME='C:\Program Files\Microsoft SQL Server\MSSQL.1\MSSQL\Data\teacher.mdf',
SIZE= 3MB,
MAXSIZE= 10MB,
FILEGROWTH= 2MB )
LOGON
(NAME='teacher_log',
FILENAME='C:\Program Files\Microsoft SQL Server\MSSQL.1\MSSQL\Data\teacher_log.ldf',
SIZE= 1MB,
MAXSIZE= 1MB,
FILEGROWTH= 1MB )
GO
```

说明：创建一个数据库 teacher，该数据库的主数据文件的逻辑名称是 teacher，文件在 C:\Program Files\Microsoft SQL Server\MSSQL.1\MSSQL\Data 目录中，文件的大小为 3MB，最大为 10MB，增长增量为 2MB；该数据库的日志文件的逻辑名称是 teacher_log，文件在 C:\Program Files\Microsoft SQL Server\MSSQL.1\MSSQL\Data 目录中，文件的大小为 1MB，最大为 1MB，增长增量为 1MB。

(3) 单击工具栏中的“执行”按钮，执行 T-SQL 语句。当消息标签中显示“命令已成功完成”时，表明语句正确而且执行成功，如图 11-8 所示。

(4) 重新进入 SSMS，可以看到对象资源管理器的“数据库”目录下已经添加了 teacher 数据库。

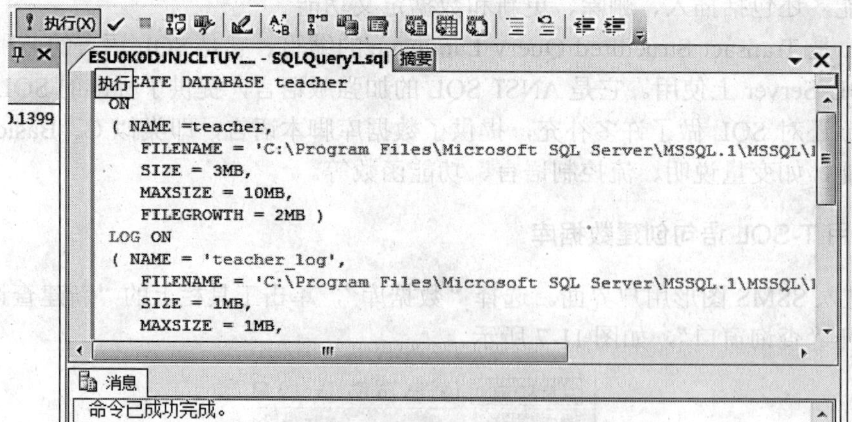

图 11-8 执行创建数据库的 T-SQL 语句

6. 使用 CREATE TABLE 语句创建数据库表

使用 CREATE TABLE 语句创建 teacher_infor 表，具体的操作步骤如下。

(1) 新建查询，在查询窗口中输入如下语句。

```
USE teacher
CREATE TABLE teacher_infor
(
  教师编号  INT     PRIMARY KEY,
  教师姓名  NCHAR(10) NOT NULL,
  出生日期  DATETIME,
  职称    NCHAR(6),
  联系电话  CHAR(15)
)
```

说明：PRIMARY KEY 定义“教师编号”字段是主键；NOT NULL 定义该字段不允许为空。

(2) 单击“执行”按钮，显示命令已成功完成，如图11-9所示。

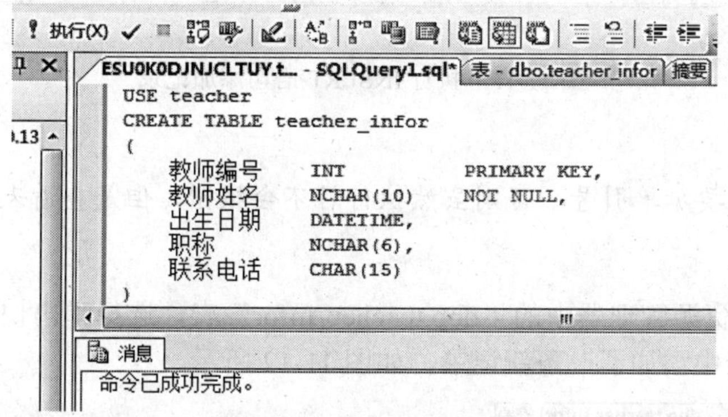

图 11-9　执行 CREATE TABLE 语句新建表

(3) 展开对象资源管理器中的teacher数据库，展开表目录，看到新增加的表“dbo.teacher_infor”，展开表中的列，看到所定义的列名、数据类型以及主键，如图 11-10 所示。

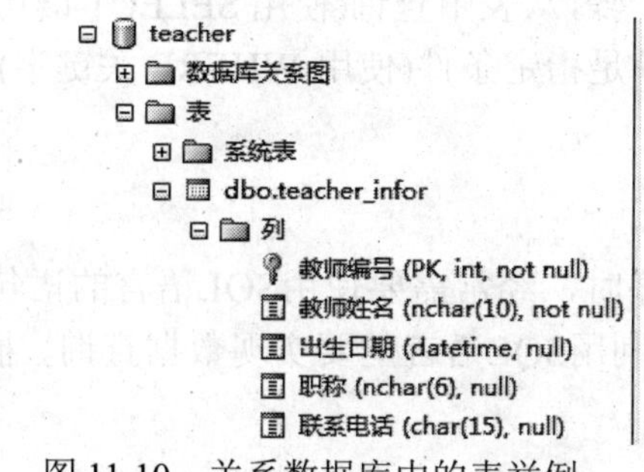

图 11-10　关系数据库中的表举例

7. 使用 INSERT 语句为数据库表添加数据

(1) 新建查询，在查询窗口输入如下语句。

```
USE    teacher
INSERT INTO teacher_infor VALUES('01','周扬', '1982-8-9','讲师','15998168225')
```

当需要插入多条记录时，可以继续写 INSERT 语句，插入一行写一条 INSERT 语句。

注意：

VALUES 后面的值是要向表中添加的内容，它们应该与所建立的表结构中每个字段的数据类型相匹配，并且按照字段定义的前后顺序来排列。

(2) 单击“执行”按钮，在“消息”选项卡中显示“1 行受影响”，表明已向 teacher_infor 表中成功添加了一条记录，如图 11-11 所示。

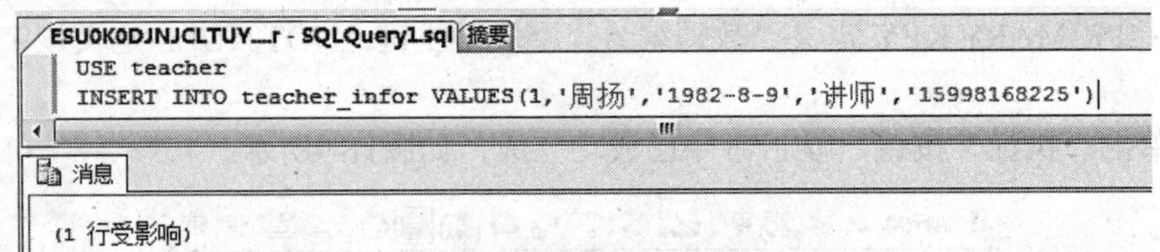

图 11-11　执行 INSERT 语句添加记录

注意：

日期型数据也要加单引号，否则虽然执行时不会报错，但是查看表中结果会发现添加的时间是错误的。

(3) 右击对象资源管理器中的“dbo.teacher_infor”表，选择弹出快捷菜单中的“打开表”命令，看到表中添加了一条新记录，如图 11-12 所示。

表 - dbo.teacher_infor　摘要

	教师编号	教师姓名	出生日期	职称	联系电话
▶	1	周扬	1982/8/9 0:00:00	讲师	15998168225
*	NULL	NULL	NULL	NULL	NULL

图 11-12　teacher_infor 表中插入了一条新记录

也可使用相似的操作步骤，从表中查询(使用 SELECT 语句)、删除(使用 DELETE 语句)、修改(使用 UPDATE 语句)满足指定条件(使用 WHERE 关键字)的记录。

11.1.3　SQL 语言

在开发数据库应用程序时，经常需要使用SQL语言的语句。SQL是一种标准的关系数据库语言，在VB.NET中，利用SQL语言主要实现数据查询、插入记录、删除记录、更新记录等操作。

1. SELECT 查询语句

数据查询是数据库中最常见的操作，既可完成简单的单表查询，也可完成相当复杂的多表连接查询、嵌套查询和集合查询。本节只讨论其基本格式。

1) SELECT 语句的基本格式

```
SELECT 字段名列表 FROM <表名> [WHERE 筛选条件] [ORDER BY<字段>] [Asc|Desc]
```

说明：

SELECT语句是由SELECT子句、FROM子句和WHERE子句组成的查询块。

SELECT语句的含义是，从FROM子句指定的表中，根据WHERE子句限定的查询条件，按照SELECT子句中指定的字段次序，选出记录中的字段值，按ORDER BY中指定的字段排序产生一个查询结果表。

ORDER BY子句，使显示结果按字段值的升序(Asc)或降序(Desc)进行排列。

2) SELECT 查询简单示例

假定有一个“学生”数据库，其中有一个“学生”表，列出所有“籍贯”是辽宁的学生的姓名、系别和出生日期。

```
SELECT 姓名，系别，出生日期 FROM 学生 WHERE 籍贯='辽宁'
```

2. INSERT 插入语句

1) INSERT 语句的基本格式

```
INSERT INTO <表名> [(<字段 1> [，<字段 2>…])] Values(<常量 1> [，<常量 2>…])
```

说明：

插入的常量应和字段名个数相同，类型应和字段名的数据类型一致。

语句功能是将数据插入到指定表的相应字段中，形成新的记录。

2) INSERT 语句的简单示例

向学生表中插入一条记录，并给学生姓名、年龄和籍贯字段赋值。

```
INSERT INTO 学生 (姓名，年龄，籍贯) Values('李霞'，25，'辽宁')
```

3. UPDATE 修改记录

在 SQL 语句中，可以通过 UPDATE 语句来修改表中满足条件的记录。

1) UPDATE 语句的基本格式

```
UPDATE <表名> SET <字段 1>=<表达式 1> [，SET<字段 2>=<表达式 2>…] [WHERE <条件>]
```

说明：

该语句的功能是对于指定的表，对满足条件的记录用表达式去更新指定的字段。

2) UPDATE 的简单示例

将“教师”表中职称为“副教授”的工资增加 500 元。

```
UPDATE 教师 SET 工资=工资+500 WHERE 职称='副教授'
```

4. DELETE 删除记录

SQL 语言中的 DELETE 命令用来删除数据表已失效的记录。

1) DELETE 语句的基本格式

```
DELETE FROM 表名 [WHERE <条件>]
```

说明：

删除满足给定条件的记录，当默认 WHERE 子句时，将删除表中的全部记录。

2) DELETE 语句的简单示例

从“成绩”表中删除所有“数学”成绩不及格的学生。

```
DELETE FROM 成绩 WHERE 数学<60
```

注意：

使用 SQL Server 数据库时，SQL 语句是不区分大小写的，可以根据习惯选择书写方式。

11.2 ADO.NET 数据访问接口

数据库建立成功后，在VB.NET中可通过ADO.NET来进行数据访问。其作用就是在数据源和应用程序之间搭建一座桥梁，程序设计人员只要学会如何使用这些对象模型，就可以达到访问不同数据库的目的。如图11-13中显示了它们三者的关系。

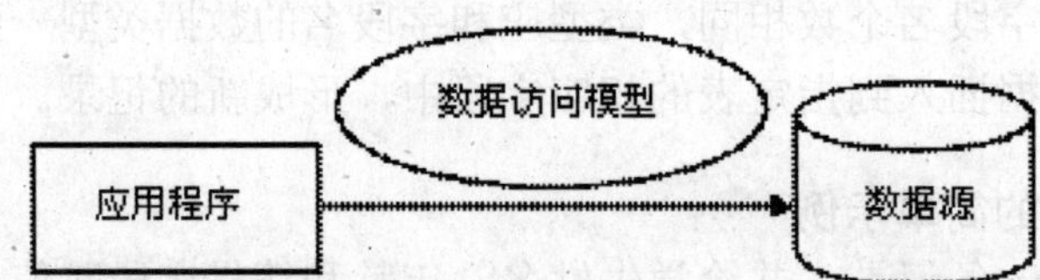

图 11-13 数据源、数据访问模型与应用程序三者关系

ADO. NET 是一个类的集合。这些类允许基于.NET 的应用程序读取和更新数据库以及其他数据源中的信息。可以通过.NET 框架提供的 System.Data 命名空间访问这些类。完成此任务的是 ADO.NET 的两个核心组件：.NET 数据提供程序和 DataSet。

11.2.1 ADO.NET 概述

1. .NET 数据提供程序

.NET 数据提供程序模型提供了 4 个核心对象：Connection、Command、DataReader 和 DataAdapter 对象。对象及功能见表 11-1。

表 11-1　.NET 数据提供程序提供的核心对象

控　件	功　能
Connection	建立与特定数据源的连接
Command	对数据源执行命令
DataReader	从数据源中读取向前的且只读的数据流
DataAdapter	用数据源填充 DataSet 并解析更新

2. DataSet 数据集

DataSet 是客户内存中的数据库，它可包含表、关系、数据行、数据列等。DataSet 对象模型中各主要对象的关系如下。

- DataTable对象：就是一个数据表，如把DataSet看成一个数据库的话，那么DataTable就是数据库的一个关系表。
- DataRows 对象：DataTable 中的数据行，和 DataColumn 一起构成表对象的主要部件。
- DataColumn 对象：DataTable 中的数据列，和 DataRows 一起构成表对象的主要部件。
- DataRelation 对象：表示表之间可能存在的关系，通常表示表间的主外键关系。

3. 命名空间

ADO.NET 有许多命名空间，这些命名空间保存着多种数据类，为了使用这些类，要将其引入到当前代码中(也可在声明和实例化对象时在类的前面加上命名空间的前缀)。.NET 框架中与数据关联的命名空间如下。

- System.Data：保存ADO.NET类和其他各种一般类，或.NET数据提供程序中的子类。
- System.Data.SqlClient：保存 SQL Server 中特有的类。
- System.Data.OleDb：描述用于访问 OleDb 数据源的类。
- System.Data.Common：含有.NET 数据提供程序共享的类。

4. 使用 ADO.NET 开发数据库应用程序的步骤

使用 ADO.NET 开发数据库应用程序的一般步骤如下。

(1) 建立与数据源的连接。根据使用的数据源，选择相应的数据提供程序。利用 Connection 对象建立与数据源的连接。

(2) 提取数据源中的相应数据，写入内存数据表中。通过数据适配器 DataAdapter 从数据库中选取用户信息写入 DataSet 对象中。

(3) 将内存数据通过绑定技术显示在 Windows 窗体上。

(4) 通过 Command 对象完成对内存数据表的操作，从而对数据库进行更新。

11.2.2　使用 ADO.NET 对象访问数据库

ADO.NET 对象包括两个核心组件，一是.NET 数据提供程序，二是 DataSet。如图 11-14

所示，列出了基于 ADO.NET 的解决方案所用到的主要对象，描述了二者之间的关系。下面将详细介绍 ADO.NET 中 4 个核心对象及数据集 DataSet。

1. Connection 对象及其使用

在对数据库进行操作之前。首先需建立到数据源的连接。可以使用 Connection 对象显式地建立连接，根据数据源的不同，VB.NET 中提供了两个 Connection 对象，一个是 OleDbConnection 对象，访问 Access 数据源应使用该对象；二是 SqlConnection 对象，访问 SQLServer 数据源应使用该对象。该对象最重要的属性是 ConnectionString，该属性用来设置连接字符串。

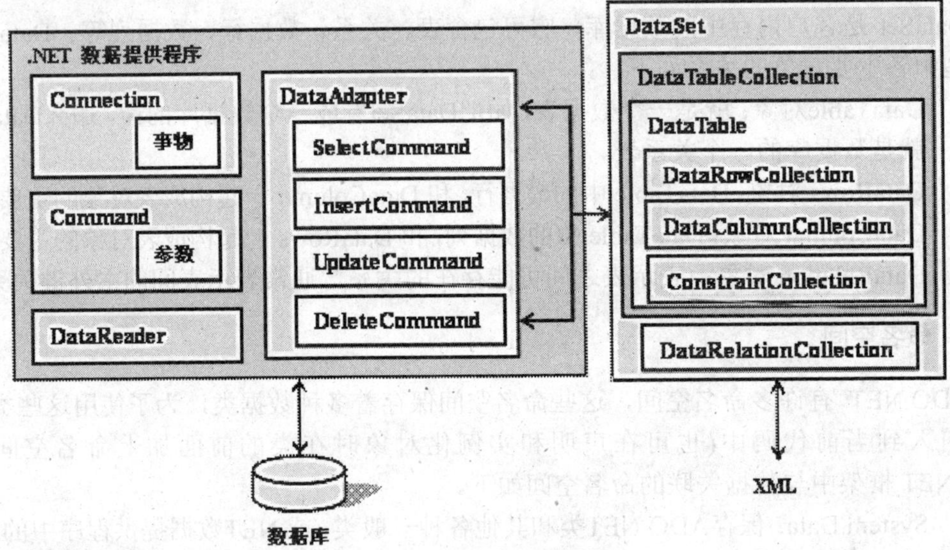

图 11-14 .NET 的组成结构

连接对象的主要作用就是连接到数据源，可以在设计时创建连接，也可以通过程序代码创建，本节讨论代码创建方法。

1) SqlConnection 对象的创建

SqlConnection 用在 SQL Server 7.0 及 SQL Server 2000 以上版本，存取 SQL Server 有较好的效率，有两种方法创建 SqlConnection 的连接字符串。

(1) 第一种方法如下。

```
Dim Conn As SqlConnection
Conn=New SqlConnection()
Conn.ConnectionString="Server=ServerName;database=data;UID=sa;PWD=password"
Conn.Open()
```

连接字符串参数说明见表 11-2。

表 11-2　SqlConnection 连接字符串方法一参数说明

名　称	说　明
Server	数据库服务器位置。可以是计算机名称、IP 地址，若使用本机数据库，用 local 表示
database	数据库名称
UID	登录数据库的账号，sa 为 SQL Server 默认的管理员账号
PWD	密码

(2) 第二种方法如下。

```
Dim Conn As SqlConnection
Conn=New SqlConnection()
Conn.ConnectionString="Data Source=ServerName;Initial Catalog=data; _
&"User ID=sa;Password=password"
Conn.Open()
```

连接字符串参数说明见表 11-3。

表 11-3　SqlConnection 连接字符串方法二参数说明

名　称	说　明
Data Source	数据库服务器位置。可以是计算机名称、IP 地址，若使用本机数据库，用 local 表示
Initial Catalog	数据库名称
User ID	登录数据库的账号，sa 为 SQL Server 默认的管理员账号
Password	密码

说明：

(1) 以上两种方法中出现的 Conn 为 Connection 对象，可以命名为满足 VB.NET 命名规则的任意变量名。习惯上使用 Conn 或者 Con。

(2) 以上两种方法给出的均是登录 SQL Server 采用混合登录模式时的字符串书写格式；若登录 SQL Server 时采用的是 Windows 账号管理集成的模式，需要传入字符串 "Intergrated Security=True"，此时 UID 和 PWD 可以省略。连接字符串改成：Conn.ConnectionString="Server=ServerName;database=data;IntegratedSecurity=True"。

(3) data 为数据库文件名，使用时用实际用到的数据库名替换。

(4) 两种方法的前两条语句分别如下。

```
Dim Conn As SqlConnection
Conn=New SqlConnection()
```

先定义了一个名为 Conn 的 SqlConnection 对象，再为 Conn 分配存储空间，可以将其合并成一条语句。

```
Dim Conn =New SqlConnection()
```

(5) 当一条语句过长，尤其是在写连接字符串时经常遇到这样的问题，如果写在一行，需要调整滑块才能看到，编辑起来不方便，这时通常将其写成两行。在第一行的行尾加续行符“_”，在第二行的行首采用“+”或者“&”符号来连接这两个字符串。例如，第二种连接方法中的连接字符串去掉“&”连接符，或者改为“+”连接符，也是正确的。

2) OleDbConnection 对象的创建

下面以连接 Access 2010 版本的 data.accdb 数据库为例，讲解 OleDbConnection 对象的创建和使用，其代码如下。

```
Dim Con As OleDbConnection
Con=New OleDbConnection()
Con.ConnectionString = "Provider=Microsoft.Ace.OleDb.12.0;Data Source=F:\data.accdb; "
Con.Open()
```

说明：

(1) Provider是OLEDB提供程序的属性，表示使用的是OLEDB数据提供程序。

(2) Data Source是数据源，表示要连接的数据库。

(3) data为数据库文件名，使用时用实际用到的数据库名替换。对于数据库要给出其绝对路径，此例中数据库存放在F盘根目录下。

(4) 对于前两行代码，即

```
Dim Con As OleDbConnection
Con=New OleDbConnection()
```

可以将其合并成一条语句。

```
Dim Con=New OleDbConnection()
```

3) 关闭一个连接

当不再需要某个连接时，应将其关闭，以避免占用内存。下面的程序关闭连接并将变量从内存中释放。使用语句：连接对象名.Close()。此例中为：Con.Open()。

下面讲解使用 Connection 对象连接 SQL Server 数据库。

【例 11-1】编写 VB.NET 应用程序，测试连接 SQL Server 中的 student 数据库。如果连接成功，显示“student 数据库连接成功！”如果连接失败，显示“数据库连接有错误！”

(1) 启动 VS2013，建立 VB.NET 窗口应用程序，在设计窗口中设计图形用户界面，如图 11-15 所示，在窗体上有一个按钮，按钮上显示文字“数据库连接测试”。

图 11-15　设计的窗体界面

(2) 在代码视图下，编写如下代码。

```
Imports System.Data.SqlClient
Public Class Form1
'声明 Connection 对象
Dim Conn As SqlConnection
Private Sub Button1_Click(ByVal sender As System.Object, ByVal e As System.EventArgs) Handles
Button1.Click
    Try
        '连接本地 SQL Server 数据库
        Conn = New SqlConnection()
        Conn.ConnectionString = "Server=(local);database=student;UID=sa;PWD=sa123"
        Conn.Open()
        MessageBox.Show("student 数据库连接成功！")
        Conn.Close()
    Catch
        MessageBox.Show("数据库连接有错误！")
    End Try
End Sub
End Class
```

(3) 运行程序，结果如图 11-16 所示。

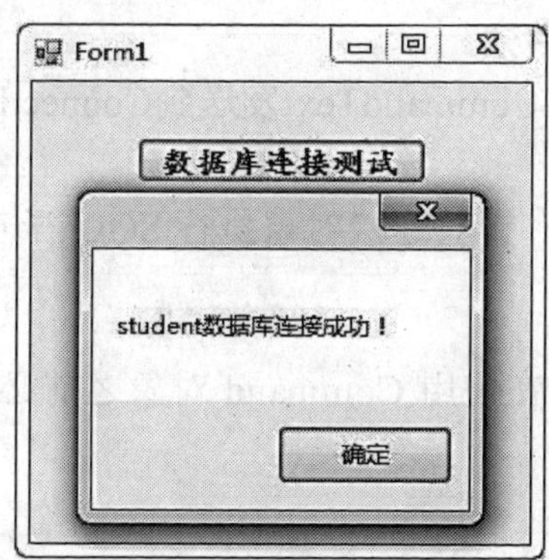

图 11-16　程序运行结果界面

说明：

① 由于本机中SQL Server的登录模式为混合模式，用户名为sa，密码为sa123，所以使用"UID=sa;PWD=sa123"连接字符串。程序中使用Try…Catch…End Try异常处理语句，如果连接不成功，由Catch语句捕获异常，显示“数据库连接有错误！”

② 此例题中采用SQL Server数据库连接字符串的第一种写法，对于第二种连接字符串的写法，本章中所有例题也可正确运行，以后不再赘述。

注意：

对于SQL Server数据库的连接使用SqlConnection对象，对于Access数据库的连接使用OleDbConnection对象。以后的Command对象、DataReader对象、DataAdapter对象也是类似

的。对于SQL Server数据库，使用SqlCommand对象、SqlDataReader对象、SqlDataAdapter对象；而对于Access数据库，使用OleDbCommand对象、OleDbDataReader对象、OleDbDataAdapter对象。下面将以SQL Server数据库为例来继续讲解，对于Access数据库，操作步骤也类似。

2. Command 对象及其使用

连接数据库以后，下一步工作就是对数据库执行数据查询、增加、更新、删除等各种操作。最简单的方法就是通过 Command 对象来完成。操作实现的方式可以是 SQL 语句、存储过程和数据表。根据所用的.NET 数据提供程序的不同，Command 对象可分为 SqlCommand 对象和 OleDbCommand 对象，下面介绍此对象的使用方法。

1) Command 对象的常用属性

- CommandType 属性：获取或设置 Command 对象要执行的命令的类型，其值有三种情况：StoredProcedure、TableDirect 和 Text，分别对应于 CommandText 属性的三种方式。
- CommandText属性：用来获取或设置要对数据源执行的SQL语句、存储过程或表名。
- CommandTimeout 属性：用来获取或设置在终止对执行命令的尝试并生成错误之前的等待时间，以秒为单位，默认为 30 秒。
- Connection 属性：用来获取或设置此 Command 对象使用的 Connection 对象名称。

2) Command 对象的常用方法

- ExecuteReader方法：将CommandText发送到Connection对象并生成一个DataReader数据集合。
- ExecuteNonQuery 方法：针对连接对象执行 SQL 语句并返回受影响的行数。

3) Command 对象的使用

(1) 创建 Command 对象。在使用 Command 对象之前必须要先创建 Command 对象，格式如下。

```
Dim Cmd As New SqlCommand()
Cmd.connection=con
Cmd.commandtext="select * from 表名"
```

可采用如下简洁的定义方法。

```
Dim Cmd As New SqlCommand("select * from 表名",con)
```

其中，“select * from 表名”需用实际使用的 SQL 语句替换，“con”需用实际使用的连接对象替换。

(2) Command 对象的执行。当执行没有返回数据的 SQL 语句时，例如插入数据、更新数据、删除数据等可以使用 ExcuteNonQuery 方法。格式如下。

```
Command 对象.ExcuteNonQuery()
```

例如：Cmd. ExcuteNonQuery()。

下面举例讲解使用 Command 对象添加数据的方法。

【例 11-2】编写程序，从键盘向 student 数据库中的 stu_infor 表插入一条新记录。

(1) 设计窗体，如图 11-17 所示。

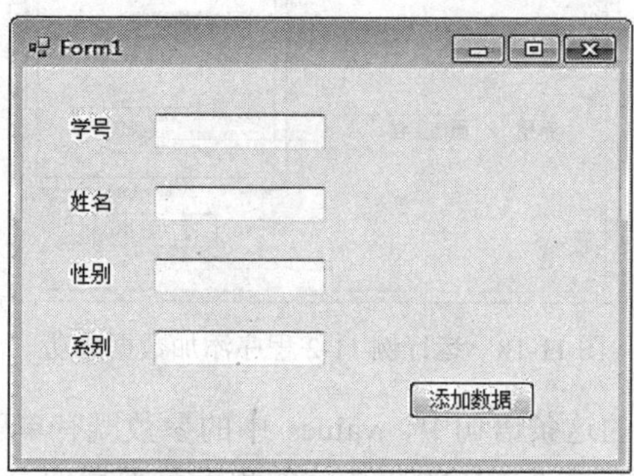

图 11-17　例 11-2 图形界面设计

(2) 在按钮的单击事件过程中添加如下代码。

```
Imports System.Data.SqlClient
Public Class Form1
'声明 Connection 对象
Dim Conn As SqlConnection
Private Sub Button1_Click(ByVal sender As System.Object, ByVal e As System.EventArgs) Handles Button1.Click
    Try
        '连接本地 SQL Server 数据库
        Conn = New SqlConnection()
        Conn.ConnectionString = "Server=(local);database=student;UID=sa;PWD=sa123"
        Conn.Open()
        Dim StrSQL As String
        StrSQL = "insert into stu_infor(学号,姓名,性别,系别)values ('"& TextBox1.Text &"','"& TextBox2.Text &"','"& TextBox3.Text &"','"& TextBox4.Text &"')"
        Dim Comm As New SqlCommand(StrSQL, Conn)
        Comm.ExecuteNonQuery()
        Conn.Close()
        MessageBox.Show("添加数据成功！")
    Catch
        MessageBox.Show("数据库连接或数据输入有误！")
    End Try
End Sub
End Class
```

(3) 运行程序，输入需插入记录的各个字段内容，并单击“添加数据”按钮，所得的结果如图11-18所示。

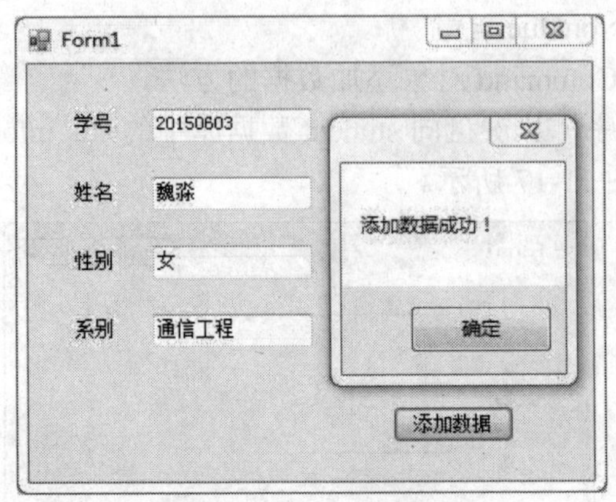

图 11-18　运行例 11-2 程序添加数据成功

(4)在为 StrSQL 赋值的这条语句中，values 中的参数既有单引号又有双引号，为什么这么用呢？关键要理解：第一，在 VB.NET 中字符串常量要用双引号括起来；第二，VB.NET 中“&”运算符用来连接字符串；第三，在 SQL 语句中，当数据类型是文本型字段时，要用单引号括起来；第四，使用 SQL 语句插入多个字段值时，各个字段值之间用逗号来分隔。

(5) 在此例中当不能正常向数据库写入数据时就会出现异常。出现异常的原因可能是数据库连接失败，也可能是数据输入错误。也就是说，当运行程序时，如果输入数据和所定义的表结构的数据类型不相符，或者和表中已有数据的主键值相同时，也会出现异常。例如，我们再次输入的数据和已有数据具有相同的学号“20150603”，这时由于在创建 stu_infor 表时，定义了“学号”主键，而主键满足“唯一性”约束，当运行 VB.NET 程序时就会出现异常，由 Catch 语句捕获该异常，输出“数据库连接或数据输入有误！”，如图 11-19 所示。

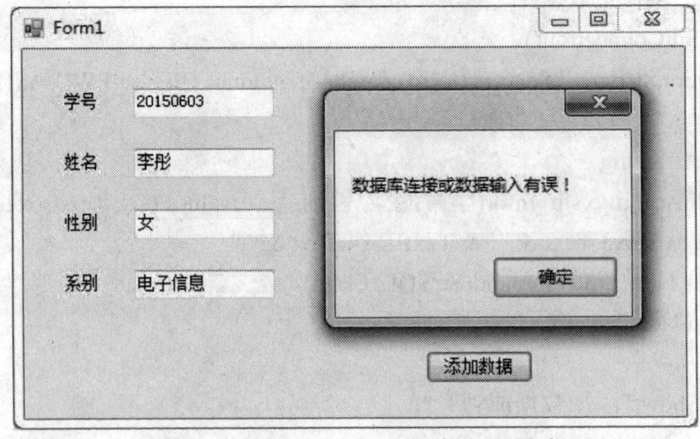

图 11-19　运行例 11-2 程序出现异常

3. DataReader 对象及其使用

DataReader 对象提供单向只读数据，只能依次读取数据，而 DataSet 中的数据可以任意读取和修改。DataReader 对象有一个很重要的方法 Read，它是布尔值，作用是读取下一条数据，当其值为真时执行，否则退出。

DataReader 从数据库中检索只读的数据流，存储在客户端的网络缓冲区中。在内存中只存储一行，具有开销小、速度快的特点。由于数据不在内存中缓存，所以在检索大量数据时，DataReader 是一种较好的选择。DataReader 只能通过 Command 对象的 ExecuteReader()方法来创建，不能实例化。

DataReader 具有独占性，如果在已经打开 DataReader 的情况下，将不能对 Connection 进行任何操作，必须在用完时调用 Close()方法关闭。通过 Command 对象返回多个结果集，并且通过 DataReader 对象的 NextResult()方法来使用。

读取 DataReader 对象的数据有两种方法：第一种，通过和 DataGridView 等数据控件绑定，直接输出；第二种，在程序中编写循环语句将数据输出。

下面举例讲解 DataReader 对象绑定 DataGridView 数据控件输出数据的方法。

【例 11-3】使用 DataGridView 控件显示 stu_infor 表中的全部记录。

(1) 在 VB.NET 设计窗口中，建立如图 11-20 所示的窗体，窗体中包含一个文本框、一个按钮和一个 DataGridView 控件。

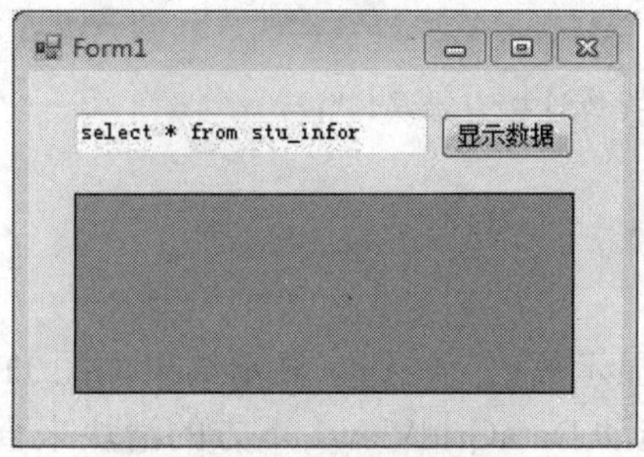

图 11-20　例 11-3 界面设计

(2) 在属性面板中 TextBox1 的 Text 属性中输入 SQL 语句“select * from stu_infor”，用来显示 stu_infor 表中的所有记录，如图 11-21 所示。

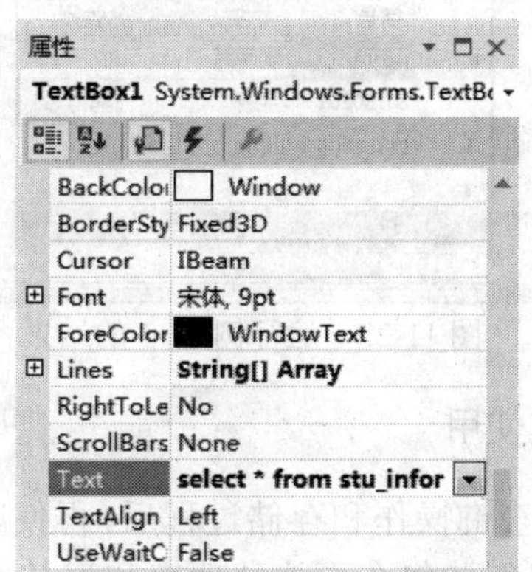

图 11-21　设置 TextBox1 的 Text 属性

(3) 在 VB.NET 代码窗口中输入如下语句。

```
Imports System.Data.SqlClient
Public Class Form1
Dim Conn As SqlConnection
```

```
    Private Sub Button1_Click(ByVal sender As System.Object, ByVal e As System.EventArgs) Handles
Button1.Click
        Try
            '连接本地 SQL Server 数据库
            Conn = NewSqlConnection()
            Conn.ConnectionString = "Server=(local);database=student;UID=sa;Password=sa123"
            Conn.Open()
            Dim Comm As New SqlCommand(TextBox1.Text, Conn)
            Dim dr As SqlDataReader
            dr = Comm.ExecuteReader()
            Dim dt As DataTable
            dt = New DataTable()
            dt.Load(dr)
            DataGridView1.DataSource = dt
            Conn.Close()
        Catch
            MessageBox.Show("数据库连接有错误！")
        End Try
    End Sub
    End Class
```

(4) 运行程序，单击“显示数据”按钮，显示结果如图 11-22 所示，可以看到 stu_infor 表中的所有记录，可通过拖动 DataGridView1 下方的滑块来查看其余未显示的字段。

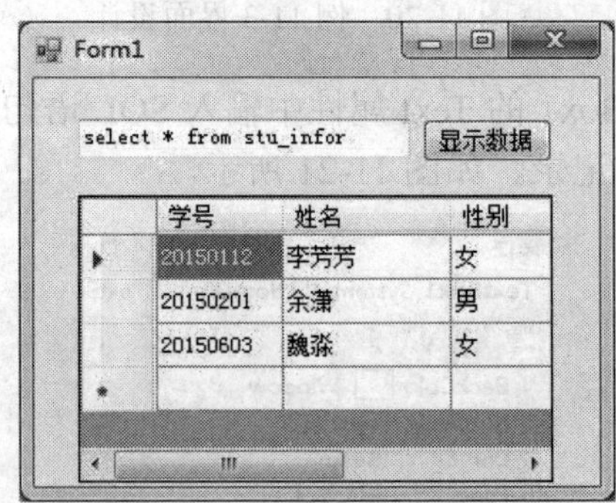

图 11-22　运行例 11-3 的结果

4. DataAdapter 对象及其使用

使用 Command 对象执行查询操作和存储过程后，再使用 DataReader 对象的 Read 方法可以创建一个简易的数据集，但此集合不能处理表和记录之间的复杂关系，为此在 ADO.NET 中收入了另一个核心对象数据集 DataSet。DataSet 是如何从数据库中得到数据呢？这就要用到数据适配器(DataAdapter)，其主要完成两个功能：一是从数据库中将数据读入到数据集；二是从数据集中将已更改的数据写回到数据库中。

1) DataAdapter 对象的常用属性

- SelectCommand 属性：用来获取 SQL 语句或存储过程，选择数据源中的记录。
- InsertCommand 属性：用来获取 SQL 语句或存储过程，把新记录插入数据源中。
- UpdateCommand 属性：用来获取 SQL 语句或存储过程，更新数据源中的记录。
- DeleteCommand 属性：用来获取 SQL 语句或存储过程，删除数据源中的记录。

2) DataAdapter 对象的常用方法

(1) Fill 方法。其主要作用是从数据源中提取数据以填充数据集。该方法实现了数据适配器的第一个用途：从数据库中将数据读入到数据集中。该方法使用 DataAdapter 的 SelectCommand 的结果来填充 DataSet，并将要填充的 DataSet 和 DataTable 对象作为它的参数，其用法如下。

DataAdpter 对象.Fill(DataSet 对象，数据表)

其功能是从参数“数据表”指定的表中提取数据以填充参数“DataSet 对象”指定的数据集。

下面举例讲解 DataAdpter 对象的 Fill 方法的使用。

【例 11-4】编写程序，使用 DataAdapter 对象的 Fill 方法填充 DataSet 数据集，并将结果在 DataGridView 控件中显示出来。

(1) 在设计窗口中建立如图 11-23 所示的界面。

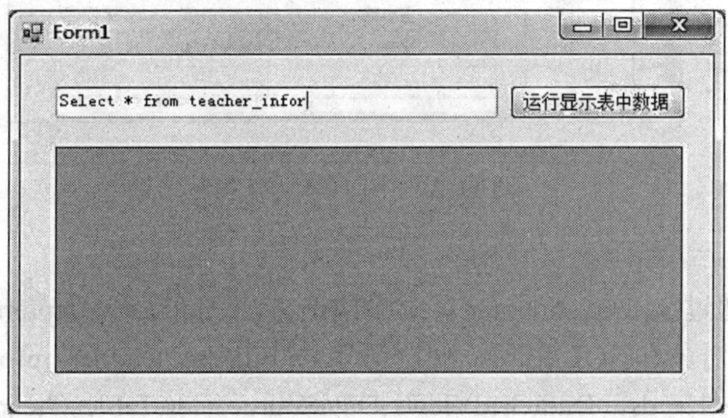

图 11-23　例 11-4 窗体界面

(2) 在代码窗口中编写如下代码。

```
Imports System.Data.SqlClient
Public Class Form1
Dim Conn As SqlConnection
Dim da As SqlDataAdapter
Dim ds As DataSet
Private Sub Button1_Click(ByVal sender As System.Object, ByVal e As System.EventArgs) Handles
Button1.Click
    Try
        Conn = NewSqlConnection()
        Conn.ConnectionString = "Server=(local);Database=teacher;UID=sa;PWD=sa123"
```

```
            Conn.Open()
            da = NewSqlDataAdapter(TextBox1.Text, Conn)
            ds = NewDataSet()
            da.Fill(ds, "teacher_infor")
            DataGridView1.DataSource = ds.Tables("teacher_infor")
            Conn.Close()
        Catch
            MessageBox.Show("数据库连接有错误！")
        End Try
    End Sub
End Class
```

(3) 运行程序，单击“运行显示表中数据”按钮，可以看到 teacher_infor 表中的所有记录，如图 11-24 所示。

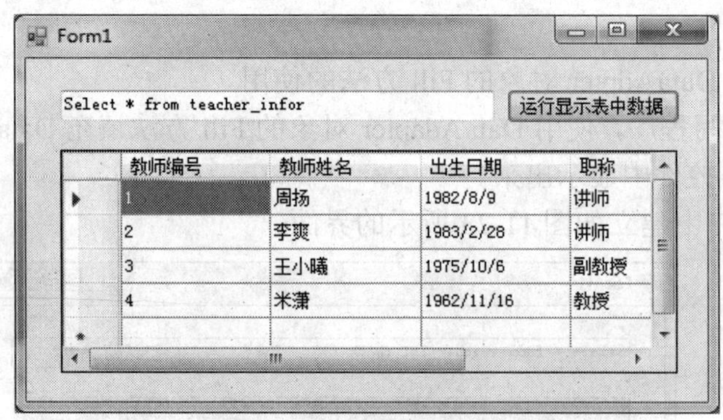

图 11-24　例 11-4 运行程序结果

说明：

① 此例中通过 SqlDataAdapter 对象的构造方法“SqlDataAdapter(TextBox1.Text, Conn)”传入数据库连接对象和 SQL 语句，使用语句 da.Fill(ds, "teacher_infor")实现用 teacher_infor 表中数据填充数据集 ds，DataGridView1.DataSource = ds.Tables("teacher_infor")语句将数据集 ds 绑定到 DataGridView1 控件上。② 对于 ADO.NET 的以上这 4 个核心对象，SQL Server 数据库和 Access 数据库的对象命名方式和使用方法均类似。在命名它们的对象时，SQL Server 的对象名前加 Sql，Access 的对象名前加 OleDb。例如，同样是 Connection 对象，SQL Server 对应的对象名为 SqlConnection，而 Access 对应的对象名为 OleDbConnection。

(2) Update 方法。该方法用于更新数据源中的数据，实现了数据适配器的第二个功能：从数据集中将已更改的数据以批次的方式写回后台数据库，其格式如下。

```
DataAdapter 对象.Update(DataSet 对象，数据表)
```

其功能是从参数“数据表”中提取数据以更新参数“DataSet 对象”指定的数据集。

下面举例说明 DataAdapter 对象的 Update 方法的使用。

【例 11-5】编写程序，使用 DataAdapter 对象的 Update 方法，完成添加和更新数据库表中数据的功能。

(1) 设计界面，如图 11-25 所示。

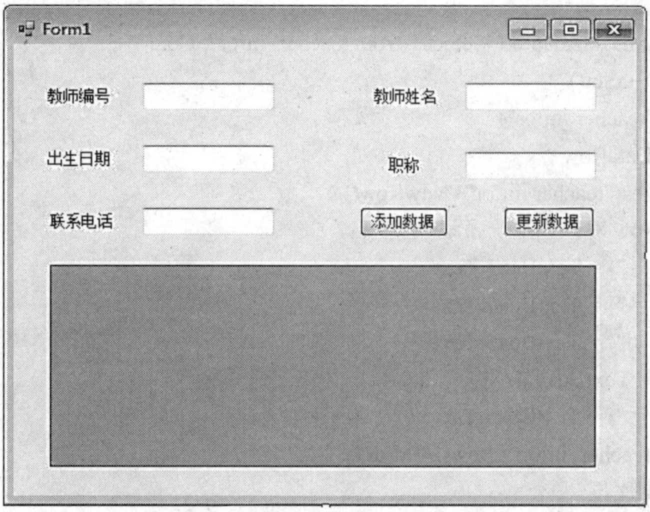

图 11-25　例 11-5 界面设计

(2) 编写代码。

```
'Form1 的加载事件过程
Private Sub Form1_Load(ByVal sender As System.Object, ByVal e As System.EventArgs)
HandlesMyBase.Load
    Try
        '连接本地 SQL Server 数据库
        Conn = NewSqlConnection()
        Conn.ConnectionString = "Server=(local);Database=teacher;UID=sa;PWD=sa123"
        Conn.Open()
        Dim Comm AsNewSqlCommand("Select * from teacher_infor", Conn)
        Dim dr AsSqlDataReader
        dr = Comm.ExecuteReader()
        dt = NewDataTable()
        dt.Load(dr)
        DataGridView1.DataSource = dt
        Conn.Close()
    Catch
        MessageBox.Show("数据库连接有错误！")
    End Try
End Sub
'Button1 的单击事件过程
Private Sub Button1_Click(ByVal sender As System.Object, ByVal e As System.EventArgs) Handles
Button1.Click
    Try
    '连接本地 SQL Server 数据库
        Conn = New SqlConnection()
```

```
            Conn.ConnectionString = "Server=(local);Database=teacher;UID=sa;PWD=sa123"
            Conn.Open()
            da = New SqlDataAdapter("Select * from teacher_infor", Conn)
            ds = New DataSet()
            da.Fill(ds, "teacher_infor")
            Dim dr As DataRow
            dr = ds.Tables("teacher_infor").NewRow()
            '通过 DataRow 对象添加一条记录
            dr("教师编号") = TextBox1.Text
            dr("教师姓名") = TextBox2.Text
            dr("出生日期") = TextBox3.Text
            dr("职称") = TextBox4.Text
            dr("联系电话") = TextBox5.Text
            ds.Tables("teacher_infor").Rows.Add(dr)
            '更新到数据库里
            Dim scb As New SqlCommandBuilder(da)
            da.Update(ds, "teacher_infor")
            DataGridView1.DataSource = ds.Tables("teacher_infor")
            Conn.Close()
        Catch ex As Exception
            MessageBox.Show(ex.ToString())
        End Try
    End Sub
    'DataGridView1 的 CellClick 事件过程
    Private Sub DataGridView1_CellClick(ByVal sender As System.Object, ByVal e As
System.Windows.Forms.DataGridViewCellEventArgs) Handles DataGridView1.CellClick
        If e.RowIndex < DataGridView1.Rows.Count - 1 Then
            '将选中行的数据写到文本框中
            TextBox1.Text = DataGridView1.Rows(e.RowIndex).Cells(0).Value.ToString()
            TextBox2.Text = DataGridView1.Rows(e.RowIndex).Cells(1).Value.ToString()
            TextBox3.Text = DataGridView1.Rows(e.RowIndex).Cells(2).Value.ToString()
            TextBox4.Text = DataGridView1.Rows(e.RowIndex).Cells(3).Value.ToString()
            TextBox5.Text = DataGridView1.Rows(e.RowIndex).Cells(4).Value.ToString()
        End If
    End Sub
    'Button2 的单击事件过程
    Private Sub Button2_Click(ByVal sender As System.Object, ByVal e As System.EventArgs) Handles
Button2.Click
        Try
            '连接本地 SQL Server 数据库
            Conn = New SqlConnection()
            Conn.ConnectionString = "Server=(local);Database=teacher;UID=sa;PWD=sa123"
            Conn.Open()
```

```
            da = New SqlDataAdapter("Select * from teacher_infor", Conn)
            ds = New DataSet()
            da.Fill(ds, "teacher_infor")
            Dim dr As DataRowds.Tables("teacher_infor").PrimaryKey = NewDataColumn()
{ds.Tables("teacher_infor").Columns("教师编号")}
            dr = ds.Tables("teacher_infor").Rows.Find(TextBox1.Text)
            '找到当前的记录，并修改
            dr("教师编号") = TextBox1.Text
            dr("教师姓名") = TextBox2.Text
            dr("出生日期") = TextBox3.Text
            dr("职称") = TextBox4.Text
            dr("联系电话") = TextBox5.Text
            '更新到数据库里
            Dim scb As New SqlCommandBuilder(da)
            da.Update(ds, "teacher_infor")
            DataGridView1.DataSource = ds.Tables("teacher_infor")
            Conn.Close()
        Catch ex AsException
            MessageBox.Show(ex.ToString())
        End Try
    End Sub
    End Class
```

(3) 运行程序，在对应的文本框中输入要添加新记录各字段的内容，单击“添加数据”按钮，可以在 DataGridview1 控件中看到添加了一条记录，如图 11-26 所示。

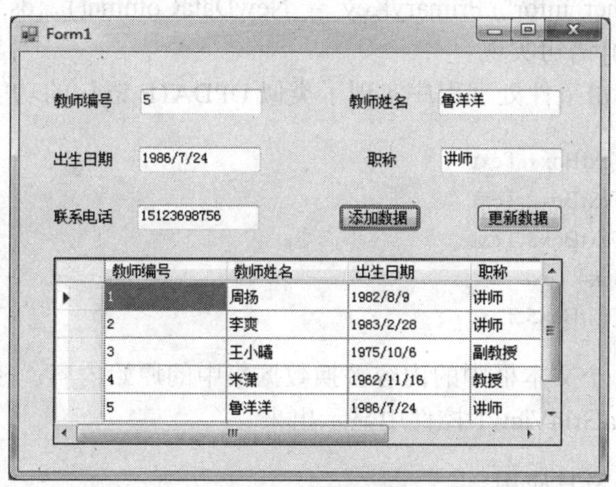

图 11-26　向数据库表添加记录

(4) 选中第 5 条记录，文本框将自动显示各个字段的内容。在“教师姓名”后的文本框中将“鲁洋洋”更改为“鲁强”，单击“更新数据”按钮，结果如图 11-27 所示。查看数据库结果，可以看到数据库中的数据也被更新了，如图 11-28 所示。

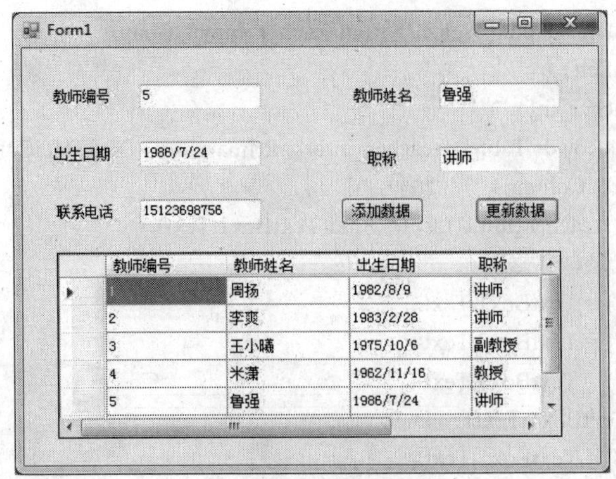

图 11-27　修改数据库表中记录

教师编号	教师姓名	出生日期	职称	联系电话
1	周扬	1982/8/9 0:00:00	讲师	15998168225
2	李爽	1983/2/28 0:00:00	讲师	18945678911
3	王小晴	1975/10/6 0:00:00	副教授	15963621286
4	米潇	1962/11/16 0:0...	教授	18995672318
5	鲁强	1986/7/24 0:00:00	讲师	15123698756

图 11-28　数据库更新记录

说明：

① 将数据的显示放到了窗体的加载函数中，使用 Button1 的单击事件过程执行添加记录的功能，使用 Button2 的单击事件过程执行更新记录的功能。

② 要更新数据集的某一行，先要确定该记录，可以根据主键“教师编号”的值来确定，使用 ds.Tables("teacher_infor").PrimaryKey = NewDataColumn() {ds.Tables("teacher_infor").Columns("教师编号")}语句实现。

③ Button2 的单击事件处理程序实现了类似 UPDATE 语句的功能，如下所示。

```
dr("教师编号") = TextBox1.Text
dr("教师姓名") = TextBox2.Text
dr("出生日期") = TextBox3.Text
dr("职称") = TextBox4.Text
dr("联系电话") = TextBox5.Text
```

语句分别使用 5 个文本框中的内容替换数据集中的原始内容。接下来更新数据库，再将结果在绑定的 DataGridView1 控件中显示出来。

5. DataSet 对象及其应用

DataSet 对象是一个创建在内存中的集合对象，它可以包含任意数量的数据表，以及所有的表的约束、索引和关系，相当于一个小型的关系数据库。DataSet 对象包括一组 DataTable(关系表)对象和 DataRelation(表间关联)对象，其中 DataTable 对象由 DataRow、DataColumn 和 DataRelation 对象组成。

1) DataTable 对象

表示创建在 DataSet 中的数据表。

(1) DataTable 的常用属性和方法见表 11-4。

表 11-4 DataTable 的常用属性和方法

对 象	功 能
Columns 属性	获取属于该表的列的集合
Rows 属性	获取属于该表的行的集合
TableName 属性	设置或返回表的名称
Clear 方法	清除 DataTable 的所有数据
NewRow 方法	创建与该表具有相同架构的新的 DataRow
AcceptChanges 方法	提交自上次调用 AcceptChanges 以来对表进行的所有修改

(2) 创建 DataTable 对象的方法如下。

方法一：利用 DataAdapter 对象的 Fill 方法，可采用以下格式。

```
SqlDataAdapterl.Fill(“DataSetl”,“dt”)
```

此方法创建了一个名为 dt 的 DataTable 对象，并将数据源的数据传到表 dt 中。

方法二：使用代码创建 DataTable，可采用如下格式。

```
Dim dt As New DataTable
```

2) DataRow 对象

表示对象 DataTable 中的一行数据。

(1) DataRow 对象的常用属性与方法如下。

- Item 属性：返回或设置指定列中的数据。

其访问形式为 DataRow 对象.Item(2)或 DataRow 对象(2)，两种形式等价。

- RowState 属性：返回当前行的状态。
- BeginEdit 方法：对 DataRow 开始编辑操作。
- CancelEdit 方法：取消对当前行的编辑，与 BeginEdit 搭配使用。
- Delete 方法：删除 DataRow。
- EndEdit 方法：结束对行的编辑，应与 BeginEdit 搭配使用。

(2) 创建 DataRow 行对象。在定义了数据表及结构后，即可将新的数据行添加到表中，就需要创建一个 DataRow 对象，然后调用 DataTable 的 NewRow 方法即可完成。其格式如下。

```
Dim dr As DataRow
```

此语句创建了一个 DataRow 的对象，对象名为 dr。

(3) 数据行的操作。增加数据行，可采用如下语句实现。

```
Dim dr As DataRow    '定义一个数据行对象
dr=dt.newRow()    '增加一个空的数据行
'为数据行各字段赋值
dr ("字段名 1")=值
dr ("字段名 2")=值
    ……
dr ("字段名 n")=值
dt.Rows.Add(dr)
```

3) DataColumn 对象

表示对象 DataTable 中的一列数据。列对象是创建表的基础，只有在定义好表列之后，才会决定表的具体属性。要创建表列，需用到数据表的 DataColumn 对象。

(1) DataColumn 对象的常用属性如下。

- ColumnName 属性：设置或返回在 Columns 集合中列的名称。
- DataType 属性：设置列的数据类型。
- MaxLength 属性：文本列的最大长度。

(2) 创建 DataColumn 对象。要向表中加入一列，首先应创建一个 DataColumn 对象，可用如下格式实现。

```
Dim dc as new DataColumn("列名", "数据类型")
```

11.3 使用数据绑定控件访问数据库

什么是数据绑定呢？顾名思义，就是将控件和数据源捆绑在一起，通过控件来显示或修改数据。在实际应用中多是将其显示属性与数据源绑定在一起。

窗体的数据绑定可分为两种：单一绑定和复合绑定。单一绑定通常是将控件绑定在数据表的某一字段上。这类控件有 TextBox、Label、CheckBox、RadioButton 等。一个控件只能显示一个值。复合绑定是能够将数据集绑定到某个控件上，如 DataGridView、ComboBox、ListBox、CheckedListBox 等。这类控件通常能显示多条记录或是多个字段的值。

11.3.1 单一绑定的实现

下面通过一个例题讲解单一绑定的实现。

【例 11-6】通过以数据库连接向导将 student 数据库绑定到控件的方式，将 stu_infor 表中的数据在窗体中显示出来。

步骤如下。

(1) 新建项目。

(2) 选择“项目”菜单下的“添加新数据源”命令，如图 11-29 所示。

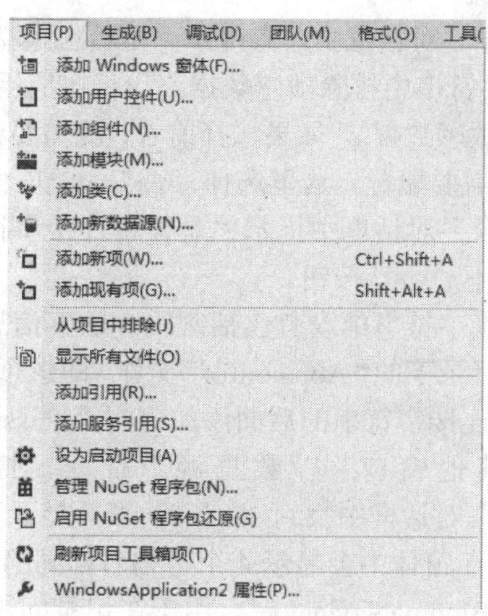

图 11-29　添加新数据源

(3) 在弹出的“数据源配置向导”对话框中，选择“数据库”，单击“下一步”按钮。

(4) 在弹出的“选择数据源”对话框中，选中“Microsoft SQL Server”数据库，单击“继续”按钮。

(5) 在弹出的“添加连接”对话框中，由于使用的是本机的数据库，在“服务器名”文本框中输入“(local)”，登录服务器的选项与安装 SQL Server 时的选项应该一致。此处选择“使用 SQL Server 身份验证”，输入用户名和密码。在“选择或输入数据库名称”后的下拉列表框中列出了 SQL Server 中目前所有的数据库名称，从中选择需要使用的数据库，此处为“student”，单击“确定”按钮，如图 11-30 所示。

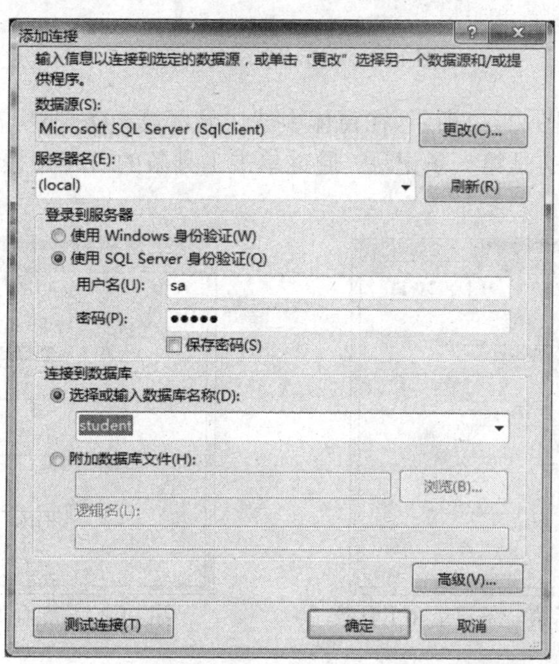

图 11-30　确定服务器、用户名、表名等添加连接

(6) 在“数据源配置向导”对话框中，有提示“是否在连接字符串中包含敏感数据”，有两个选项：“否，从连接字符串中排除敏感数据。我将在应用程序代码中设置此信息。”“是，在连接字符串中包含敏感数据。”如果选择前者，就需要在程序的代码中继续配置连接串；如果选择后者，就不需要配置。这里选择“否”，单击“下一步”按钮。

(7) 在“数据源配置向导”对话框中提示“是否将连接字符串保存到应用程序配置文件中”，选择“是”，单击“下一步”按钮。

(8) 由于前面设定的连接字符串中没有包括密码等敏感信息，所以要在连接字符串中手动添加密码。找到该工程目录下的“App.config”文件，即该项目的配置文件。在 VB.NET 开发环境中打开该文件，在连接字符串的后面添加语句“;Password=sa123”，给出密码。

(9) 选择“视图”|“其他窗口”|“数据源”命令，打开“数据源”窗口，如图 11-31 所示。在“数据源”对话框中找到 stu_infor 表并显示 4 个列名，依次选中列名，拖动到 Form1 窗体中。这时在窗体中会显示 4 个与列名相同的标签和 4 个对应的文本框，同时还会显示一个工具条“BindingNavigator”，用于在记录间进行导航。

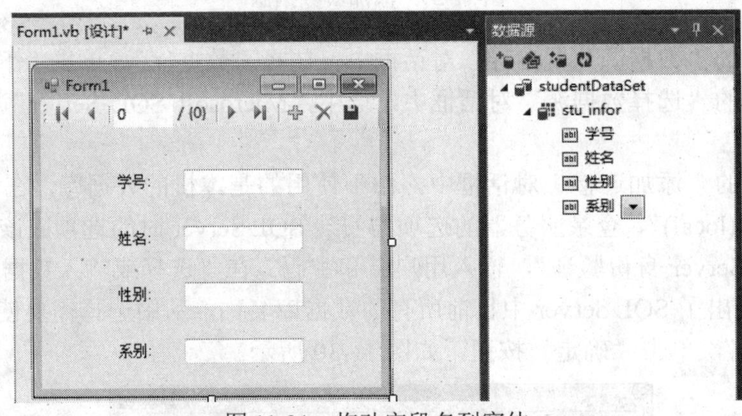

图 11-31　拖动字段名到窗体

(10) 运行程序，如图 11-32 所示，在窗体中默认显示第一条记录，在工具条上显示“1/3”，表明总记录数为 3，当前是第一条记录，通过单击工具条的右三角按钮可翻看下一条记录，如图 11-33 所示。

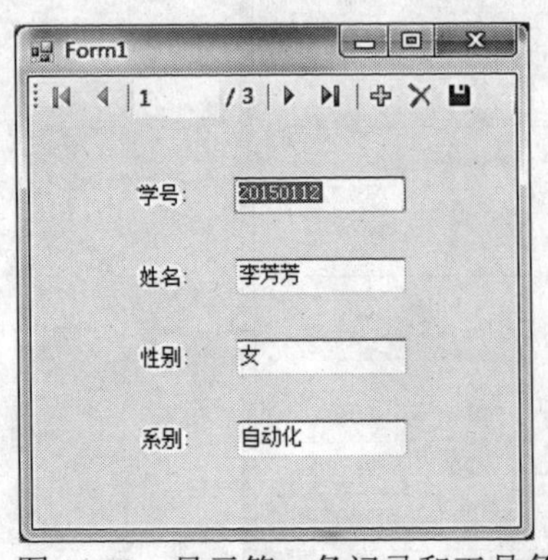

图 11-32　显示第一条记录和工具条

图 11-33　翻看下一条记录

(11) 运行程序，单击工具条上的+按钮，此时在窗体工具条上显示“4/4”，表明当前总记录数变为 4，在文本框中输入要添加的记录内容，如图 11-34 所示。再单击“保存数据”按钮，完成在数据库里添加一条新记录的工作，如图 11-35 所示。

图 11-34　新添一条记录

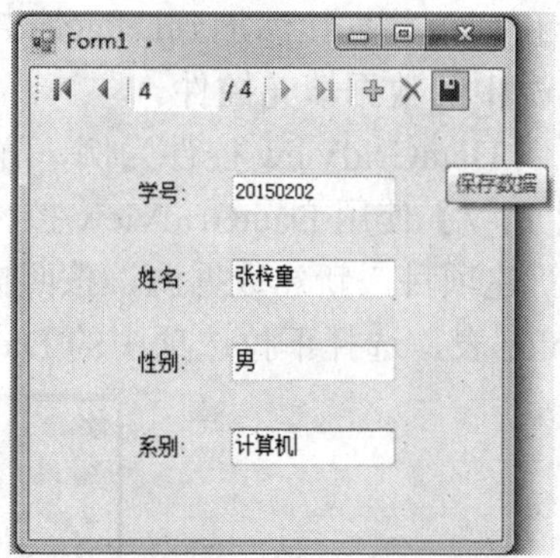

图 11-35　保存记录

注意：

操作完成后要单击“保存”按钮，否则操作不生效。

(12) 查看数据库中的表 stu_infor，新增的记录已保存，如图 11-36 所示。

表 - dbo.stu_infor　摘要

	学号	姓名	性别	系别
▶	20150112	李芳芳	女	自动化
	20150201	余萧	男	计算机
	20150202	张梓童	男	计算机
	20150603	魏淼	女	通信工程
*	NULL	NULL	NULL	NULL

图 11-36　数据库中新增记录

(13) 如果要删除记录，可选中要删除的记录，单击“删除”按钮，然后单击“保存数据”按钮，即可删除数据库中特定的记录，如图 11-37 和图 11-38 所示。

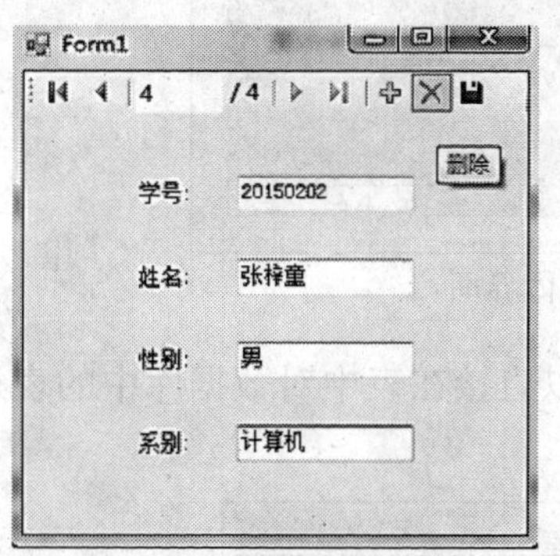

图 11-37　删除表中数据

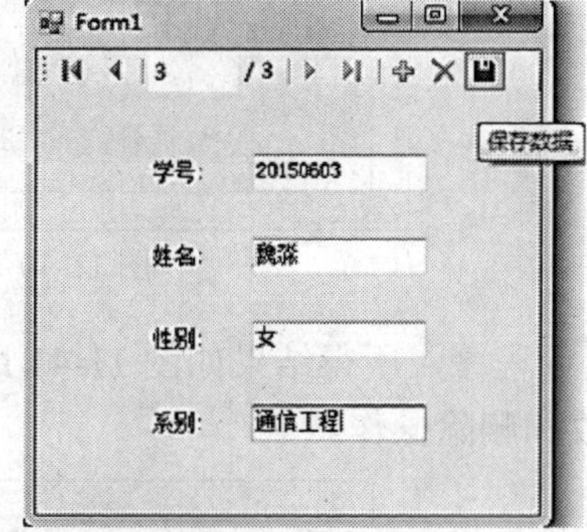

图 11-38　保存修改

11.3.2　复合绑定的实现

复合绑定也称为复杂的数据绑定。它是将一个控件绑定到多个数据元素，也称为基于列表的绑定。支持复合绑定的控件有 DataGridView、ListBox 和 ComboBox 等。

DataGridView控件提供了一种强大而灵活的以表格形式显示数据的方式。可以使用DataGridView显示有数据源或无数据源的数据，如果没有指定数据源，可以在程序中创建数据的行和列，并直接添加到DataGridView中，也可以将DataGridView绑定到数据源，自动用数据源中的数据填充控件。

下面以 DataGridView 控件为例，详细讲解复合绑定的使用方法。

【例 11-7】使用 DataGridView 控件绑定 teacher_infor 表。

(1) 新建项目，新建数据源，按照向导建立与 teacher 数据库的连接。在数据源中选择 teacher_infor 表，选择下拉选项中的 DataGridView，如图 11-39 所示。

图 11-39　将数据绑定到 DataGridView 控件

(2) 将 teacher_infor 表从“数据源”对话框拖动到窗体中，这时窗体中增加了显示数据的 DataGridView 控件和控制数据显示及修改数据的工具条，如图 11-40 所示。

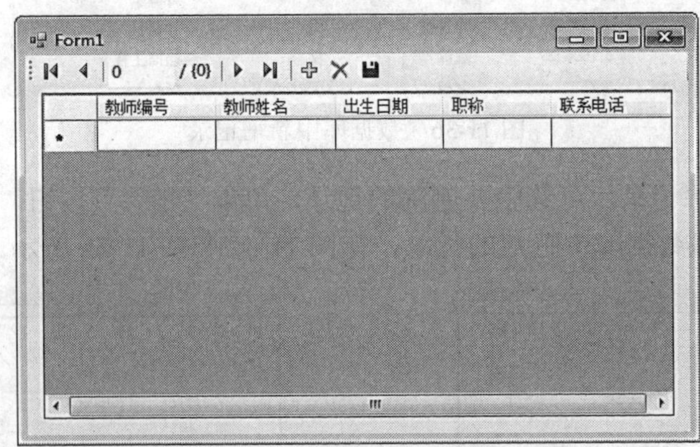

图 11-40　例 11-7 窗体界面

(3) 运行程序，所得结果如图 11-41 所示。可以直接在表中对数据库中的表进行查看、添加、修改和删除操作。

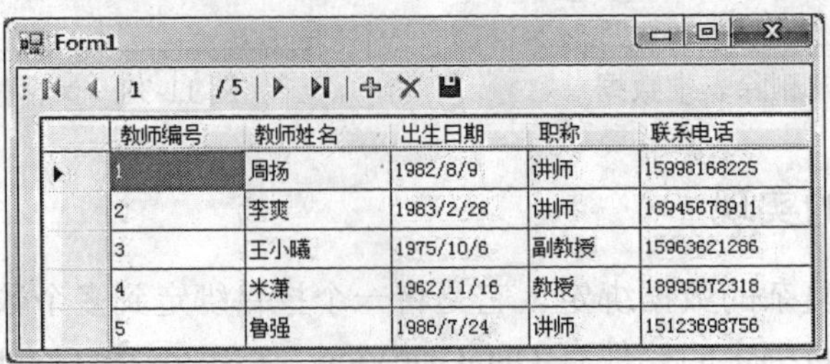

图 11-41　例 11-7 运行结果

11.4　实训练习

本节以一个简化的“学生基本信息管理”系统为例讲解 VB.NET 与 SQL Server 数据库的实际应用。学生基本信息管理系统的组成：学生基本信息添加管理、学生基本信息检索管理、学生基本信息删除管理、学生基本信息更新管理、查看学生基本信息管理。设计步骤如下。

1. 数据库设计

在 SQL Server 2005 中创建数据库 stu，在数据库中创建表“stu_information”、“class”和“find”。“stu_information”表用于保存学生的基本信息，“class”表用于保存班级相关信息，“find”表用于保存查找到的记录信息。

数据库表结构见表 11-5、表 11-6 和表 11-7，分别为“stu_information”、“class”和“find”表结构。由于“find”表用于保存查找到的记录信息，其记录应该是“stu_information”中满足查询条件的记录，也就是说“find”表中的记录是“stu_information”表中记录的子集。所以注意在设计时要使它们的表结构完全一致。

表 11-5　stu_information 表结构

字段名	类　型	说　明
学号	int	主键
姓名	nchar(10)	非空
性别	nchar(2)	可以为空
出生日期	datatime	可以为空
入学成绩	int	可以为空
家庭住址	nchar(20)	可以为空
班级	nchar(15)	非空

表 11-6　class 表结构

字段名	类　型	说　明
班级名称	nchar(15)	主键
所在教室	char(5)	可以为空
班主任	nchar(10)	非空

表 11-7　find 表结构

字段名	类　型	说　明
学号	int	主键
姓名	nchar(10)	非空
性别	nchar(2)	可以为空

(续表)

字段名	类　型	说　明
出生日期	datatime	可以为空
入学成绩	int	可以为空
家庭住址	nchar(20)	可以为空
班级	nchar(15)	非空

2. 窗体设计

本实例中设计了一个窗体 Form，如图 11-42 所示。

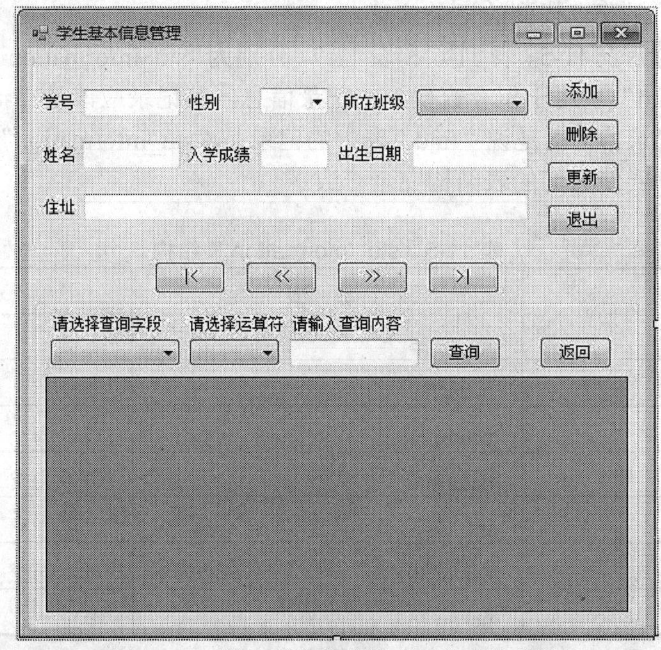

图 11-42　学生基本信息管理系统窗体设计

窗体上方创建了多个文本框和组合框，用来显示单个学生的基本信息，即数据库中“stu_information”表的一条记录。在右侧使用按钮的单击事件实现对数据库中数据的添加、删除、更新和退出系统功能。

在窗体的中部创建了 4 个按钮。用户可以分别使用这些按钮显示数据库中的第一条记录、最后一条记录、当前显示记录的上一条记录或者下一条记录。

窗体的中下方使用“查询”按钮来查找特定的数据。查询条件使用两个组合框和一个文本框。满足查询条件的数据出现在最下方的 DataGridView 控件中。查找完成后通过单击“返回”按钮回到查询前的运行状态，在 DataGridView 控件中将显示全部数据。“查询”按钮可以与“删除”按钮联合起来使用，当查询到满足条件的记录时，可以用“删除”按钮删除指定的记录。

窗体和各个控件的属性设置见表 11-8。

表 1-8　学生基本信息管理窗体和控件属性值及说明

<table>
<tr><th>控件名称</th><th>属　性</th><th>值</th><th>说　明</th></tr>
<tr><td>Frm</td><td>Text</td><td>学生基本信息管理</td><td>显示窗体标题栏文本</td></tr>
<tr><td>Label1</td><td>Text</td><td>学号</td><td>显示标签文本</td></tr>
<tr><td>Label2</td><td>Text</td><td>性别</td><td>显示标签文本</td></tr>
<tr><td>Label3</td><td>Text</td><td>管理员</td><td>显示标签文本</td></tr>
<tr><td>Label4</td><td>Text</td><td>姓名</td><td>显示标签文本</td></tr>
<tr><td>Label5</td><td>Text</td><td>出生日期</td><td>显示标签文本</td></tr>
<tr><td>Label6</td><td>Text</td><td>入学成绩</td><td>显示标签文本</td></tr>
<tr><td>Label7</td><td>Text</td><td>住址</td><td>显示标签文本</td></tr>
<tr><td>Tnum</td><td>Text</td><td>空</td><td>显示学生学号文本框</td></tr>
<tr><td>Tname</td><td>Text</td><td>空</td><td>显示学生姓名文本框</td></tr>
<tr><td>Tscore</td><td>Text</td><td>空</td><td>显示学生入学成绩文本框</td></tr>
<tr><td>TDate</td><td>Text</td><td>空</td><td>显示学生出生日期文本框</td></tr>
<tr><td>Taddress</td><td>Text</td><td>空</td><td>显示学生家庭住址文本框</td></tr>
<tr><td>Tcontent</td><td>Text</td><td>空</td><td>接收输入的查询内容文本框</td></tr>
<tr><td>cbosex</td><td>Text</td><td>空</td><td>显示或者选择或者输入学生性别组合框</td></tr>
<tr><td>cboclass</td><td>Text</td><td>空</td><td>显示或者选择或者输入学生班级组合框</td></tr>
<tr><td rowspan="2">cbofie</td><td>Text</td><td>空</td><td>设置组合框只能选择不能输入</td></tr>
<tr><td>DropDown</td><td>DropDownList</td><td>设置组合框的只读属性</td></tr>
<tr><td rowspan="2">cbocode</td><td>Text</td><td>空</td><td>选择查询所用运算符组合框</td></tr>
<tr><td>DropDown</td><td>DropDownList</td><td>设置组合框只能选择不能输入</td></tr>
<tr><td>Button1</td><td>Text</td><td>|<</td><td>显示按钮文本</td></tr>
<tr><td>Button2</td><td>Text</td><td><<</td><td>显示按钮文本</td></tr>
<tr><td>Button3</td><td>Text</td><td>>></td><td>显示按钮文本</td></tr>
<tr><td>Button4</td><td>Text</td><td>>|</td><td>显示按钮文本</td></tr>
<tr><td>Button5</td><td>Text</td><td>添加</td><td>显示按钮文本</td></tr>
<tr><td>Button6</td><td>Text</td><td>删除</td><td>显示按钮文本</td></tr>
<tr><td>Button7</td><td>Text</td><td>更新</td><td>显示按钮文本</td></tr>
<tr><td>Button8</td><td>Text</td><td>查询</td><td>显示按钮文本</td></tr>
<tr><td>Button9</td><td>Text</td><td>返回</td><td>显示按钮文本</td></tr>
<tr><td>Button10</td><td>Text</td><td>退出</td><td>显示按钮文本</td></tr>
<tr><td>GroupBox1</td><td>Text</td><td>空</td><td>将控件按实现功能分组</td></tr>
<tr><td>GroupBox2</td><td>Text</td><td>空</td><td>将控件按实现功能分组</td></tr>
<tr><td>DGView</td><td>全部属性</td><td>默认</td><td>显示数据集中指定表的内容</td></tr>
</table>

3. 编写代码实现相应功能

(1) 窗体级变量的声明

```
Dim Conn As SqlConnection
Dim ds As DataSet
Dim dt As DataTable
Dim lp As Integer
Dim dr As SqlDataReader
Dim ada As SqlDataAdapter
```

其中，Conn 指连接对象；ds 指数据集对象；dt 指数据集表对象；lp 指整形变量，用来指示显示的记录在数据集中的位置，以 0 开始；dr 指 SqlDataReader 对象，对应数据集表中的一条记录；ada 指 SqlDataReader 对象。

(2) 窗体加载事件过程。

```
Private Sub Frm_Load(ByVal sender As System.Object, ByVal e As_
System.EventArgs) Handles MyBase.Load
    Try
        '连接本地 SQL Server 数据库
        Conn = New SqlConnection()
        Conn.ConnectionString ="Server=(local);Database=stu;UID=sa;PWD=sa123"
        Conn.Open()
        Dim cmd As New SqlCommand("Select * from stu_information", Conn)
        Dim cmdclass As New SqlCommand("Select * from class", Conn)
        cbosex.Items.Add("男")
        cbosex.Items.Add("女")
        dr = cmdclass.ExecuteReader
        Do While dr.Read
            cboclass.Items.Add(dr.GetString(0))
        Loop
        dr.Close()
        cmd.CommandText = "select * from stu_information order by _学号"
        cmd.ExecuteNonQuery()
        dr = cmd.ExecuteReader
        For i = 0 To dr.FieldCount - 1
            cbofie.Items.Add(dr.GetName(i))
        Next
        dr.Close()
        cbofie.Text = cbofie.Items(0)
        Cbocode.Items.Add("=")
        Cbocode.Items.Add("<>")
        Cbocode.Items.Add(">=")
        Cbocode.Items.Add(">")
```

```
            Cbocode.Items.Add("<")
            Cbocode.Items.Add("<=")
            Cbocode.Text = Cbocode.Items(0)
            dr = cmd.ExecuteReader()
            dt = New DataTable()
            dt.Load(dr)
            DGView.DataSource = dt
            Tnum.Text = DGView.Rows(0).Cells(0).Value.ToString()
            Tname.Text = DGView.Rows(0).Cells(1).Value.ToString()
            cbosex.Text = DGView.Rows(0).Cells(2).Value.ToString()
            TDate.Text = DGView.Rows(0).Cells(3).Value.ToString()
            Tscore.Text = DGView.Rows(0).Cells(4).Value.ToString()
            Tadress.Text = DGView.Rows(0).Cells(5).Value.ToString()
            cboclass.Text = DGView.Rows(0).Cells(6).Value.ToString()
            lp = 0
            Conn.Close()
        Catch ex As Exception
            MessageBox.Show(ex.ToString())
        End Try
    End Sub
```

说明：完成的主要功能有：建立数据库连接，分别为窗体中的文本框、组合框和GridView控件赋初始值。

(3)“|<”按钮的单击事件过程。

```
Private Sub Button1_Click(sender As Object, e As EventArgs) Handles Button1.Click
    Try
        Conn = New SqlConnection()
        Conn.ConnectionString =" Server=(local);Database=stu;UID=sa;PWD=sa123"
        Conn.Open()
        Tnum.Text = DGView.Rows(0).Cells(0).Value.ToString()
        Tname.Text = DGView.Rows(0).Cells(1).Value.ToString()
        cbosex.Text = DGView.Rows(0).Cells(2).Value.ToString()
        TDate.Text = DGView.Rows(0).Cells(3).Value.ToString()
        Tscore.Text = DGView.Rows(0).Cells(4).Value.ToString()
        Tadress.Text = DGView.Rows(0).Cells(5).Value.ToString()
        cboclass.Text = DGView.Rows(0).Cells(6).Value.ToString()
        lp = 0
        Conn.Close()
    Catch ex As Exception
        MessageBox.Show(ex.ToString())
    End Try
End Sub
```

说明：在窗体上部分显示“stu_information”表中的首记录，即 DataView 控件中的首行记录。为 lp 赋值为 0，让其始终与当前显示的记录位置相对应。当查看其他记录时，可先改变 lp 的值，再根据 lp 的值找到要查看的记录。

(4)“<<”按钮的单击事件过程。

```
Private Sub Button2_Click(sender As Object, e As EventArgs) Handles Button2.Click
    Try
        Conn = New SqlConnection()
        Conn.ConnectionString = "Server=(local);Database=stu;UID=sa;PWD=sa123"
        Conn.Open()
        If lp = 0 Then
            MessageBox.Show("已经是第一条记录了", "提示")
        Else
            lp = lp - 1
        End If
        Tnum.Text = DGView.Rows(lp).Cells(0).Value.ToString()
        Tname.Text = DGView.Rows(lp).Cells(1).Value.ToString()
        cbosex.Text = DGView.Rows(lp).Cells(2).Value.ToString()
        TDate.Text = DGView.Rows(lp).Cells(3).Value.ToString()
        Tscore.Text = DGView.Rows(lp).Cells(4).Value.ToString()
        Tadress.Text = DGView.Rows(lp).Cells(5).Value.ToString()
        cboclass.Text = DGView.Rows(lp).Cells(6).Value.ToString()
        Conn.Close()
    Catch ex As Exception
        MessageBox.Show(ex.ToString())
    End Try
End Sub
```

说明：显示当前记录的前一条记录。如果当前记录已经是首记录了，不改变 lp 的值，显示提示信息“已经是第一条记录了”。否则，为 lp 赋值为 lp-1，使其指向当前显示的记录的前一个记录，将该记录中各个字段的值赋值给窗体上部分的各组合框和文本框控件的 Text 属性。

(5)“>>”按钮的单击事件过程与“<<”按钮的单击事件过程极为相似。只是 If 语句有所变化，如下所示。

```
If np = DGView.Rows.Count - 2 Then
        MessageBox.Show("已经是最后一条记录了", "提示")
Else
        lp =lp + 1
End If
```

说明：显示当前记录的后一条记录。如果当前记录已经是末记录了，不改变 lp 的值，显示提示信息“已经是最后一条记录了”。否则，为 lp 赋值为 lp+1，使其指向当前显示的记录的后一个记录，将该记录中各个字段的值赋值给窗体上部分的各组合框和文本框控件的 Text 属性。

(6)“>|”按钮的单击事件过程与“|<”按钮的单击事件过程极为相似。

将“>|”按钮的单击事件过程中的 DGView.Rows(0)变为 DGView.Rows(DGView.Rows.Count－2)。

将“>|”按钮的单击事件过程中的 lp = 0 变为 lp = DGView.Rows.Count – 2。

说明：DataGradView 控件在使用时，会在原有记录的基础上自动在最后添加一行。又由于从 0 开始计算行号，所以末记录所在的行号为 DGView.Rows.Count－2 行。改变 lp 的值让其与末记录的位置一致。

(7)“添加”按钮的事件过程。

```
Private Sub Button5_Click(sender As Object, e As EventArgs) Handles Button5.Click
    Try
        Conn = New SqlConnection()
        Conn.ConnectionString ="Server=(local);Database=stu;UID=sa;PWD=sa123"
        Conn.Open()
        ada = New SqlDataAdapter("Select * from stu_information", Conn)
        ds = New DataSet()
        ada.Fill(ds, "stu_information")
        Dim dr As DataRow
        dr = ds.Tables("stu_information").NewRow()
        '通过 DataRow 对象添加一条记录
        dr("学号") = Tnum.Text
        dr("姓名") = Tname.Text
        dr("性别") = cbosex.Text
        dr("出生日期") = TDate.Text
        dr("入学成绩") = Tscore.Text
        dr("家庭住址") = Tadress.Text
        dr("班级") = cboclass.Text
        ds.Tables("stu_information").Rows.Add(dr)
        '更新到数据库里
        Dim scb As New SqlCommandBuilder(ada)
        ada.Update(ds, "stu_information")
        DGView.DataSource = ds.Tables("stu_information")
        lp = DGView.Rows.Count - 2
        MsgBox("添加成功！", 48, "操作提示")
    Conn.Close()
        Catch ex As Exception
        MessageBox.Show(ex.ToString())
End Try
End Sub
```

说明：使用 DataRow 对象 dr 建立一行新记录，其各个字段的值由窗体上方的各个文本框和组合框的输入值和选择值给定。将该行记录添加到数据集表“stu_information”中，再使用 SqlDataAdapter 对象 ada 的 Update 方法将添加后的结果更新到后台数据库表“stu_information”中。使用 DGView 控件显示添加记录后的数据表，改变 lp 的值使其与目前显示的新记录的位置相对应。显示添加成功对话框。

(8)“删除”按钮的事件过程。

```
Private Sub Button6_Click(sender As Object, e As EventArgs) Handles Button6.Click
    Try
        Conn = New SqlConnection()
        Conn.ConnectionString ="Server=(local);Database=stu;UID=sa;PWD=sa123"
        Conn.Open()
        ada = New SqlDataAdapter("Select * from stu_information", Conn)
        ds = New DataSet()
        ada.Fill(ds, "stu_information")
        Dim SQLString As String
        SQLString = "delete from stu_information   where 学号=" & Trim(Tnum.Text) & ""
        Dim cmd As New SqlCommand(SQLString, Conn)
        cmd.ExecuteNonQuery()
        ada = New SqlDataAdapter(SQLString, Conn)
        Dim scb As New SqlCommandBuilder(ada)
        ada.Update(ds, "stu_information")
        lp = 0
        Tnum.Text = DGView.Rows(0).Cells(0).Value.ToString()
        Tname.Text = DGView.Rows(0).Cells(1).Value.ToString()
        cbosex.Text = DGView.Rows(0).Cells(2).Value.ToString()
        TDate.Text = DGView.Rows(0).Cells(3).Value.ToString()
        Tscore.Text = DGView.Rows(0).Cells(4).Value.ToString()
        Tadress.Text = DGView.Rows(0).Cells(5).Value.ToString()
        cboclass.Text = DGView.Rows(0).Cells(6).Value.ToString()
        cmd = New SqlCommand("Select * from stu_information", Conn)
        dr = cmd.ExecuteReader()
        dt = New DataTable()
        dt.Load(dr)
        DGView.DataSource = dt
     MsgBox("删除成功！", 48, "操作提示")
        Conn.Close()
    Catch ex As Exception
        MessageBox.Show(ex.ToString())
    End Try
End Sub
```

说明：创建包含“stu_information”数据表的数据集。执行 SQL 语句删除数据表中学号与用户在文本框中输入的学号相同的记录，删除后的结果更新到后台数据库。设置 lp 的值指向首记录。设置窗体上部分，显示首记录。使用重新生成的数据表为 DGView 控件更新数据。显示删除成功对话框。

(9)“更新”按钮的事件过程。

```
Private Sub Button7_Click(sender As Object, e As EventArgs) Handles Button7.Click
Try
        Conn = New SqlConnection()
        Conn.ConnectionString ="Server=(local);Database=stu;UID=sa;PWD=sa123"
        Conn.Open()
        ada = New SqlDataAdapter("Select * from stu_information", Conn)
        ds = New DataSet()
        ada.Fill(ds, "stu_information")
        Dim dr As DataRow
        ds.Tables("stu_information").PrimaryKey = New DataColumn()
{ds.Tables("stu_information").Columns("学号")}
        dr = ds.Tables("stu_information").Rows.Find(Tnum.Text)
       '找到当前的记录，并修改
        dr("学号") = Tnum.Text
        dr("姓名") = Tname.Text
        dr("性别") = cbosex.Text
        dr("出生日期") = TDate.Text
        dr("入学成绩") = Tscore.Text
        dr("家庭住址") = Tadress.Text
        dr("班级") = cboclass.Text
        '更新到数据库里
        Dim scb As New SqlCommandBuilder(ada)
        ada.Update(ds, "stu_information")
        DGView.DataSource = ds.Tables("stu_information")
        Conn.Close()
    Catch ex As Exception
        MessageBox.Show(ex.ToString())
  End Try
End Sub
```

说明：根据 Tnum 文本框中的学号值找到数据表中对应的这条记录，使用窗体上部分显示的学生信息更新数据表；更新后台数据库表“stu_information”；最后把更新的结果显示在 DGView 控件中。

(10)“查询”按钮的单击事件过程。

```
Private Sub Button8_Click(sender As Object, e As EventArgs) Handles Button8.Click
  Try
        Conn = New SqlConnection()
        Conn.ConnectionString = "Server=(local);Database=stu;UID=sa;PWD=sa123"
        Conn.Open()
```

```
        Dim ss As String
        If cbofie.Text = "入学成绩" Or cbofie.Text = "学号" Then
                ss = ""
        Else
                ss = "'"
        End If
        Dim SQLString As String
        SQLString = "select  *  from stu_information  where " & cbofie.Text _
    & Cbocode.Text & ss & Trim(Tcontent.Text) & ss & " order by 学号"
        ada = New SqlDataAdapter(SQLString, Conn)
        ds = New DataSet()
        ada.Fill(ds, "find")
        Dim scb As New SqlCommandBuilder(ada)
        ada.Update(ds, "find")
        DGView.DataSource = ds.Tables("find")
        Conn.Close()
    Catch ex As Exception
        MessageBox.Show(ex.ToString())
End Try
End Sub
```

说明：由于在 SQL 语句中使用字符类型字段时要加单引号，所以在程序中定义 If 语句用于根据不同字段类型为 ss 字符串赋不同的值，这样就可以使用统一的 SQL 语句实现查询。将从“stu_information”数据表中查询到的记录更新到数据库中的“find”表中，再将其绑定到 DGView 控件上显示出来。其中，查询条件由 cbofie、Cbocode 和 Tcontent 的 Text 属性值给定。

(11)“返回”按钮的单击事件过程(主要代码)。

```
Private Sub Button9_Click(sender As Object, e As EventArgs) Handles Button9.Click
    Try
        Conn = New SqlConnection()
        Conn.ConnectionString = "Server=(local);Database=stu;UID=sa;PWD=sa123"
        Conn.Open()
        Dim cmd As New SqlCommand("Select * from stu_information", Conn)
        dr = cmd.ExecuteReader(): dt = New DataTable(): dt.Load(dr)
        DGView.DataSource = dt
        cbofie.Text = cbofie.Items(0)
        Cbocode.Text = Cbocode.Items(0)
        Tcontent.Text = ""
    Catch ex As Exception
        MessageBox.Show(ex.ToString())
    End Try
End Sub
```

说明：执行"返回"按钮可以回到查询前的状态。程序流程：新建包含"stu_information"表中所有记录的数据表，将该数据表绑定到 DGView 控件上显示出来。将表示查询条件的组合框和文本框赋值成初始值。

(12) DataGridView 控件——DGView 的单击单元格事件过程。

```
Private Sub DGView_CellClick(ByVal sender As System.Object, ByVal e As
System.Windows.Forms.DataGridViewCellEventArgs) Handles DGView.CellClick
    If e.RowIndex < DGView.Rows.Count - 1 Then
        '将选中行的数据写到文本框中
        Tnum.Text = DGView.Rows(e.RowIndex).Cells(0).Value.ToString()
        Tname.Text = DGView.Rows(e.RowIndex).Cells(1).Value.ToString()
        cbosex.Text = DGView.Rows(e.RowIndex).Cells(2).Value.ToString()
        TDate.Text = DGView.Rows(e.RowIndex).Cells(3).Value.ToString()
        Tscore.Text = DGView.Rows(e.RowIndex).Cells(4).Value.ToString()
        Tadress.Text = DGView.Rows(e.RowIndex).Cells(5).Value.ToString()
        cboclass.Text = DGView.Rows(e.RowIndex).Cells(6).Value.ToString()
    End If
End Sub
```

说明：运行时单击 DGView 控件中的任意单元格，在窗体上部分将显示所对应的一条记录。

4. 运行程序完成各项功能

运行结果如图 11-43 所示。

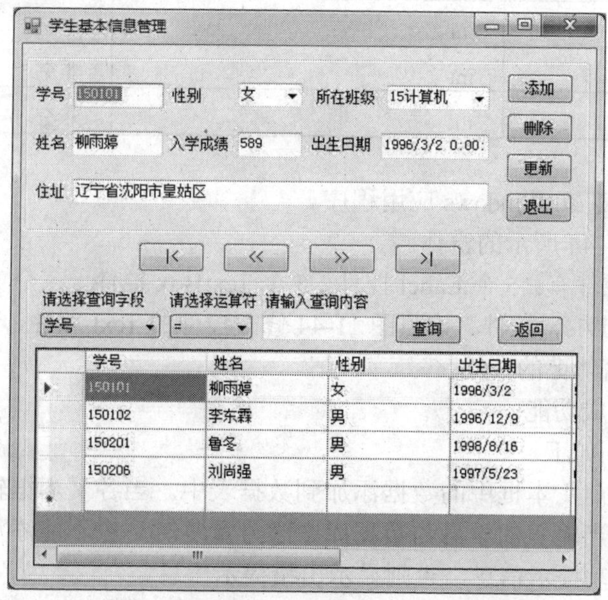

图 11-43　运行学生基本信息管理系统

11.5 上机实验

【实验 11-1】学生成绩管理基础操作。

1. 实验目的

(1) 掌握在 SQL Server 中创建数据库及表的方法。
(2) 掌握 ADO.NET 的对象结构及操作数据库的基本步骤。
(3) 掌握 SQL 语句对数据表中记录的添加、删除、更新操作。
(4) 掌握 DataGridView 控件的使用方法。

2. 实验内容

在 SQL Server 中创建数据库 Score，在数据库中创建 stu_score 表，用于记录学生成绩，编制程序对表中数据进行增、删、改、查。

3. 实验步骤

(1) 建立一个 SQL Server 数据库 Score，并建立 stu_score 表，表结构见表 11-9。

表 11-9　stu_score 表结构

字段名	类　型	说　明
学号	int	主键
姓名	nchar(10)	非空
高数	int	非空
英语	int	非空
计算机	int	非空

(2) 新建项目，建立 Windows 应用程序。
(3) 设计如图 11-44 所示的窗体。

窗体中包含的控件有：5 个 Label 控件、5 个 TextBox 控件、三个 Button 控件、两个分组框和一个 DataGridView 控件。按照图 11-44 修改控件的 Text 属性，通过“格式”菜单下的命令调整控件在窗体上的布局。

(4) 编写代码完成功能。

按钮的作用分别如下。

- 添加：将当前文本框中的数据添加到数据表中。当各文本框输入有空格时，不能添加记录；当输入的学号与数据库中学号重复时，也不能添加记录。成功添加时显示添加成功提示信息，否则显示出错提示信息。
- 删除：根据学号后的文本框中输入的学生学号查找学生记录。如果能找到该条记录，则将其删除，并弹出对话框提示删除成功。

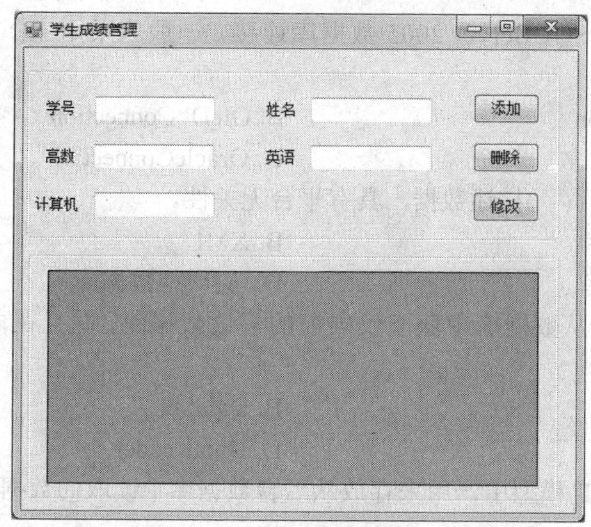

图 11-44　学生成绩管理界面

- 修改：在数据集中查找是否有该学号的学生。如果有，将用当前文本框中的数据更新数据库，否则弹出对话框提示学号输入有误。

【实验 11-2】学生成绩管理进阶操作。

1. 实验目的

(1) 掌握 SQL 语句对数据表中记录的查询操作。
(2) 掌握查看首、末记录，前一条、后一条记录的设计方法。

2. 实验内容

在实验 11-1 的基础上继续添加控件和代码，完成依据特定条件查找数据的功能，如查找高数分数大于 80 的学生记录；完成查看首、末记录，前一条、后一条记录的功能。

3. 实验步骤

(1) 仿照实训练习，在图 11-44 的基础上增加一个“查询”按钮、一个“返回”按钮、4 个查看数据时定位的按钮及用于得到查询条件的两个组合框和一个文本框。
(2) 仿照实训练习，编写代码完成各按钮功能。
(3) 运行程序。

习题

1. 选择题

(1) 下面属于 ADO.NET 核心组件的是(　)。
A. DataSet　　B. Command
C. Connection　　D. DataReader

(2) 与 Microsoft SQL Server 2005 数据库连接，一般应采用 ADO.NET 中的(   )连接对象。

A. ADOConnection　　B. OleDbConnection
C. SqlConnection　　D. OracleConnection

(3) DataSet 内部用(   )描述数据，具有平台无关性。

A. 关系型数据库　　B. XML
C. 网状型数据库　　D. 层次型数据库

(4) (   )对象用于从数据库中获取仅向前的只读数据流，并且在内存一次只存放一行数据。

A. DataAdapter　　B. DataSet
C. DataView　　D. DataReader

(5) 在 ADO.NET 模型中，用来存放从后台数据库中读取的数据和前台操作的结果数据的对象是(   )。

A. DataAdapter　　B. DataSet
C. DataReader　　D. Connection

(6) 下列哪个控件只支持数据的简单绑定(   )。

A. ComboBox　　B. ListBox
C. Label　　D. DataGridView

(7) 在 ADO.NET 模型中，完成将前台数据集中的更新回填到数据库中的对象是(   )。

A. DataReader　　B. DataAdapter
C. DataSet　　D. Connection

(8) 用于将 DataSet 中的数据更新到后台数据库的方法是(   )。

A. ExecuteNonQuery　　B. Fill
C. ExecuteQuery　　D. Update

2. 填空题

(1) DataSet 封装在命名空间____________中。

(2) DataAdapter 对象的读操作由__________方法完成，写操作由__________方法完成。

3. 简答题

(1) 简述 ADO.NET 提供的 4 个核心对象及使用范围。

(2) 简述 DataSet 对象。如何将数据填充到 DataSet 对象中？

第 12 章

综 合 应 用

本章以“企业进销存管理系统”为例讲解 VB 2013 与 SQL Server 2005 数据库的实际应用。企业进销存管理系统的组成：用户管理、商品订货管理、商品入库管理、商品出库管理、资金收支查询和基本信息管理。

12.1 系统概述

本系统有“系统管理员”、“进货管理员”、“销售管理员”、“仓库管理员”和“总经理”5 个不同的用户，每个用户的权限不同，功能实现上也有所不同。登录系统时首先要在用户登录界面选择用户身份，如图 12-1 所示。

图 12-1 在登录界面选择用户

系统采用 SQL Server 2005 软件设计数据库。数据库中包含 10 个基本表，分别为 User 表、Order 表、Product 表、Sale 表、Store 表、Supplier 表、Type 表和 Warehouse 表、getmoney 表和 paymoney 表。

User 表存放系统用户信息，包括编号、姓名、密码、权限等字段。Order 表存放订货信息，包括订单编号、日期、经办人、供货商编号和商品相关信息字段。Product 表存放商品信息，包括编号、名称、产地、数量、进价、售价、类型编号、供货商编号和仓库编号字段。Sale 表存放出售商品信息，包括编号、导购员、商品相关信息字段。Store 表存放入库商品信息，包括编号、采购员、商品相关信息字段。Supplier 表存放供货商信息，包括编号、名称、联系人等字段。Type 表存放商品类型信息，包括编号、名称字段。Warehouse 表存放仓库信息，包括编号、管理员字段。getmoney 表存放销售商品收入项，包含编号、日期、导购员、金额字段。paymoney 表存放购买商品支出项，包含编号、日期、采购员、金额字段。

当以“总经理”登录时，显示的登录界面如图 12-2 所示，输入正确的密码，单击“确定”按钮即可进入系统主界面。

图 12-2　选择用户名为总经理并输入密码

系统中“总经理”具有全部权限，如果以“总经理”登录将显示全部功能菜单。在主界面中设计了 6 个功能菜单，分别为“用户管理”、“订货管理”、“入库管理”、“出库管理”、“收支款项查询”和“相关信息管理”，每个菜单下都有相应的命令，如图 12-3 所示。

图 12-3　使用总经理用户名登录的系统主界面

12.2　重点模块设计

1. 用户登录子模块的设计

用户登录是用户管理模块的子模块。用户管理模块主要完成用户的添加、删除、修改等操作。用户登录子模块按照登录系统的用户名和密码来完成登录系统主界面的任务。

(1) 界面设计：用户登录窗体如图 12-1 所示。使用组合框控件显示 User 表中的用户名，使用文本框控件接收输入的密码。

(2) 用户登录窗体中“确定”按钮单击事件的过程代码如下。

```
Private Sub OK_Click(ByVal sender As System.Object, ByVal e As System.EventArgs) Handles
OK.Click
    '依据用户名和密码创建 DBUser 对象
    Dim User As New DBUser(Trim(comboUserName.Text),Trim(PasswordTextBox.Text))
    'DBUser 类的 LoginConfirm 返回值为真，表示用户登录成功
    If User.LoginConfirm Then
      '传递用户权限到主窗体
      mdiMain.Privilege = User.Privilege.Trim()
      '传递用户姓名到主窗体
      mdiMain.UserName = comboUserName.Text
      mdiMain.Show()
      Finalize()
    Else
      '如果用户验证失败，则将登录次数加一
      Times = Times + 1
      '如果用户输入错误的用户名和密码超过 3 次，提示错误并退出系统
      If   Times > 2 Then
          MsgBox("您输入用户名和密码错误已经超过三次，您无权登录此系统！",
          MsgBoxStyle.Exclamation, "用户登录")
          Close()
      Else
          MsgBox("用户名或密码输入不正确，请重试", MsgBoxStyle.Exclamation, "用户登录")
          Exit Sub
      EndIf
    EndIf
EndSub
```

2. 权限管理功能的设计

1) 设计思想

用户权限在登录窗体界面中通过语句 mdiMain.Privilege = User.Privilege.Trim()传递到主窗体 mdiMain.vb 中。在主窗体中，根据登录用户的权限不同，系统主界面显示的菜单也不同。该功能在 Load 事件过程中使用嵌套的 If 语句实现。

例如，权限为“系统管理员”，只能使用“用户管理”功能，增、删、改、查用户，而不能使用其他功能。所以要设计只有“用户管理”菜单可见，其余 4 个主菜单不可见。即设置不可见的菜单的 Visible 属性值为 False，程序代码如下。

```
        If _privilege = "系统管理员" Then
```

```
            OrderManageMenuItem.Visible = False
            StoreManageMenuItem.Visible = False
            SaleManageMenuItem.Visible = False
            InfoManageMenuItem.Visible = False
```

说明：OrderManageMenuItem、StoreManageMenuItem、SaleManageMenuItem、InfoManageMenuItem 分别为订货管理菜单、入库管理菜单、出库管理菜单和商品信息管理菜单。

例如，权限为“进货管理人员”，则只能使用“用户管理”中的修改密码功能，可以使用“订货管理”功能和“商品信息管理”中的供货商管理功能，所以程序代码如下。

```
        ElseIf _privilege = "进货管理人员" Then
            AddUserMenuItem.Visible = False
            ModifyUserMenuItem.Visible = False
            DelUserMenuItem.Visible = False
            StoreManageMenuItem.Visible = False
            SaleManageMenuItem.Visible = False
            WarehouseMenuItem.Visible = False
            TypeMenuItem.Visible = False
            ProductMenuItem.Visible = False
```

说明：AddUserMenuItem、ModifyUserMenuItem、DelUserMenuItem分别为用户管理菜单中的增加用户菜单、修改用户菜单和删除用户菜单；StoreManageMenuItem为入库管理菜单；SaleManageMenuItem 为出库管理菜单；WarehouseMenuItem、TypeMenuItem、ProductMenuItem分别为商品信息管理中的仓库管理菜单、商品类型管理菜单、商品管理菜单。

2) 运行效果

如图 12-4 所示，自左至右、自上而下分别为使用“仓库管理员”、“进货管理员”、“系统管理员”和“销售管理员”登录的主界面。

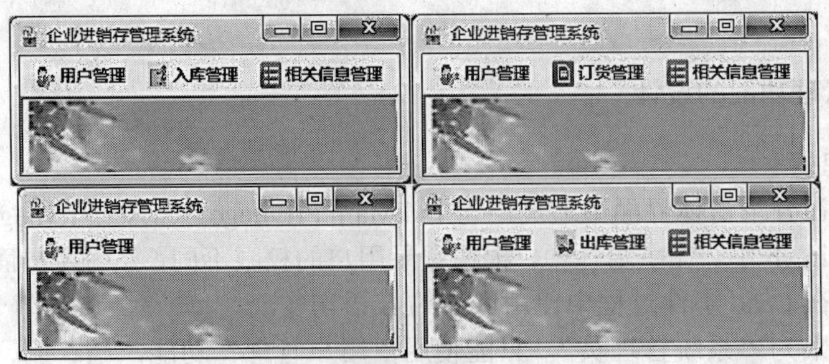

图 12-4　使用不同用户名登录的主界面

3. 数据库连接模块的设计

在系统中要访问数据库，就要创建数据库连接相关的类和对象。编程建立 DBConfig

命名空间，在 DBConfig 命名空间中建立如图 12-5 所示的类。

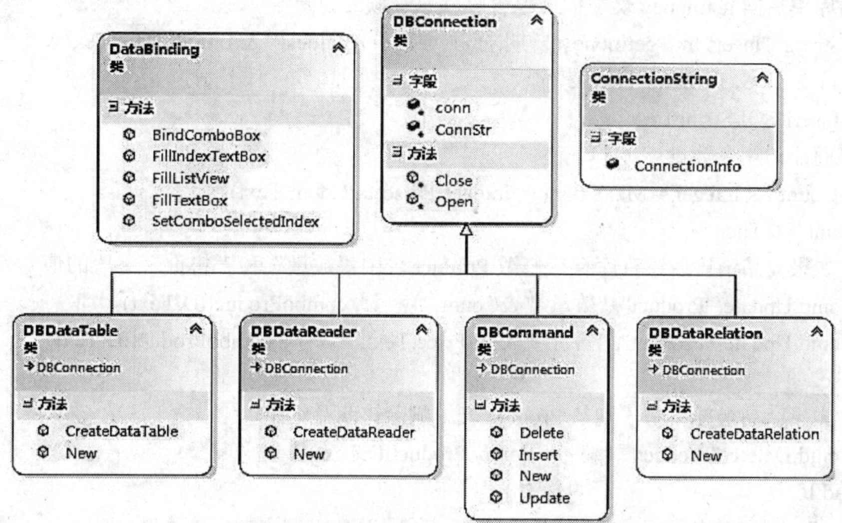

图 12-5 DBConfig 命名空间类图

可以看到 DBConfig 命名空间中包含7类，其中 DBDataTable、DBCommand、DBDataReader 和 DBDataRelation 都是继承自 DBConnection 类的子类。所有使用数据库连接的其他类在类文件的开头只需使用 Imports 语句引入 DBConfig 命名空间，就可以使用命名空间中的任意类，这样做既规范简化了编程，同时也有利于项目的维护。

4. 出库管理模块的设计

下面将以“出库管理模块”为例说明系统怎样实现增、删、改、查功能。出库管理模块实现了“添加出库单”、“修改出库单”和“删除和查询出库单”功能。

1) 添加出库单子模块设计

(1) 代码设计。添加出库单窗体中“确定”按钮单击事件的过程代码如下。

```
Private Sub btnOK_Click(ByVal sender As System.Object, ByVal e As System.EventArgs) Handles btnOK.Click
'判断销售量是否小于库存
If Integer.Parse(txtCount.Text) > MaxCount Then
    MessageBox.Show("库存不足！", "添加出库记录",  MessageBoxButtons.OK,     MessageBoxIcon.Error)
    Return
End If
'计算总价
Dim sum As Double = Double.Parse(txtPrice.Text) * Integer.Parse(txtCount.Text)
Dim cmd As DBCommand = New DBCommand(New ConnectionString().ConnectionInfo)
'设置 SQL 语句向 Sale 表插入记录
Dim SQLString As String = "Insert Into Sale Values('" & txtSaleDate.Text & "','" & TxtSaler.Text & "','" &
comboProductID.Text & "','" & txtProductName.Text & "','" & txtCount.Text & "','"& txtPrice.Text & "','" &
sum.ToString() & "')"
'如果 Insert 方法返回值大于 0 表示插入记录成功，否则表示插入记录失败
```

```
    If cmd.Insert(strSQL) > 0 Then
    '生成出库单后向 getmoney 表中插入包含收款总金额的记录
      SQLString="Insert Into getmoney(日期,金额,导购员) Values('" & txtSaleDate.Text & "','" &
sum.ToString() & "','" & TxtSaler.Text & "')"
      cmd.Insert(SQLString)
    '得到该商品的剩余数量
      Dim Count As Integer = MaxCount - Integer.Parse(txtCount.Text)
      If Count > 0 Then
          '如果商品销售后还有库存，修改 Product 表中"数量"和"售价"字段的值
          cmd.Update("Product", "数量=" &Count, "编号", comboProductID.Text)
          cmd.Update("Product", "售价=" & txtPrice.Text, "编号", comboProductID.Text)
        Else
          '如果商品全部售罄，则从 Product 表中删除该商品记录
          cmd.Delete("Product", "编号", comboProductID.Text)
        End If
        MsgBox("添加出库信息成功！", MsgBoxStyle.OkOnly, "添加出库表")
      Else
        MsgBox("添加出库信息失败！", MsgBoxStyle.Critical, "添加出库表")
      End If
  End Sub
```

(2) 运行系统添加新出库单。运行系统，选择“出库管理”菜单下的“添加出库单”命令，将自动生成最新的出库单号 24，自动添加现在的系统时间“2016/4/5”，选择商品编号为 2，自动显示对应的商品名称和仓库中存放该商品的总数量 1000，将出库数量值改为小于 1000 的数值 100，表示从仓库中卖出 100 件“泸州老窖”酒，添加该商品售价为 200 元，添加本次销售的导购员姓名，单击“确定”按钮，如图 12-6 所示，弹出“添加出库信息成功!”提示对话框。同时将该条销售记录添加到 Sale 表中；并修改 Product 表中该商品的库存总数量，如果该商品库存总量减为 0，则删除 Product 表中该商品记录；最后将本次销售的收入款项加入 getmoney 表中。

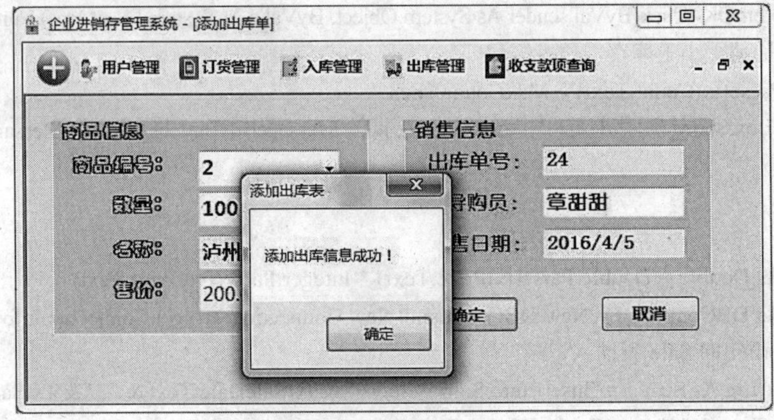

图 12-6　添加出库单界面

2) 修改出库单子模块设计

(1) 代码设计如下。

```
'修改出库单窗体中“读取”按钮单击事件的过程代码
Private Sub Read_Click(ByVal sender As System.Object, ByVal e As System.EventArgs)  Handles
Read.Click
    DataBinding.FillTextBox(TxtSaler, "sale", "导购员", New
    ConnectionString().ConnectionInfo, "编号", txtSaleID.Text)
    DataBinding.FillTextBox(txtSaleDate, "sale", "日期",
    NewConnectionString().ConnectionInfo, "编号",   txtSaleID.Text)
    DataBinding.FillTextBox(txtProductID, "sale", "商品编号",
    NewConnectionString().ConnectionInfo, "编号",   txtSaleID.Text)
    DataBinding.FillTextBox(txtProductName, "sale", "商品名称",
    NewConnectionString().ConnectionInfo, "编号", txtSaleID.Text)
    DataBinding.FillTextBox(txtCount, "sale", "商品数量",
    NewConnectionString().ConnectionInfo, "编号", txtSaleID.Text)
    DataBinding.FillTextBox(txtPrice, "sale", "商品售价",
    NewConnectionString().ConnectionInfo, "编号", txtSaleID.Text)
    '读取信息后，出库单编号不能再修改
    txtSaleID.ReadOnly = True
End Sub
'修改出库单窗体中“确定”按钮单击事件的过程代码
Private Sub OK_Click(ByVal sender As System.Object, ByVal e As System.EventArgs)  Handles
OK.Click
    Dim cmd As DBCommand = NewDBCommand(NewConnectionString().ConnectionInfo)
    '计算总价
    Dim sum As Double = Double.Parse(txtPrice.Text) * Integer.Parse(txtCount.Text)
    '设置更新的内容字符串
    Dim stringCont = "导购员='"& ComSaler.Text &"',商品数量="&Integer.Parse(txtCount.Text)
    &",总计="& sum.ToString()
    '执行更新命令
    If cmd.Update("sale", stringCont, "编号", txtSaleID.Text) > 0   Then
       MsgBox("修改出货单成功！", MsgBoxStyle.OkOnly, "修改出货单")
    Else
       MsgBox("修改出货单失败！", MsgBoxStyle.Critical, "修改出货单")
    End If
End Sub
```

(2) 运行系统修改出库单。运行系统，选择“出库管理”菜单下的“修改出库单”命令，输入出库单号“24”，单击“读取”按钮，从数据库中得到相关信息，如图 12-7 所示。

图 12-7　读取出库单界面

将该出库单的商品数量更改为“50”，单击“确定”按钮，可以修改出库单数据，如图 12-8 所示。

图 12-8　修改出库单界面

3) 删除和查询出库单子模块设计

(1) 代码设计如下。

```
'“查询”按钮单击事件的过程代码
Private Sub Search_Click(ByVal sender As System.Object, ByVal e As System.EventArgs) Handles
Search.Click
    Dim stringField AsString
    Dim stringValue AsString
    '根据单选按钮的选择状态得到查询字段，根据文本框中的输入值得到查询关键字
    If RadioButton1.Checked Then
        stringField = "编号"
        stringValue = TextBox1.Text
    Else
        stringField = "导购员"
        stringValue = "'"& TextBox1.Text &"'"
    EndIf
```

```
    ListView1.Items.Clear()
    '在 ListView1 中显示满足查询条件的所有记录
    DataBinding.FillListView(ListView1, "sale", 8,  NewConnectionString().ConnectionInfo,
    stringField, "=", stringValue)
  End Sub
  '"删除"按钮单击事件的过程代码
  Private Sub Delete_Click(ByVal sender As System.Object, ByVal e As System.EventArgs)  Handles
Delete.Click
    Dim cmd As DBCommand = New DBCommand(NewConnectionString().ConnectionInfo)
    '执行删除操作
    If cmd.Delete("sale", "编号", ListView1.SelectedItems(0).Text) > 0 Then
        MsgBox("删除出库单成功！", MsgBoxStyle.OkOnly, "删除出库单")
    Else
      MsgBox("删除出库单失败！", MsgBoxStyle.Critical, "删除出库单")
    EndIf
    '在 ListView1 中显示删除后所有记录
    DataBinding.FillListView(ListView1, "sale", 8, NewConnectionString().ConnectionInfo)
  End Sub
```

(2) 运行系统删除和查询出库单。运行系统，选择“出库管理”菜单下的“删除和查询出库单”命令，弹出“删除和查询出库单”窗体，如图12-9所示。可以采用按照出库单号和导购员姓名两种方式查询出库单。

图12-9 删除和查询出库单初始界面

例如，使用导购员姓名查询，在“查询条件”中选择“导购员”，查询关键字中输入“章甜甜”，单击“查询”按钮，将显示所有章甜甜卖出商品的出库单，如图12-10所示。

选择出库单号为“12”的记录，单击“删除”按钮，弹出“删除出库单”对话框，提示“删除出库单成功！”。

单击“确定”按钮，将自动返回到查询主界面并显示全部出库单。重新查询“章甜甜”的出库单，可以看到出库单号为12的记录已删除，如图12-11所示。

图 12-10　按导购员查询并删除指定出库单

图 12-11　删除出库单后重新查询

订单管理模块、入库管理模块的设计与此模块类似，分别实现订单的增、删、改、查和入库单的增、删、改、查功能，界面设计和代码编写也与出库管理模块类似。用户管理模块实现了用户信息的增、删、改、查功能，与此模块也类似，此处不再赘述。

5. 商品信息管理模块的设计

商品信息管理模块如图 12-12 所示，包含商品类别管理、商品管理、仓库管理和供应商管理子模块。在这些子模块中也要实现对应的增、删、改、查功能，实现方法与出库管理模块类似。

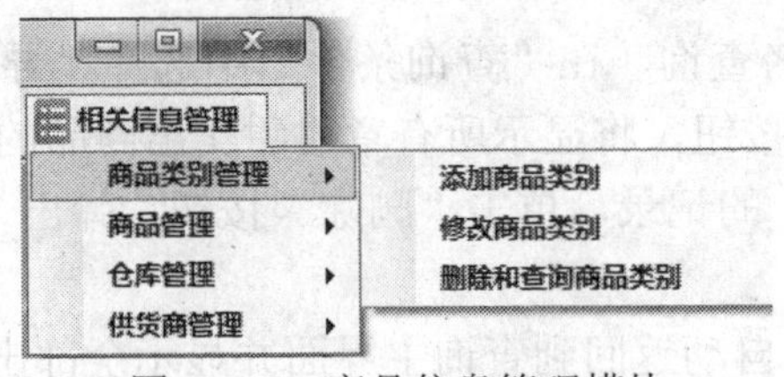

图 12-12　商品信息管理模块

参考文献

[1] 纪多辙，刘万军，李白萍，等. Visual Basic.NET 程序设计实践教程[M]. 北京：清华大学出版社，2006：5-20，45-50.

[2] 张梅峰，马吉明，张建伟，等. Visual Basic.NET 程序设计与算法基础[M]. 北京：电子工业出版社，2003.

[3] 侯彤璞，赵新慧. Visual Basic.NET 程序设计实用教程[M]. 北京：清华大学出版社，2008：42-56.

[4] 姚普选. Visual Basic.NET 程序设计[M]. 北京：机械工业出版社，2006：87-105，212-239.

[5] 胡海璐. Visual Basic.NET 控件应用实例[M]. 北京：电子工业出版社，2003.

[6] 巩文化，马承志，李亚军，等. Visual Basic.NET 开发指南与实例详析[M]. 北京：机械工业出版社，2003.

[7] 邱李华，曹青，郭志强. Visual Basic.NET 程序设计教程[M]. 北京：机械工业出版社，2014.

[8] (美)David Gefen，Chittibabu Govindarajulu. VB.NET 应用教程——Web 与桌面应用程序开发[M]. 张少华，译. 北京：清华大学出版社，2005.

[9] 石志国，刘冀伟，张维存. VB.NET 数据库编程[M]. 北京：清华大学出版社，北京交通大学出版社，2009：72-88，100-103，213-224.

[10] 王秀红. Visual Basic.NET 程序设计教程与实训[M]. 北京：北京大学出版社，2006：305-312.

[11] (美)David I.Schneider. Visual Basic.NET 编程导论[M]. 罗融，郭福田，高小俐，等，译. 北京：电子工业出版社，2004：237-305.

[12] (美)Michael Halvorson. Visual Basic 2005 从入门到精通[M]. 汤涌涛，宋明钧，金红仙，译.北京：清华大学出版社，2006：199-214，268-279.

[13] 童爱红，刘凯，刘雪梅. VB.NET 程序设计实用教程[M]. 北京：清华大学出版社，2008：48-75.

[14] 唐树才. Visual Basic.NET 程序设计与应用[M]. 北京：电子工业出版社，2002：78-86，298-308.